复变函数与积分变换

(第2版)

高宋升　滕岩梅　编著

北京航空航天大学出版社

内容简介

本书系统地讲述了复变函数与积分变换的基本理论和方法。全书共分 9 章，内容包括复数、解析函数、复变函数的积分、级数、留数理论及其应用、保形映射、傅里叶变换、拉普拉斯变换以及解析函数在平面场的应用等。每章配备了适当的例题和习题，书后附有习题答案或提示。

本书内容丰富，通俗易懂，可作为理工科院校（非数学专业）“复变函数”或“复变函数与积分变换”课程的教材或教学参考书，也可供相关专业的科技工作者和工程技术人员参考。

图书在版编目(CIP)数据

复变函数与积分变换 / 高宗升，滕岩梅编著. --2版. --北京 ：北京航空航天大学出版社，2016.8

ISBN 978-7-5124-2218-6

Ⅰ. ①复… Ⅱ. ①高… ②滕… Ⅲ. ①复变函数－高等学校－教材②积分变换－高等学校－教材 Ⅳ. ①O174.5②O177.6

中国版本图书馆 CIP 数据核字(2016)第 190735 号

复变函数与积分变换(第 2 版)

高宗升　滕岩梅　编著

责任编辑　张冀青

*

北京航空航天大学出版社出版发行

北京市海淀区学院路 37 号(邮编 100191)　http://www.buaapress.com.cn

发行部电话：(010)82317024　传真：(010)82328026

读者信箱：goodtextbook@126.com　邮购电话：(010)82316936

涿州市新华印刷有限公司印装　各地书店经销

*

开本：710×1 000　1/16　印张：13.5　字数：288 千字

2016 年 9 月第 2 版　2018 年 8 月第 2 次印刷　印数：3 001～6 000 册

ISBN 978-7-5124-2218-6　定价：39.00 元

若本书有倒页、脱页、缺页等印装质量问题，请与本社发行部联系调换。联系电话：(010)82317024

第 2 版前言

本书于 2006 年初版，在编写方面，比较重视学生基础理论的学习和数学素质的培养，对内容的处理上具有重点突出、详略得当、通俗易懂、便于自学、理论联系实际等特点，因此，受到使用本书的广大师生的欢迎，并于 2008 年被评为北京市高等教育精品教材。

第 2 版在保持第 1 版原有特色的基础上，对有关章节进行了局部修改，有些部分进行了重写，对各章的练习题进行了适当调整，改正了原书中存在的一些不足和错误。为了使读者更方便地掌握本书的主要内容，各章后面增加了内容提要和基本要求，以供读者学习时参考。

这次再版，第 1 章、第 7 章及第 8 章由滕岩梅编写，第 2～6 章及第 9 章由高宗升编写。

本书再版得到了北京航空航天大学数学与系统科学学院同事们的关心和帮助；使用本书的师生提出了一些很好的修改建议；柴富杰、周广艳、张月阳、杜云飞、陈敏风、叶倩文等同学帮助输入了新版书稿；北京航空航天大学出版社的领导和编辑为本书的出版给予了大力的支持和帮助。作者在此向他们表示衷心的感谢。由于作者的水平所限，本书在编写上肯定存在一些不足之处，敬请读者批评指正。

作　者

2016 年 6 月

于北京航空航天大学

前　言

“复变函数与积分变换”是为理工科院校(非数学专业)本科生开设的一门基础理论课。该课程在自然科学和工程技术的许多领域有着广泛的应用。20世纪90年代末期,由于国内合适的复变函数教材很少,复变函数与积分变换教材几乎没有,给教学工作带来了极大的不便。为此,有关专家建议编写一本适合理工科(非数学专业)本科生使用的复变函数与积分变换教材,并于2001年列入北京航空航天大学教材建设规划。

本书是作者在北京航空航天大学多年来为非数学专业学生讲授“复变函数与积分变换”课程的基础上,结合理工科院校的专业特点,融入作者的教学经验和体会,吸收国内外教材的优点而编写的。书中主要内容曾进行过试讲,并在广泛听取有关师生意见的基础上进行了多次修改。

本书系统地讲述了复变函数与积分变换的基本理论和方法,内容丰富,理论严谨,通俗易懂。主要内容符合理工科大学(非数学专业)本科生“复变函数”课程或“复变函数与积分变换”课程的教学要求,可作为该课程的教材或教学参考书。本书的主要内容(书中不带 * 号的部分)大约需要40学时讲授。

考虑到该课程是一门重要的基础理论课,同时又在实际中有着广泛的应用,在编写时,作者重点把握了下列几点:

1. 重视对学生基本理论知识的讲授和数学素质的培养。对于本书中涉及的基本概念和主要定理,一般都给出了准确的叙述和严格的证明。为了保证本书基本理论的完整性、系统性和科学性,将一些超出教学大纲但在理论上或应用上又十分重要的内容,如辐角原理和儒歇定理、保形映射的基本定理等内容也编进了教材,标上 * 号,供读者参考。

2. 由于复变函数的分析结构和微积分有许多相似之处,因此不少初学者误认为复变函数是微积分理论的简单推广而不加以重视,结果往往掌握不了它的理论实质。本书不仅注意到两者之间的一些共性,而且特别强调复变函数的自身特点以及它们之间的差异。

3. 本书力求做到说理清楚,重点突出,直观易懂,详略得当,便于教师授课和学生自学。例如,对于多值函数的讲解、δ 函数的引入,处理得比较简洁、自然;对于积分理论、级数理论、留数理论则讲得比较系统。

4. 复变函数在数学物理方程、流体力学、弹性力学、电学、磁学、自动控制等方面有着十分广泛的应用。本书除了在第7章和第8章分别介绍了傅里叶变换及拉普拉斯变换在微分方程和电路上的应用外,第9章还专门对解析函数在平面场上的应用作了介绍。

5. 本书各章都配有适当的例题和类型齐全的习题,书后给出了习题的答案和提示,以供读者练习时参考。

本书由高宗升主编。其中,第1章、第7章和第8章由滕岩梅执笔,第2章到第6章以及第9章由高宗升执笔,最后由高宗升统一整理定稿。在本书编写过程中,得到教务处教材科、理学院领导和同事以及有关院系师生的关心和帮助;程鹏教授对书稿进行了认真审阅,提出了重要的修改意见。在此,作者表示衷心的谢意。

由于作者的水平所限,若书中有不足之处,敬请读者批评指正。

作　者

2005年9月

于北京航空航天大学

目　　录

第1章 复 数

复变函数所讨论的内容都是在复数范围内，这就要求我们对复数及其相关内容有一定的了解. 本章首先对复数的有关知识作简要的复习和补充，其次介绍平面点集的一些基本概念.

1.1 复数的概念、运算及几何表示

1.1.1 复数的概念及代数运算

形如 $z=x+\mathrm{i}y$ 或 $z=x+y\mathrm{i}$ 的数称为复数，其中 x 和 y 是任意实数，分别称为复数 z 的实部和虚部，记作

$$x=\mathrm{Re}\,z,\quad y=\mathrm{Im}\,z$$

其中，i 称为虚数单位，满足 $\mathrm{i}^2=-1$.

当 $\mathrm{Im}\,z=0$ 时，$z=x$ 是实数；当 $\mathrm{Re}\,z=0$，且 $\mathrm{Im}\,z\neq 0$ 时，$z=\mathrm{i}y$ 称为纯虚数.

两个复数相等，是指当且仅当它们的实部和虚部分别相等；一个复数等于零，是指当且仅当它的实部和虚部都等于零.

复数 $x+\mathrm{i}y$ 和 $x-\mathrm{i}y$ 称为互为共轭复数. 如果其中一个用 z 表示，则另一个用 $\bar{z}$ 表示，即若 $z=x+\mathrm{i}y$，则 $\bar{z}=x-\mathrm{i}y$.

设复数 $z_1=x_1+\mathrm{i}y_1$，$z_2=x_2+\mathrm{i}y_2$，它们的加法与减法分别定义为

$$z_1+z_2=(x_1+x_2)+\mathrm{i}(y_1+y_2) \tag{1.1}$$

$$z_1-z_2=(x_1-x_2)+\mathrm{i}(y_1-y_2) \tag{1.2}$$

称式(1.1)、式(1.2)等号右端所得的复数分别为 z_1 和 z_2 的和与差.

复数 z_1 与 z_2 的乘法定义为

$$z_1\cdot z_2=(x_1x_2-y_1y_2)+\mathrm{i}(x_1y_2+x_2y_1) \tag{1.3}$$

称式(1.3)等号右端所得的复数为 z_1 与 z_2 的积.

显然，复数的上述运算法则满足交换律、结合律以及乘法对于加法的分配律，即设 z_1,z_2,z_3 为复数，则

$$z_1+z_2=z_2+z_1,\ z_1\cdot z_2=z_2\cdot z_1$$

$$(z_1+z_2)+z_3=z_1+(z_2+z_3)$$

$$(z_1\cdot z_2)z_3=z_1(z_2\cdot z_3)$$

$$z_1(z_2+z_3)=z_1z_2+z_1z_3$$

最后给出复数除法的运算法则. 复数 z_1 除以 $z_2(z_2 \neq 0)$ 定义为

$$\frac{z_1}{z_2}=\frac{z_1 \cdot \bar{z}_2}{z_2 \cdot \bar{z}_2}=\frac{(x_1+\mathrm{i}y_1)(x_2-\mathrm{i}y_2)}{(x_2+\mathrm{i}y_2)(x_2-\mathrm{i}y_2)}$$

$$=\frac{x_1x_2+y_1y_2}{x_2^2+y_2^2}+\mathrm{i}\,\frac{x_2y_1-x_1y_2}{x_2^2+y_2^2} \tag{1.4}$$

称式(1.4)右端所得的复数为 z_1 与 z_2 的商. 利用乘法的运算法则容易验证,这样定义的除法运算是乘法运算的逆运算.

全体复数集合按照上述运算法则构成一个数域,称为复数域. 与实数域不同的是,在复数域中不能规定复数的大小.

例 1.1 设 z_1, z_2 为两个复数,读者自行证明共轭复数具有下列性质:

(1) $\overline{z_1 \pm z_2}=\bar{z}_1 \pm \bar{z}_2$; (2) $\overline{z_1 \cdot z_2}=\bar{z}_1 \cdot \bar{z}_2$;

(3) $\overline{\left(\frac{z_1}{z_2}\right)}=\frac{\bar{z}_1}{\bar{z}_2}$; (4) $z \cdot \bar{z}=[\mathrm{Re}\, z]^2+[\mathrm{Im}\, z]^2=|z|^2$;

(5) $\mathrm{Re}\, z=\frac{1}{2}(z+\bar{z})$; (6) $\mathrm{Im}\, z=\frac{1}{2\mathrm{i}}(z-\bar{z})$.

1.1.2 复数的几何表示、模与辐角

从复数相等的规定可以看出,复数 z 与有序实数对 (x,y) 构成一一对应的关系. 因而在建立了笛卡儿直角坐标系 Oxy 的平面上,可以借助横坐标为 x、纵坐标为 y 的点来表示复数,进而建立了平面上的点和复数之间一一对应的关系.

此时,x 轴称为实轴,y 轴称为虚轴,两轴所在平面称为复平面或 z 平面.

引入复平面后,可以把"点 z"和"数 z"作为同义词,"点集"和"复数集"作为同义词,从而便于用几何知识来研究复数.

此外,也可以用向量 z 来表示复数 z,并且这里的向量是自由向量,即将一个向量平移仍代表同一向量. 因而复数与平面上的向量也构成了一一对应的关系. 通过这种对应关系,可以利用复数研究速度、加速度、电(磁)场强度等实际问题中常见的向量.

向量 z 的长度 r 称为复数 z 的模或绝对值,记作 $|z|=r=\sqrt{x^2+y^2}$.

由图 1-1 知

$$|x| \leqslant |y|, \quad |y| \leqslant |z|, \quad |z| \leqslant |x|+|y| \tag{1.5}$$

现在说明复数四则运算的几何意义. 先介绍加法和减法的几何意义. 两个复数相加或者相减时,其实部和虚部分别相加或相减. 因此,代表复数的向量应按照平行四边形法则相加减,如图 1-2 所示.

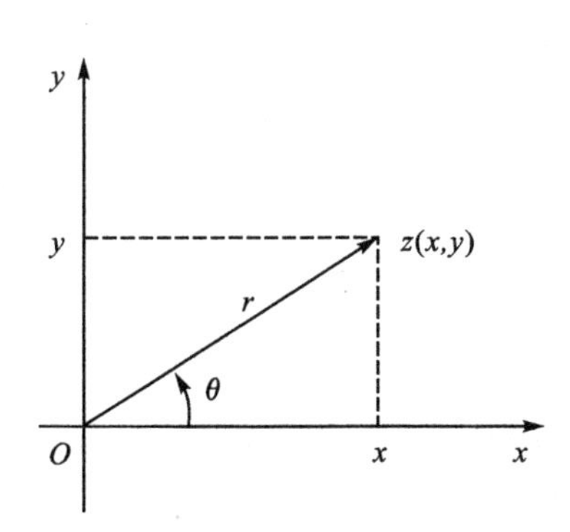

图 1-1　复数的几何表示

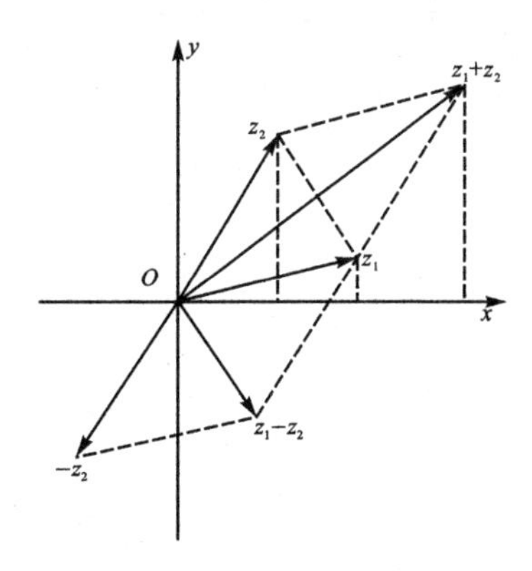

图 1-2　复数的加法与减法

根据三角形两边之和不小于第三边、两边之差不大于第三边的结论，由图 1-2 可以得到如下不等式：

$$|z_1+z_2|\leqslant|z_1|+|z_2| \tag{1.6}$$

$$|z_1-z_2|\geqslant||z_1|-|z_2|| \tag{1.7}$$

其中，$|z_1-z_2|$在几何上表示复数 z_1 与 z_2 之间的距离.

这两个不等式也可以用代数方法给以证明.

$$\begin{aligned}|z_1+z_2|^2&=(z_1+z_2)(\overline{z_1+z_2})\\&=z_1\bar{z}_1+z_1\bar{z}_2+z_2\bar{z}_1+z_2\bar{z}_2\\&=|z_1|^2+z_1\bar{z}_2+z_2\bar{z}_1+|z_2|^2\\&=|z_1|^2+2\mathrm{Re}(z_1\bar{z}_2)+|z_2|^2\\&\leqslant|z_1|^2+2|z_1||z_2|+|z_2|^2\\&=(|z_1|+|z_2|)^2\end{aligned}$$

两边开方，即得不等式(1.6). 式(1.7)可用类似方法证明.

式(1.6)可以推广到多个复数的情况，利用数学归纳法，可以证明

$$|z_1+z_2+\cdots+z_n|\leqslant|z_1|+|z_2|+\cdots+|z_n| \tag{1.8}$$

下面引入复数辐角的概念.

当 $z\neq0$ 时，称以正实轴为始边，以向量 $\boldsymbol{z}$ 为终边的角 θ 为复数 z 的辐角，记作 $\theta=\mathrm{Arg}\,z$. 这时，$\tan\theta=\tan(\mathrm{Arg}\,z)=\dfrac{y}{x}$. 显然，任一非零复数 z 的辐角可取无穷多个值，而值与值之间相差 2π 的整数倍. 通常把满足 $-\pi<\theta_0\leqslant\pi$ 的辐角 θ_0 称为 $\mathrm{Arg}\,z$ 的主值或 z 的主辐角，记作 $\theta_0=\arg z$. 有时 $\arg z$ 也表示辐角的某一特定值. 显然

$$\theta = \text{Arg}\, z = \theta_0 + 2k\pi = \arg z + 2k\pi \ (k = 0, \pm 1, \pm 2, \cdots)$$

当 $z=0$ 时,辐角无意义. 当 $z\neq 0$ 时,辐角主值 $\arg z$ 与 $\arctan \dfrac{y}{x}$ 有如下关系:

$$\arg z = \begin{cases} \arctan \dfrac{y}{x}, & x > 0 \\ \dfrac{\pi}{2}, & x = 0, y > 0 \\ \arctan \dfrac{y}{x} + \pi, & x < 0, y > 0 \\ \arctan \dfrac{y}{x} - \pi, & x < 0, y < 0 \\ -\dfrac{\pi}{2}, & x = 0, y < 0 \\ \pi, & x < 0, y = 0 \end{cases} \tag{1.9}$$

其中, $-\dfrac{\pi}{2} < \arctan \dfrac{y}{x} < \dfrac{\pi}{2}$.

r,θ 也可以看作点 z 的极坐标,利用直角坐标系和极坐标之间的关系,则有

$$x = r\cos\theta, \quad y = r\sin\theta$$

所以任一非零复数 z 均可表示为

$$z = x + \mathrm{i}y = r(\cos\theta + \mathrm{i}\sin\theta) \tag{1.10}$$

式(1.10)称为复数 z 的三角表示式.

利用欧拉公式

$$\mathrm{e}^{\mathrm{i}\theta} = \cos\theta + \mathrm{i}\sin\theta$$

得

$$z = r\mathrm{e}^{\mathrm{i}\theta} \tag{1.11}$$

式(1.11)称为复数 z 的指数表示式. 而称 $z=x+\mathrm{i}y$ 为 z 的代数表示式. 复数的三种表达式可以互相转换,以解决不同的问题.

例 1.2 求复数 $\dfrac{1+z}{1-z}(z\neq 1)$ 的实部、虚部和模.

解 因为

$$\frac{1+z}{1-z} = \frac{(1+z)\overline{(1-z)}}{(1-z)\overline{(1-z)}} = \frac{1-z\bar{z}+z-\bar{z}}{|1-z|^2} = \frac{1-|z|^2+2\,\mathrm{i}\,\text{Im}\, z}{|1-z|^2}$$

所以

$$\text{Re}\frac{1+z}{1-z} = \frac{1-|z|^2}{|1-z|^2}, \quad \text{Im}\frac{1+z}{1-z} = \frac{2\text{Im}\, z}{|1-z|^2}$$

又

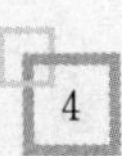

$$\left|\frac{1+z}{1-z}\right|^2=\frac{1+z}{1-z}\cdot\overline{\left(\frac{1+z}{1-z}\right)}$$

$$=\frac{1+z}{1-z}\cdot\frac{\overline{1+z}}{\overline{1-z}}$$

$$=\frac{|1+z|^2}{|1-z|^2}=\frac{1+|z|^2+2\mathrm{Re}\,z}{|1-z|^2}$$

所以

$$\left|\frac{1+z}{1-z}\right|=\frac{\sqrt{1+|z|^2+2\mathrm{Re}z}}{|1-z|}.$$

例 1.3 将下列复数分别化为三角表示式和指数表示式.

(1) $z=-1-\sqrt{3}\mathrm{i}$；　　　(2) $z=(1-\cos\varphi)+\mathrm{i}\sin\varphi\ (0<\varphi\leqslant\pi)$.

解 (1)因为

$$r=|z|=\sqrt{1+3}=2$$

$$\theta_0=\arg z=\arctan\left(\frac{-\sqrt{3}}{-1}\right)-\pi=-\frac{2}{3}\pi$$

所以 z 的三角表示式为

$$z=2\left[\cos\left(-\frac{2}{3}\pi\right)+\mathrm{i}\sin\left(-\frac{2}{3}\pi\right)\right]$$

z 的指数表示式为

$$z=2\mathrm{e}^{-\frac{2}{3}\pi\mathrm{i}}$$

(2) 因为

$$z=(1-\cos\varphi)+\mathrm{i}\sin\varphi=2\sin^2\frac{\varphi}{2}+2\mathrm{i}\sin\frac{\varphi}{2}\cos\frac{\varphi}{2}$$

$$=2\sin\frac{\varphi}{2}\left[\sin\frac{\varphi}{2}+\mathrm{i}\cos\frac{\varphi}{2}\right]$$

所以 z 的三角表示式为

$$z=2\sin\frac{\varphi}{2}\left[\cos\left(\frac{\pi}{2}-\frac{\varphi}{2}\right)+\mathrm{i}\sin\left(\frac{\pi}{2}-\frac{\varphi}{2}\right)\right]$$

z 的指数表示式为

$$z=2\sin\frac{\varphi}{2}\mathrm{e}^{\left(\frac{\pi}{2}-\frac{\varphi}{2}\right)\mathrm{i}}$$

利用复数的指数形式作乘法和除法不仅比较简单,而且有明显的几何意义. 设有两个复数

$$z_1=r_1\mathrm{e}^{\mathrm{i}\theta_1}=r_1(\cos\theta_1+\mathrm{i}\sin\theta_1),\quad z_2=r_2\mathrm{e}^{\mathrm{i}\theta_2}=r_2(\cos\theta_2+\mathrm{i}\sin\theta_2)$$

则

$$z_1z_2=r_1r_2[\cos(\theta_1+\theta_2)+\mathrm{i}\sin(\theta_1+\theta_2)]=r_1r_2\mathrm{e}^{\mathrm{i}(\theta_1+\theta_2)}$$

于是

$$|z_1z_2|=|z_1||z_2| \tag{1.12}$$

$$\mathrm{Arg}(z_1z_2)=\mathrm{Arg}\,z_1+\mathrm{Arg}\,z_2 \tag{1.13}$$

从式(1.12)、式(1.13)可以看出:z_1z_2 所对应的向量是把 z_1 所对应的向量伸长(缩短)到$|z_2|$倍,然后再逆时针方向旋转一个角度 θ_2 得到的.

由 $z_1=\frac{z_1}{z_2}\cdot z_2(z_2\neq 0)$及式(1.12)、式(1.13)得

$$\left|\frac{z_1}{z_2}\right|=\frac{|z_1|}{|z_2|} \tag{1.14}$$

$$\mathrm{Arg}\,\frac{z_1}{z_2}=\mathrm{Arg}\,z_1-\mathrm{Arg}\,z_2 \tag{1.15}$$

即两个复数商的模等于它们模的商,商的辐角等于它们辐角的差.

注意,要正确理解上面两个关于辐角的等式(1.13)和式(1.15)。由于辐角的多值性,它们是表达集合相等的式子,应理解为对应于 $\mathrm{Arg}\,z_1z_2\left(或\ \mathrm{Arg}\,\frac{z_1}{z_2}\right)$ 的任一值,一定可以找到 $\mathrm{Arg}\,z_1$ 和 $\mathrm{Arg}\,z_2$ 的各一个值使等式相等,并且反过来也成立.

例 1.4 证明三角形内角之和等于π.

证 设三角形三个顶点为 z_1,z_2,z_3,对应的三个顶角分别为α,β,γ,则α,β,γ均为$(0,\pi)$之间的角(见图1-3).

由复数乘法的几何意义,知

$$\alpha=\arg\frac{z_3-z_1}{z_2-z_1},\quad \beta=\arg\frac{z_1-z_2}{z_3-z_2},\quad \gamma=\arg\frac{z_2-z_3}{z_1-z_3}$$

由于

$$\frac{z_3-z_1}{z_2-z_1}\cdot\frac{z_1-z_2}{z_3-z_2}\cdot\frac{z_2-z_3}{z_1-z_3}=-1$$

所以

$$\arg\frac{z_3-z_1}{z_2-z_1}+\arg\frac{z_1-z_2}{z_3-z_2}+\arg\frac{z_2-z_3}{z_1-z_3}=\pi+2l\pi$$

其中,l 为某个整数.因为 $0<\alpha+\beta+\gamma<3\pi$,所以 $l=0$,即 $\alpha+\beta+\gamma=\pi$.

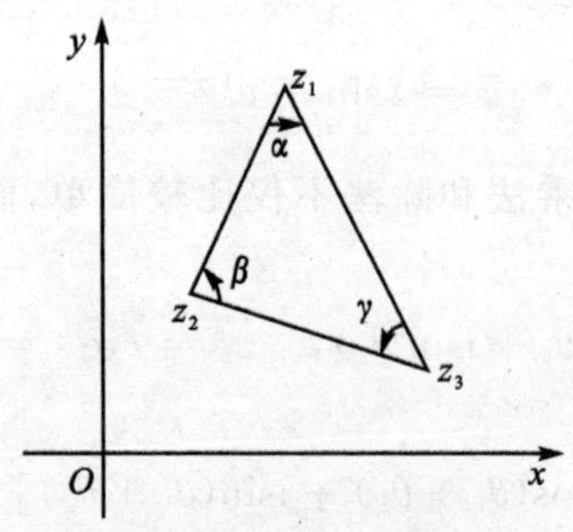

图1-3 例1.4的图形

1.1.3　复数的乘幂与方根

设 $z\neq 0$ 是一个复数，n 是正整数，称 n 个 z 的乘积为 z 的 n 次幂，记为 z^n，则

$$z^n = z\cdot z\cdots z = r^n e^{in\theta} = r^n(\cos n\theta + i\sin n\theta) \tag{1.16}$$

当 $r=1$ 时，可以得到著名的德莫弗(de Moive)公式：

$$(\cos\theta + i\sin\theta)^n = \cos n\theta + i\sin n\theta$$

接下来考虑非零复数 z 的 n 次方根. 凡是满足方程 $\omega^n=z$ 的 ω 值称为 z 的 n 次方根，记为 $\omega=\sqrt[n]{z}$.

当 $z=0$ 时，显然 $\omega=0$；当 $z\neq 0$ 时，设

$$z = re^{i\theta} = r(\cos\theta + i\sin\theta),\quad \omega = \rho e^{i\varphi} = \rho(\cos\varphi + i\sin\varphi)$$

则

$$\rho^n e^{in\varphi} = \rho^n(\cos n\varphi + i\sin n\varphi) = r(\cos\theta + i\sin\theta) = re^{i\theta}$$

所以

$$\rho^n = r,\quad n\varphi = \theta + 2k\pi\ (k = 0, \pm 1, \pm 2, \cdots)$$

因此 z 的 n 次方根为

$$\omega = \sqrt[n]{r}e^{i\frac{\theta+2k\pi}{n}} = e^{i\frac{2k\pi}{n}}r^{\frac{1}{n}}e^{i\frac{\theta}{n}} = r^{\frac{1}{n}}\left(\cos\frac{\theta+2k\pi}{n} + i\sin\frac{\theta+2k\pi}{n}\right)$$

$$(k = 0, \pm 1, \pm 2, \cdots)$$

显然，只要取 $k=0,1,2,\cdots,n-1$ 就可以得到 n 个不同的根. k 取其他值时，得到的一定是这 n 个值中的一个. 例如，当 $k=n$ 时，$\omega_n=r^{\frac{1}{n}}e^{i\frac{\theta}{n}}$，与 $k=0$ 时所得的值相同. 因此，$\omega=\sqrt[n]{z}$ 有 n 个不同的值：

$$\omega = \sqrt[n]{z} = r^{\frac{1}{n}}e^{i\frac{\theta+2k\pi}{n}} = r^{\frac{1}{n}}\left(\cos\frac{\theta+2k\pi}{n} + i\sin\frac{\theta+2k\pi}{n}\right) \tag{1.17}$$

其中，$k=0,1,2,\cdots,n-1$.

记 $\omega_0=r^{\frac{1}{n}}e^{i\frac{\theta}{n}}$，则式(1.17)又可以写为

$$\omega = e^{i\frac{2k\pi}{n}}\cdot\omega_0\ (k = 0,1,2,\cdots,n-1)$$

这表明：ω 的 n 个值，可由 ω_0 为起点，绕原点依次旋转 $\frac{2\pi}{n},\frac{4\pi}{n},\cdots,\frac{n-1}{n}2\pi$ 而得到. 因此，非零复数 z 的 n 个不同的 n 次方根均匀分布在以原点为圆心、半径为 $r^{\frac{1}{n}}$ 的圆周上，即它们是内接于该圆周的正 n 边形的 n 个顶点.

例 1.5　求 $\sqrt[4]{-16}$.

解　因为 $-16=16(\cos\pi+i\sin\pi)$，由公式(1.17)得

$$\sqrt[4]{-16} = 2\left(\cos\frac{\pi+2k\pi}{4} + i\sin\frac{\pi+2k\pi}{4}\right)\ (k = 0,1,2,3)$$

所以

当 $k=0$ 时,$\omega_0=2\left(\cos\dfrac{\pi}{4}+\mathrm{i}\sin\dfrac{\pi}{4}\right)=\sqrt{2}+\sqrt{2}\mathrm{i}$;

当 $k=1$ 时,$\omega_1=2\left(\cos\dfrac{3\pi}{4}+\mathrm{i}\sin\dfrac{3\pi}{4}\right)=-\sqrt{2}+\sqrt{2}\mathrm{i}$;

当 $k=2$ 时,$\omega_2=2\left(\cos\dfrac{5\pi}{4}+\mathrm{i}\sin\dfrac{5\pi}{4}\right)=-\sqrt{2}-\sqrt{2}\mathrm{i}$;

当 $k=3$ 时,$\omega_3=2\left(\cos\dfrac{7\pi}{4}+\mathrm{i}\sin\dfrac{7\pi}{4}\right)=\sqrt{2}-\sqrt{2}\mathrm{i}$.

1.2 复平面上的曲线和区域

1.2.1 平面点集的一般概念

作为变量的复数有自己的变化范围,它在复平面上的某个点集内变化. 在这里先介绍平面点集的一些基本概念.

平面上以 z_0 为圆心、任意正数 δ 为半径的圆

$$|z-z_0|<\delta$$

所确定的点集称为点 z_0 的δ-邻域,记为 $B(z_0,\delta)$. 由不等式

$$0<|z-z_0|<\delta$$

所确定的点集称为点 z_0 的δ-去心邻域.

设 G 为一平面点集,若 G 中点 z_0 有一邻域完全含于 G 中,则称 z_0 为 G 的内点;若 G 中的任意点都是内点,则称 G 为开集. 若在点 P 的任意邻域中,即有属于 G 又有不属于 G 的点,则称 P 为 G 的边界点;G 的边界点的全体称为 G 的边界.

边界点可以属于 G,也可以不属于 G. 若点 P 有一个 δ-邻域完全不属于 G,则称 P 为 G 的外点. 若某一点 z_0 的任意邻域都含有 G 的无穷多个点,则称 z_0 为 G 的聚点;若 G 的每个聚点都属于 G,则称 G 为闭集.

如果存在正数 M,对于 G 内任一点 z 都有 $|z|<M$,即 G 可以含在某个以原点为圆心的圆内,则称 G 是有界的,否则称它为无界的.

1.2.2 曲线和区域

所谓区域 D,是指满足下列两个条件的平面点集:

(1) D 是开集;

(2) D 是连通的,即点集 D 中任意两点,都可以用一条完全含于 D 内的折线连接起来(图 1-4).

区域 D 加上它的边界 ∂D 称为闭域,记为

$$\bar{D}=D+\partial D$$

例如:$|z|<1$ 是区域,$|z|=1$ 是它的边界,$|z|\leqslant 1$ 是闭域,它们都是有界集合.

圆环域 $r_1<|z|<r_2$ 是有界区域(见图 1-5)；而圆的外部 $|z-z_0|>R$，上半平面 $\operatorname{Im} z>0$(见图 1-6).角形域 $0<\arg z<\theta$(见图 1-7)以及带形域 $y_1<\operatorname{Im} z<y_2$(见图 1-8)等都是无界区域.

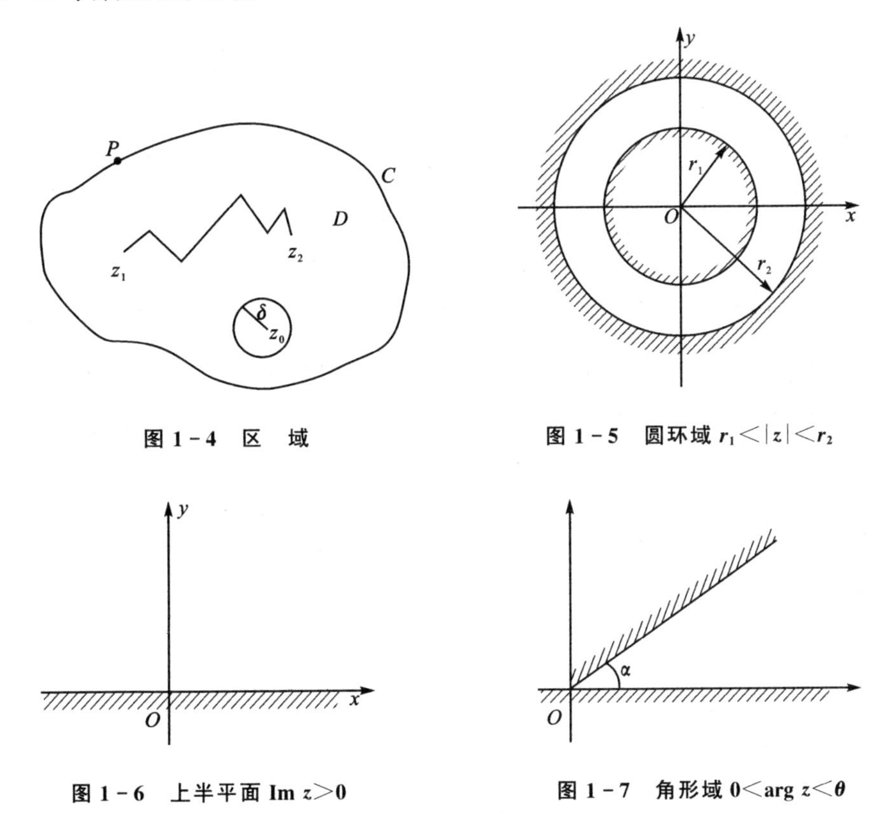

图 1-4　区　域

图 1-5　圆环域 $r_1<|z|<r_2$

图 1-6　上半平面 $\operatorname{Im} z>0$

图 1-7　角形域 $0<\arg z<\theta$

为了研究一般的区域，下面介绍曲线的概念.

设 $x(t)$，$y(t)$ 为闭区间 $[\alpha,\beta]$ 上的两个连续的实函数，则由复数方程：

$$z=z(t)=x(t)+\mathrm{i}y(t)\ (\alpha\leqslant t\leqslant\beta)$$

所确定的平面点集称为复平面上的一条连续曲线. 对于已给的一条连续曲线 C：$z=z(t)$，如果对 $[\alpha,\beta]$ 上的任意不同两点 t_1 及 t_2，且它们不同时是 $[\alpha,\beta]$ 的端点，有 $z(t_1)\neq z(t_2)$，则称 C 为一条简单曲线或若当曲线；当 $z(\alpha)=z(\beta)$ 时，则称 C 为一条简单闭曲线或若当闭曲线.

如果在区间 $\alpha\leqslant t\leqslant\beta$ 上，$x'(t)$ 和 $y'(t)$ 都是连续的，且 $z'(t)=x'(t)+\mathrm{i}y'(t)\neq 0$，则称曲线 C：$z=z(t)$，$\alpha\leqslant t\leqslant\beta$ 为一条光滑曲线. 由有限段光滑曲线连接而成的曲线称为逐段光滑曲线.

可见，一条简单闭曲线 C 将复平面分成两个区域：其中一个是有界的，称为 C 的内部；另一个是无界的，称为 C 的外部. C 是这两个区域的共同边界.

如果区域 D 内任意一条简单闭曲线的内部均含于 D 内，则称 D 为单连通区域；不是单连通的区域称为多连通区域(见图 1-9).

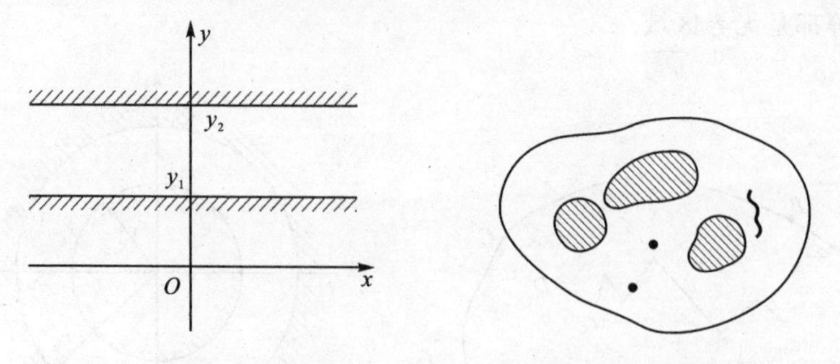

图 1-8 带形域 $y_1<\mathrm{Im}<y_2$　　图 1-9 多连通区域

直观地说，没有“洞”的区域是单连通区域，有“洞”的区域是多连通区域.

带形域、角形域、上半平面等都是单连通区域，圆的外部、圆环域等是多连通区域.

我们还可以用复数形式的方程(不等式)表示适合一定条件的几何图形，也可以由给定的复数方程(或不等式)确定它所表示的平面图形.

例 1.6 复平面上过 z_1,z_2 两点的直线的参数方程为

$$z=z_1+t(z_2-z_1)\ (-\infty<t<+\infty) \tag{1.18}$$

复数方程 $|z-z_0|=R$ 表示的是复平面上以 z_0 为圆心、R 为半径的圆周.

例 1.7 求满足不等式 $\left|\dfrac{z-2}{z+2}\right|<3$ 的点 z 所构成的点集，作出它的图形. 并指明它是有界区域还是无界区域，是单连通还是多连通的.

解 由 $\left|\dfrac{z-2}{z+2}\right|<3$ 得 $|z-2|<3|z+2|$ (显然 $z\neq-2$)，即

$$|z-2|^2<9|z+2|^2$$

因此

$$(z-2)(\bar{z}-2)<9(z+2)(\bar{z}+2)$$

整理得

$$z\bar{z}+\frac{5}{2}(z+\bar{z})+4>0$$

从而有

$$\left(z+\frac{5}{2}\right)\left(\bar{z}+\frac{5}{2}\right)>\frac{9}{4}$$

即 $\left|z+\dfrac{5}{2}\right|>\dfrac{3}{2}$. 这是一个以点 $\left(-\dfrac{5}{2},0\right)$ 为圆心，以 $\dfrac{3}{2}$ 为半径的圆周的外部区域，是无界的多连通区域(见图 1-10).

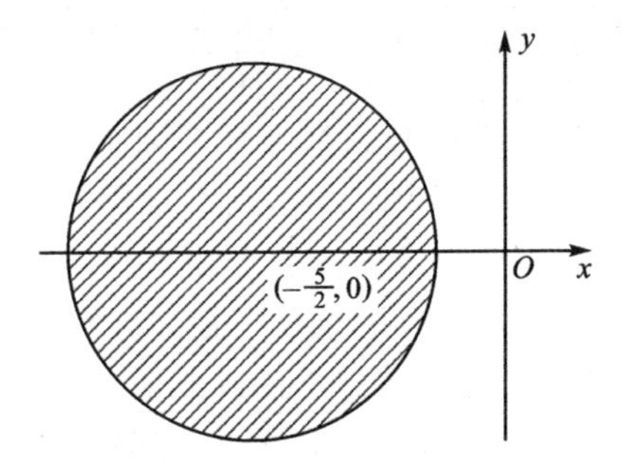

图1-10　例1.7的图形

1.3　复球面与无穷远点

复数还有一种几何表示法，即用球面上的点表示复数.

在三维欧氏空间中建立直角坐标系 $Ox_1x_2x_3$，令 Ox_1x_2 平面为复平面. 考虑一个半径为1的球面：$x_1^2+x_2^2+x_3^2=1$，则复平面与单位球面交于赤道. 称点 $(0,0,1)$ 为北极，记为 N（见图1-11）.

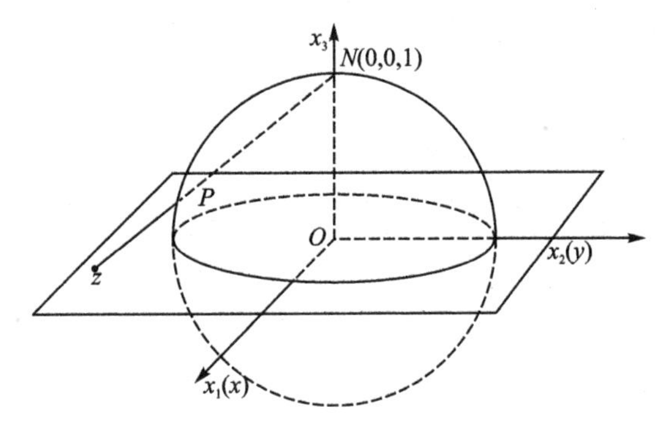

图1-11　复球面

用直线段将 N 与复平面上的点 z 相连接，此线段与球面交于一点 P. 假设 $z=x+\mathrm{i}y$，点 P 坐标为 (x_1,x_2,x_3). 因为过点 z 和 N 的直线上的点应为

$$((1-t)x,(1-t)y,t)\ (-\infty<t<+\infty)$$

于是与点 P 相对应的 t 应满足

$$(1-t)^2x^2+(1-t)^2y^2+t^2=1$$

所以 $t=\frac{|z|^2-1}{|z|^2+1}$，进而得点 P 的坐标为

$$x_1=\frac{z+\bar{z}}{|z|^2+1},\quad x_2=\frac{z-\bar{z}}{\mathrm{i}(|z|^2+1)},\quad x_3=\frac{|z|^2-1}{|z|^2+1}$$

反之，由点 P 的坐标 (x_1,x_2,x_3) 也可以确定它所对应的复平面上的点 z：

$$z = x + iy = \frac{x_1 + ix_2}{1 - x_3}$$

这样球面上除北极点 N 之外所有点都与复平面上的点一一对应起来；并且注意到当点 z 无限远离原点，即 $|z|$ 无限增大时，点 P 无限地接近于点 N. 因此，北极点 N 可看作与复平面上一个模为无穷大的抽象点相对应，这个抽象点称为无穷远点，记为∞. 包括无穷远点的复平面称为扩充复平面. 与它对应的整个球面称为复球面. 不包括无穷远点的复平面称为有限复平面或复平面.

在扩充复平面上，任意直线都经过无穷远点，任意两条相交直线都交于无穷远点，即共有两个交点.

下面规定无穷远点的运算：设 z 为复数，规定

(1) 当 $z\neq\infty$ 时，$z\pm\infty=\infty\pm z=\infty, \dfrac{z}{\infty}=0, \dfrac{\infty}{z}=\infty$；

(2) 当 $z\neq 0$ 但可为∞时，$\infty\cdot z=z\cdot\infty=\infty, \dfrac{z}{0}=\infty$；

(3) $\infty\pm\infty, \infty\cdot 0, \dfrac{\infty}{\infty}, \dfrac{0}{0}$没有意义.

注意：∞的实部、虚部及辐角均无意义，$|\infty|=\infty$. 另外，如无特殊声明，本书中所提到的复平面一般都是指有限复平面.

本章提要：

(1) 复数的加、减、乘、除、共轭等运算；

(2) 复数的几何表示、模与辐角、乘幂与方根等；

(3) 复平面上的区域、复球面与无穷远点等概念.

基本要求：

(1) 掌握复数的代数运算，以及几种表示法之间的转换；

(2) 理解邻域、区域、单连通域、多连通域等平面几何概念；

(3) 掌握已知方程或不等式，求出所代表的平面点集类型的方法.

习题 1

1. 求下列复数的实部、虚部、共轭复数、模以及辐角.

(1) $\dfrac{1}{3+2i}$；　(2) $\dfrac{1-2i}{3-4i}-\dfrac{2-i}{5i}$；

(3) $\dfrac{5i}{1+2i}$；　(4) $i^8-4i^{21}+i$.

2. 若复数 z_1, z_2 满足 $|z_1|<1, |z_2|<1$，试证 $\left|\dfrac{z_1-z_2}{1-\bar{z}_1z_2}\right|<1$.

3. 将下列复数化为三角表示式和指数表示式.

(1) -1；　　(2) $\dfrac{1+\mathrm{i}}{1-\mathrm{i}}$；

(3) $-1+\mathrm{i}\sqrt{3}$；　　(4) $\dfrac{(\cos\psi+\mathrm{i}\sin\psi)^2}{(\cos 3\psi-\mathrm{i}\sin 3\psi)^3}$.

4. 求 $-1+2\mathrm{i}$，$3+4\mathrm{i}$ 的球面表示.

5. 证明：如果 z 为实系数方程

$$a_0 z^n + a_1 z^{n-1} + \cdots + a_{n-1} z + a_n = 0$$

的根，则 $\bar{z}$ 也是它的根.

6. 求下列各式的值.

(1) $\left(\dfrac{1+\mathrm{i}\sqrt{3}}{2}\right)^3$；　　(2) $\sqrt[3]{1-\mathrm{i}}$.

7. 设 z_1, z_2, z_3 三点适合条件：$z_1+z_2+z_3=0$ 以及 $|z_1|=|z_2|=|z_3|=1$，试证明 z_1, z_2, z_3 是一个内接于单位圆周 $|z|=1$ 的正三角形的顶点.

8. 证明：复平面上的直线方程可以写为

$$\alpha\bar{z} + \bar{\alpha}z = c$$

其中，α 是非零复常数，c 是实常数.

9. 证明：复平面上的圆周方程可以写为

$$z\bar{z} + \alpha\bar{z} + \bar{\alpha}z + c = 0$$

其中，α 是非零复常数，c 是实常数.

10. 下列关系式表示的点 z 的轨迹是什么？是不是区域或闭区域？若是，指明它是有界的还是无界的，单连通的还是多连通的.

(1) $|z-\mathrm{i}|=|z+\mathrm{i}|$；　　(2) $|z-1|<4|z+1|$；

(3) $|z-2|+|z+2|\leqslant 6$；　　(4) $|z-2|-|z+2|>1$；

(5) $z\bar{z}-(2+\mathrm{i})z-(2-\mathrm{i})\bar{z}>4$.

第2章 解析函数

解析函数是复变函数的主要研究对象,它在理论和实践中有着广泛的应用. 本章首先给出复变函数及其导数的定义,然后引入解析函数的概念以及函数解析的判别方法,最后介绍一些常用的初等解析函数.

2.1 复变函数

2.1.1 复变函数的概念

考虑平面上的电场,每一点(x,y)上的电场强度是一个向量$\boldsymbol{I}=(I_x,I_y)$,它与点(x,y)的位置有关. 可以把$\boldsymbol{I}$看作复数$\boldsymbol{I}=I_x+\mathrm{i}I_y$,它是依赖于点$z=(x,y)$的函数,记作$I=I(z)$,这就是复变量$z$的函数. 下面给出复变函数的严格定义.

定义 2.1 设E是一个复数集. 若对E中每一个复数$z=x+\mathrm{i}y$,按照一定的规律有确定的复数$w=u+\mathrm{i}v$与之对应,则称w是变量z的函数,记作$w=f(z)$. E称为函数$f(z)$的定义域. $A=f(E)=\{f(z)|z\in E\}$称为函数$f(z)$在E上的值域.

如果z的一个值对应着一个w值,则称$f(z)$为单值函数;如果z的一个值对应着两个或两个以上的w值,则称$f(z)$为多值函数. 例如$w=|z|$,$\omega=z^2$均为单值函数,而$w=\sqrt[n]{z}(n\geqslant 2$,自然数$)$,$w=\mathrm{Arg}\,z$均为多值函数.(注:本书中如不作特别声明,提到的函数均为单值函数.)

若令$z=x+\mathrm{i}y$,$w=u+\mathrm{i}v$,则函数$w=f(z)$可写为

$$w=f(z)=f(x+\mathrm{i}y)=u(x,y)+\mathrm{i}v(x,y)$$

因此,给出了一个复变函数$w=f(z)$,相当于给出了两个二元实函数$u=u(x,y)$,$v=v(x,y)$;反之,若给出了两个二元实函数$u=u(x,y)$和$v=v(x,y)$,则$w=u(x,y)+\mathrm{i}v(x,y)$就构成了$z=x+\mathrm{i}y$的一个复变函数$w=f(z)$.

在微积分中,常常把函数用几何图形表示出来,这样在研究函数的性质时,这些几何图形会使我们得到许多有益的启示. 但是,在研究复变函数时,由于自变量z和因变量w都是复数,不便于用一个平面或一个空间上的点集来给出其几何图形,因而需要用两个复平面上的点集之间的对应关系来表示. 具体地说,设给定的两个复平面为z平面和w平面. E是z平面上的点集,函数$w=f(z)$在E上有定义,它的值域$A=f(E)$是w平面上的点集. 对于任意$z_0\in E$,通过函数$w=f(z)$,点$w_0=f(z_0)\in A$与之对应. 这样,函数$w=f(z)$就建立了z平面上的点集E与w平面上的点集A之间的一个对应关系. 通常把$w=f(z)$称为z平面上的点集E到w平面上点集A

之间的映射(或变换),把值域 A 对应的点集称为集 E 在映射 $w=f(z)$下的像(集),E 称为 A 的原像(集).

同实变量函数一样,复变函数也有反函数的概念.

定义 2.2　设 A 是 z 平面上的点集 E 通过函数 $w=f(z)$相对应的点集. 若对于任意 $w\in A$,按照 $w=f(z)$的对应规则,在 E 中有一个或多个点 z 与之对应,则得到的 z 是 w 的函数,记作 $z=g(w)$. $z=g(w)$称为函数 $w=f(z)$的反函数,也称为映射(或变换)$w=f(z)$的逆映射(或逆变换).

注意:一个单值函数的反函数可能是多值的. 例如,函数 $w=z^2$ 是 z 的单值函数,但它的反函数 $z=\sqrt{w}$却是多值(双值) 函数.

另外,关于复合函数、有界函数和无界函数、有理函数和无理函数、初等函数和初等超越函数的定义,均与微积分中的相应定义在形式上是一样的,这里不再一一复述.

2.1.2　复变函数的极限与连续

定义 2.3　设函数 $w=f(z)$在点 z_0 的某去心邻域 $0<|z-z_0|<\rho$ 内有定义,A 为一个确定的复常数. 如果任意 $\varepsilon>0$,都存在正数 $\delta(\delta\leqslant\rho)$,使当 $0<|z-z_0|<\delta$ 时,恒有 $|f(x)-A|<\varepsilon$,则称 A 为 $f(z)$当 z 趋于 z_0 时的极限,记作

$$\lim_{z\to z_0}f(z)=A \text{ 或 } f(z)\to A(z\to z_0)$$

这个定义虽然在形式上和微积分中一元函数的极限定义完全相同,但这里的要求要苛刻得多. 在微积分中,函数 $f(x)$当 $x\to x_0$ 时极限$\lim\limits_{x\to x_0}f(x)$是否存在,只需考虑在 x 轴上 x 沿 x_0 的两个方向的极限存在而且相等;而复变函数 $f(z)$当 $z\to z_0$ 时极限$\lim\limits_{z\to z_0}f(z)$的存在性,则要求 z 在 z_0 的邻域内沿任何路径,以任何方向、以任意方式趋于 z_0 时,极限$\lim\limits_{z\to z_0}f(z)$存在而且相等.

下面给出复变函数极限的一些结果,由于它们的证明方法与微积分中的有关定理类似,在这里把证明略去.

定理 2.1　设函数 $w=f(z)=u(x,y)+\mathrm{i}v(x,y)$,$A=u_0+\mathrm{i}v_0$,$z_0=x_0+\mathrm{i}y_0$,则$\lim\limits_{z\to z_0}f(z)=A$ 的充分必要条件是

$$\lim_{\substack{x\to x_0\\ y\to y_0}}u(x,y)=u_0,\quad \lim_{\substack{x\to x_0\\ y\to y_0}}v(x,y)=v_0$$

定理 2.2　若$\lim\limits_{z\to z_0}f(z)=A$, $\lim\limits_{z\to z_0}g(z)=B$,则

(1) $\lim\limits_{z\to z_0}[f(z)\pm g(z)]=A\pm B$;

(2) $\lim\limits_{z\to z_0}[f(z)g(z)]=AB$;

(3) $\lim\limits_{z\to z_0}\dfrac{f(z)}{g(z)}=\dfrac{A}{B}(B\neq 0)$.

定义 2.4 设函数 $f(z)$在区域 D 内有定义,$z_0\in D$. 若$\lim\limits_{z\to z_0}f(z)=f(z_0)$,则称函数 $w=f(z)$在点 z_0 处是连续的;若 $w=f(z)$在区域 D 内处处连续,则称 $w=f(z)$在区域 D 内是连续的.

由定义 2.4、定理 2.1 和定理 2.2 可得如下两个定理.

定理 2.3 函数 $w=f(z)=u(x,y)+\mathrm{i}v(x,y)$在点 $z_0=x_0+\mathrm{i}y_0$ 处连续的充分必要条件是,它的实部 $u(x,y)$与虚部 $v(x,y)$都在(x_0,y_0)处连续.

定理 2.4 两个连续函数的和、差、积都是连续的,当分母不为零时,商也是连续的.

还可以证明,连续函数的复合函数仍为连续函数.

当 $f(z)=u(x,y)+\mathrm{i}v(x,y)$在闭区域 $\bar{D}$ 内连续时,利用二元函数 $u(x,y)$,$v(x,y)$在$\bar{D}$ 内的连续性,可知$|f(z)|$在 $\bar{D}$ 内有界,并且可以取到最大值与最小值.

2.2 解析函数的概念

2.2.1 复变函数的导数

现在把实变量函数中的导数概念推广到复变函数.

定义 2.5 设函数 $w=f(z)$在区域 D 上有定义,$z_0\in D$,$z_0+\Delta z\in D$. 若极限

$$\lim_{\Delta z\to 0}\frac{f(z_0+\Delta z)-f(z_0)}{\Delta z}=\lim_{\Delta z\to 0}\frac{\Delta f}{\Delta z}$$

存在,则称 $f(z)$在点 z_0 可导或可微,这个极限值称为 $f(z)$在 z_0 的导数,记为 $f'(z_0)$,$\left.\dfrac{\mathrm{d}f}{\mathrm{d}z}\right|_{z=z_0}$ 或$\left.\dfrac{\mathrm{d}w}{\mathrm{d}z}\right|_{z=z_0}$,即

$$f'(z_0)=\left.\frac{\mathrm{d}w}{\mathrm{d}z}\right|_{z=z_0}=\left.\frac{\mathrm{d}f}{\mathrm{d}z}\right|_{z=z_0}=\lim_{\Delta z\to 0}\frac{f(z_0+\Delta z)-f(z_0)}{\Delta z}$$

若函数 $f(z)$在区域 D 内处处可导,则称 $f(z)$在 D 内可导.

与一元实变函数一样,若函数 $f(z)$在点 z_0 处可导,则它在 z_0 处连续. 事实上,由导数定义,对于任意 $\varepsilon>0$,存在 $\delta>0$,使当 $0<|\Delta z|<\delta$时,总有

$$\left|\frac{f(z_0+\Delta z)-f(z_0)}{\Delta z}-f'(z_0)\right|<\varepsilon$$

令

$$\rho(\Delta z)=\frac{f(z_0+\Delta z)-f(z_0)}{\Delta z}-f'(z_0)$$

则

$$f(z_0+\Delta z)-f(z_0)=f'(z_0)\Delta z+\rho(\Delta z)\Delta z$$

于是由

$$\lim_{\Delta z \to 0} \rho(\Delta z) = 0$$

得

$$\lim_{\Delta z \to 0} [f(z_0 + \Delta z) - f(z_0)] = 0$$

即

$$\lim_{\Delta z \to 0} f(z_0 + \Delta z) = f(z_0)$$

从而 $f(z)$ 在 z_0 处连续.

例 2.1　当 $f(z)=c$(常数) 时,有 $c'=0$.

证　对任意 z 有

$$\lim_{\Delta z \to 0} \frac{f(z+\Delta z)-f(z)}{\Delta z} = \lim_{\Delta z \to 0} \frac{c-c}{\Delta z} = 0$$

所以 $c'=0$.

例 2.2　试证 $f(z)=z^n$(n 为正整数) 在复平面上处处可导,且 $f'(z)=nz^{n-1}$.

证　对任意点 z,由于

$$\begin{aligned}\lim_{\Delta z \to 0} \frac{f(z+\Delta z)-f(z)}{\Delta z} &= \lim_{\Delta z \to 0} \frac{(z+\Delta z)^n - z^n}{\Delta z} \\ &= \lim_{\Delta z \to 0} \left[nz^{n-1} + \frac{n(n-1)}{2!} z^{n-2} \Delta z + \cdots \right] = nz^{n-1}\end{aligned}$$

所以 $f'(z)=nz^{n-1}$.

例 2.3　证明 $f(z)=\bar{z}$ 在复平面上连续,但处处不可导.

证　对于复平面上任意一点 z_0,由于

$$|f(z)-f(z_0)| = |\bar{z} - \bar{z}_0| = |\overline{z - z_0}| = |z - z_0|$$

故对任意 $\varepsilon>0$,取 $\delta=\varepsilon$,当 $|z-z_0|<\delta$ 时,有 $|f(z)-f(z_0)|<\varepsilon$,从而 $f(z)=\bar{z}$ 在复平面上处处连续. 因为

$$\frac{f(z_0+\Delta z)-f(z_0)}{\Delta z} = \frac{\overline{z_0+\Delta z} - \bar{z}_0}{\Delta z} = \frac{\overline{\Delta z}}{\Delta z}$$

当 $z_0+\Delta z$ 沿着平行于 x 轴的直线趋于 z_0 时,上式右端恒为 1;而当 $z_0+\Delta z$ 沿着平行于虚轴的直线趋于 z_0 时,上式右端恒为 -1. 因此,当 $\Delta z \to 0$ 时,上式极限不存在,即 $f(z)=\bar{z}$ 在点 z_0 不可导. 由于 z_0 的任意性,从而 $f(z)=\bar{z}$ 在复平面上处处不可导.

2.2.2　解析函数及其性质

在复变函数理论中,主要的研究对象是解析函数.

定义 2.6　若函数 $f(z)$ 在点 z_0 的某个邻域内可导,则称 $f(z)$ 在点 z_0 解析,z_0 称为 $f(z)$ 的解析点;若函数 $f(z)$ 在区域 D 内每一点都解析,则称 $f(z)$ 在区域 D 内解析,或称 $f(z)$ 是区域 D 内的解析函数.

若函数 $f(z)$ 在点 z_0 不解析,则称 z_0 为 $f(z)$ 的奇点.

例如,函数 $f(z)=\dfrac{1}{1-z}$,在复平面上除 $z=1$ 外都是解析的,$z=1$ 为它的奇点.

从函数解析的定义可以看出,函数在一点解析与在一点可导的概念是不同的,但在区域内解析与在区域内可导的概念是等价的. 函数在闭区域 $\bar{D}$ 上解析,是指存在区域 $G\supset\bar{D}$,使函数在区域 G 内解析.

有些文献把区域 D 内的解析函数也称为 D 内的全纯函数或正则函数.

由于复变函数导数的定义在形式上与实变函数导数的定义相同,因此,微积分中有关求导法则可以推广到解析函数中来,即有以下定理.

定理 2.5 若函数 $f(z)$,$g(z)$在区域 D 内解析,则其和、差、积、商(商的情况要求在 D 内分母不为零)在区域 D 内也解析,并且有

$$[f(z)\pm g(z)]'=f'(z)\pm g'(z)$$

$$[f(z)g(z)]'=f'(z)g(z)+f(z)g'(z)$$

$$\left[\frac{f(z)}{g(z)}\right]'=\frac{f'(z)g(z)-g'(z)f(z)}{[g(z)]^2}$$

定理 2.6(复合函数的求导公式) 设 $\zeta=f(z)$在 z 平面上的区域 D 内解析,$g(\zeta)$在 ζ平面上的区域 G 内解析,并且当 $z\in D$ 时,$\zeta=f(z)\in G$,那么 $w=g[f(z)]$ 在 D 内解析,并且

$$\frac{\mathrm{d}g[f(z)]}{\mathrm{d}z}=\frac{\mathrm{d}g(\zeta)}{\mathrm{d}\zeta}\frac{\mathrm{d}f(z)}{\mathrm{d}z}$$

由例 2.2 及定理 2.5 知,任何 n 次多项式

$$P(z)=a_0+a_1z+\cdots+a_nz^n\ (n\ 为正整数,a_n\neq 0)$$

在复平面上是解析的,任何一个有理函数

$$F(z)=\frac{P(z)}{Q(z)}\ (P(z),Q(z)\ 是两个互质多项式)$$

在复平面上除去使 $Q(z)=0$ 的点的区域内是解析的.

由例 2.3 知,函数 $f(z)=\bar{z}$ 在复平面上任一点都不解析.

2.3 柯西-黎曼方程

我们知道,函数在某点解析与它的导数有关. 判断一个函数是否在某点解析,或者在某一个区域内解析,首先要看这个函数在这一点及其邻域内,或者在这个区域内它的导数是否存在. 但是用定义来讨论一般函数在某点的导数,或者检验它的可导性往往是比较困难的. 因此,我们需要寻找一个判断函数解析的比较简洁的方法.

定理 2.7 设函数 $f(z)=u(x,y)+\mathrm{i}v(x,y)$在区域 D 内有定义. $z=x+\mathrm{i}y$ 是 D 内的一点,则 $f(z)$在点 z 可导的充分必要条件是 $u(x,y)$,$v(x,y)$在点(x,y)可微,且满足柯西-黎曼(Cauchy-Riemann)方程(简称 C-R 方程):

$$\frac{\partial u}{\partial x} = \frac{\partial v}{\partial y}, \quad \frac{\partial u}{\partial y} = -\frac{\partial v}{\partial x} \tag{2.1}$$

且

$$f'(z) = \frac{\partial u}{\partial x} + \mathrm{i}\,\frac{\partial v}{\partial x} = \frac{\partial v}{\partial y} - \mathrm{i}\,\frac{\partial u}{\partial y} \tag{2.2}$$

证　必要性. 设 $f(z)$在点 z 可导,$f'(z)=a+\mathrm{i}b$,由定义得

$$\Delta f = f'(z)\Delta z + \rho(\Delta z)$$

这里 $\rho(\Delta z)=\varepsilon_1(\Delta z)+\mathrm{i}\varepsilon_2(\Delta z)$,满足$\lim\limits_{\Delta z\to 0}\dfrac{\rho(\Delta z)}{\Delta z}=0$. 又设

$$\Delta z = \Delta x + \mathrm{i}\Delta y, \quad \Delta f = \Delta u + \mathrm{i}\Delta v$$

比较上式两端的实部和虚部,得到

$$\Delta u = a\Delta x - b\Delta y + \varepsilon_1(\Delta z)$$
$$\Delta v = b\Delta x + a\Delta y + \varepsilon_2(\Delta z)$$

显然,$\varepsilon_1(\Delta z)$,$\varepsilon_2(\Delta z)$满足条件

$$\lim_{\Delta z\to 0}\frac{\varepsilon_1(\Delta z)}{\Delta z} = \lim_{\Delta z\to 0}\frac{\varepsilon_2(\Delta z)}{\Delta z} = 0$$

所以 $u(x,y)$,$v(x,y)$在点(x,y)可微,且满足 C-R 方程(2.1)

$$\frac{\partial u}{\partial x} = a = \frac{\partial v}{\partial y}, \quad \frac{\partial u}{\partial y} = -b = -\frac{\partial v}{\partial x}$$

充分性. 设 u,v 在点(x,y)可微,且在该点满足 C-R 方程(2.1),则

$$\begin{aligned}\Delta u &= u(x+\Delta x, y+\Delta y) - u(x,y)\\ &= \frac{\partial u}{\partial x}\Delta x + \frac{\partial u}{\partial y}\Delta y + \varepsilon_1(|\Delta z|)\end{aligned} \tag{2.3}$$

$$\begin{aligned}\Delta v &= v(x+\Delta x, y+\Delta y) - v(x,y)\\ &= \frac{\partial v}{\partial x}\Delta x + \frac{\partial v}{\partial y}\Delta y + \varepsilon_2(|\Delta z|)\end{aligned} \tag{2.4}$$

其中,$|\Delta z| = \sqrt{(\Delta x)^2+(\Delta y)^2}$,且$\lim\limits_{\Delta z\to 0}\dfrac{|\varepsilon_1(\Delta z)|}{|\Delta z|}=0$,$\lim\limits_{\Delta z\to 0}\dfrac{|\varepsilon_2(\Delta z)|}{|\Delta z|}=0$.

将式(2.4)乘以 i 后与式(2.3)相加得

$$\begin{aligned}f(z+\Delta z) - f(z) = \Delta u + \mathrm{i}\Delta v = \left(\frac{\partial u}{\partial x}\Delta x + \frac{\partial u}{\partial y}\Delta y\right) + \\ \mathrm{i}\left(\frac{\partial v}{\partial x}\Delta x + \frac{\partial v}{\partial y}\Delta y\right) + \varepsilon_1(|\Delta z|) + \mathrm{i}\varepsilon_2(|\Delta z|)\end{aligned}$$

由 C-R 方程(2.1)

$$\begin{aligned}f(z+\Delta z) - f(z) &= \Delta u + \mathrm{i}\Delta v\\ &= \left(\frac{\partial u}{\partial x} + \mathrm{i}\,\frac{\partial v}{\partial x}\right)(\Delta x + \mathrm{i}\Delta y) + \varepsilon_1(|\Delta z|) + \mathrm{i}\varepsilon_2(|\Delta z|)\end{aligned}$$

$$\frac{f(z+\Delta z) - f(z)}{\Delta z} = \frac{\partial u}{\partial x} + \mathrm{i}\,\frac{\partial v}{\partial x} + \frac{\varepsilon_1(|\Delta z|) + \mathrm{i}\varepsilon_2(|\Delta z|)}{\Delta z}$$

所以

$$\lim_{\Delta z\to 0}\frac{f(z+\Delta z)-f(z)}{\Delta z}=\frac{\partial u}{\partial x}+\mathrm{i}\frac{\partial v}{\partial x}$$

即 $f(z)$在点 z 可导,且有式(2.2)

$$f'(z)=\frac{\partial u}{\partial x}+\mathrm{i}\frac{\partial v}{\partial x}=\frac{\partial v}{\partial y}-\mathrm{i}\frac{\partial u}{\partial y}$$

应用定理2.7,可以得到函数在一个区域内解析的充分必要条件,即定理2.8.

定理2.8 函数 $f(z)=u(x,y)+\mathrm{i}v(x,y)$在区域 D 内解析的充分必要条件是:$u(x,y),v(x,y)$在 D 内可微,且满足C-R方程.

例2.4 试证 $f(z)=\mathrm{e}^x(\cos y+\mathrm{i}\sin y)$在 z 平面上解析,且 $f'(z)=f(z)$.

证 因为 $u(x,y)=\mathrm{e}^x\cos y,v(x,y)=\mathrm{e}^x\sin y$,在 z 平面上处处具有一阶连续的偏导数,且

$$\frac{\partial u}{\partial x}=\mathrm{e}^x\cos y=\frac{\partial v}{\partial y},\quad \frac{\partial v}{\partial x}=\mathrm{e}^x\sin y=-\frac{\partial u}{\partial y}$$

满足C-R方程,由定理2.8知 $f(z)$在 z 平面上处处解析,并且

$$f'(z)=\frac{\partial u}{\partial x}+\mathrm{i}\frac{\partial v}{\partial x}=\mathrm{e}^x\cos y+\mathrm{i}\mathrm{e}^x\sin y=f(z)$$

例2.5 讨论 $f(z)=|z|^2$ 的解析性.

解 因为 $u(x,y)=x^2+y^2,v(x,y)=0$,而

$$\frac{\partial u}{\partial x}=2x,\quad \frac{\partial u}{\partial y}=2y,\quad \frac{\partial v}{\partial x}=\frac{\partial v}{\partial y}=0$$

在 z 平面上处处连续,但只在 $z=0$ 处满足C-R方程,故 $f(z)$只在 $z=0$ 处可导,从而该函数在 z 平面上处处不解析.

例2.6 若 $f(z)$在区域 D 内解析,且 $f'(z)=0(z\in D)$,则在 D 内 $f(z)$恒为常数.

证 由于 $f(z)=u(x,y)+\mathrm{i}v(x,y)$在区域 D 内解析且导数为零,所以

$$f'(z)=\frac{\partial u}{\partial x}+\mathrm{i}\frac{\partial v}{\partial x}=\frac{\partial v}{\partial y}-\mathrm{i}\frac{\partial u}{\partial y}=0$$

因此,在 D 内$\frac{\partial u}{\partial x}=\frac{\partial u}{\partial y}=\frac{\partial v}{\partial x}=\frac{\partial v}{\partial y}=0$,于是在 D 内 u,v 必为常数,即在 D 内 $f(z)=$常数.

例2.7 设 $f(z)=u(x,y)+\mathrm{i}v(x,y)$在区域 D 内解析且 $f'(z)\neq 0$. 试证在 D 内曲线族 $u(x,y)=c_1$ 与曲线族 $v(x,y)=c_2$ 正交,其中,c_1,c_2 为常数.

证 由于 $f'(z)=\frac{\partial u}{\partial x}+\mathrm{i}\frac{\partial v}{\partial x}=\frac{\partial v}{\partial y}-\mathrm{i}\frac{\partial u}{\partial y}\neq 0$,所以$\frac{\partial u}{\partial y},\frac{\partial v}{\partial y}$在 D 内任一点不同时为零.

若$\frac{\partial u}{\partial y},\frac{\partial v}{\partial y}$在曲线的交点$(x,y)$处都不为零,那么曲线 $u(x,y)=c_1,v(x,y)=c_2$

在(x,y)处的斜率分别为

$$k_1=-\frac{\frac{\partial u}{\partial x}}{\frac{\partial u}{\partial y}},\quad k_2=-\frac{\frac{\partial v}{\partial x}}{\frac{\partial v}{\partial y}}$$

由解析函数的 C－R 方程知，在(x,y)处，$k_1k_2=-1$. 因此曲线族$u(x,y)=c_1$，$v(x,y)=c_2$在(x,y)处正交.

若在曲线交点(x,y)处$\frac{\partial u}{\partial y},\frac{\partial v}{\partial y}$中有一个不为零，由 C－R 方程可知，过交点$(x,y)$的两条切线，必然一条为水平切线，另一条为铅直切线，它们在交点处仍然正交.

最后需要指出的是，若函数$f(z)=u(r,\theta)+\mathrm{i}v(r,\theta)$，$z=r(\cos\theta+\mathrm{i}\sin\theta)$，则$f(z)$在点$z$可导的充分必要条件是：$u(r,\theta)$，$v(r,\theta)$在$(r,\theta)$点可微，且满足极坐标系下的 C－R 方程

$$\frac{\partial u}{\partial r}=\frac{1}{r}\frac{\partial v}{\partial \theta},\quad \frac{\partial v}{\partial r}=-\frac{1}{r}\frac{\partial u}{\partial \theta}\ (r>0) \tag{2.5}$$

且

$$f'(z)=(\cos\theta-\mathrm{i}\sin\theta)\left(\frac{\partial u}{\partial r}+\mathrm{i}\frac{\partial v}{\partial r}\right)=\frac{r}{z}\left(\frac{\partial u}{\partial r}+\mathrm{i}\frac{\partial v}{\partial r}\right) \tag{2.6}$$

2.4　初等解析函数

在 2.3 节中，我们知道多项式$P(z)=a_0+a_1z+\cdots+a_nz^n$在全平面上解析，有理函数$P(z)/Q(z)$在除去$Q(z)=0$的点外的全平面上解析. 本节将介绍一些其他的复变量的基本初等函数，即指数函数、对数函数、幂函数、三角函数、双曲函数、反三角函数和反双曲函数等. 它们可以看作微积分中的基本初等函数在复域内的推广. 这些函数经过有限次四则运算和有限次复合，就得到所有的初等函数.

2.4.1　指数函数

定义 2.7　对于复变数$z=x+\mathrm{i}y$，由关系式

$$\mathrm{e}^z=\mathrm{e}^{x+\mathrm{i}y}=\mathrm{e}^x(\cos y+\mathrm{i}\sin y) \tag{2.7}$$

所确定的函数称为指数函数. e^z也记作$\exp z$.

当z取实数(即$y=0,z=x$)时，得$\mathrm{e}^z=\mathrm{e}^x$. 因此$\mathrm{e}^z$可以看成实变量指数函数$\mathrm{e}^x$的自然推广.

当$z=\mathrm{i}y$时，得

$$\mathrm{e}^z=\mathrm{e}^{\mathrm{i}y}=\cos y+\mathrm{i}\sin y \tag{2.8}$$

式(2.8)称为欧拉(Euler)公式. 利用这个公式可以把复数的三角表示$z=r(\cos\theta+$

isin θ)写成更简单的形式

$$z = re^{i\theta} \tag{2.9}$$

式(2.9)称为复数的指数表示式.

复变量的指数函数，具有如下一些性质.

(1) e^z 在整个 z 平面上都有定义，且处处不为零.

事实上，对于任意 z，e^x，$\cos y$，$\sin y$ 都有定义，所以 e^z 在整个 z 平面上也有定义，又因为 $|e^z| = e^x > 0$，所以它处处不为零.

(2) 对于任意的 z_1, z_2，有

$$e^{z_1+z_2} = e^{z_1} \cdot e^{z_2}$$

事实上，设 $z_1 = x_1 + iy_1$，$z_2 = x_2 + iy_2$，则

$$\begin{aligned} e^{z_1+z_2} &= e^{(x_1+x_2)+i(y_1+y_2)} \\ &= e^{x_1+x_2}[\cos(y_1+y_2) + i\sin(y_1+y_2)] \\ &= e^{x_1}(\cos y_1 + i\sin y_1) \cdot e^{x_2}(\cos y_2 + i\sin y_2) \\ &= e^{x_1+iy_1} \cdot e^{x_2+iy_2} = e^{z_1} \cdot e^{z_2} \end{aligned}$$

(3) e^z 是以 $2\pi i$ 为基本周期的周期函数，即

$$e^{z+2\pi i} = e^z$$

事实上，因为对于任意复数 z，都有

$$e^{z+2\pi i} = e^z \cdot e^{2\pi i} = e^z(\cos 2\pi + i\sin 2\pi) = e^z$$

所以 $2\pi i$ 是 e^z 的周期. 还可以推出，对于任意的整数 k，$2k\pi i$ 也是它的周期，但 $|2\pi i| = 2\pi$ 是 e^z 的周期的模的最小值. $2\pi i$ 叫做它的基本周期.

(4) e^z 在 z 平面上解析，且 $(e^z)' = e^z$. 此性质的证明见例 2.4.

2.4.2　对数函数

定义 2.8　对于 $z \neq 0$，满足方程 $z = e^w$ 的函数 $w = f(z)$ 称为 z 的对数函数，记为 $w = \mathrm{Ln}\, z$.

令 $z = re^{i\theta}$，$w = u + iv$，则有 $e^{u+iv} = re^{i\theta}$，因而 $u = \ln r$，$v = \theta + 2k\pi$（k 为任意整数)，故

$$w = \mathrm{Ln}\, z = \ln r + i(\theta + 2k\pi)\ (k\ 为任意整数)$$

或

$$w = \mathrm{Ln}\, z = \ln|z| + i\mathrm{Arg}\, z = \ln|z| + i\arg z + 2k\pi i\ (k\ 为任意整数) \tag{2.10}$$

其中，$-\pi < \arg z \leqslant \pi$.

把 z 看作不等于零的复变数，式(2.10)就是 z 的对数函数；它是指数函数 $z = e^w$ 的反函数. 因此，对数函数为一无穷多值函数，并且每两个值之间相差 $2\pi i$ 的整数倍.

对于每一个固定的 k，可得一个单值函数，称为 $w = \mathrm{Ln}\, z$ 的第 k 个分支，记为

$$(\mathrm{Ln}\, z)_k = \ln_k z = \ln|z| + i\arg z + 2k\pi i$$

当 $k=0$ 时，称 $\ln|z|+\mathrm{i}\arg z$ 为对数函数 $\mathrm{Ln}\,z$ 的主值，记为 $\ln z$，于是

$$\ln z = \ln|z| + \mathrm{i}\arg z \ (-\pi < \arg z \leqslant \pi) \tag{2.11}$$

由式(2.11)，式(2.10)可写为

$$\mathrm{Ln}\,z = \ln z + 2k\pi\mathrm{i} \ (k\ 为任意整数)$$

在式(2.11)中，取 $z=x>0$，$\ln|z|=\ln x$，$\arg z=0$，从而 $\ln z=\ln x$，这就是在实变函数中的对数函数. 因此对数函数 $\ln z$ 是实变函数的对数 $\ln x$ 在复数域上的推广.

若 $z=0$，则方程 $z=\mathrm{e}^w$ 无解，因此在对数函数的定义中 $z=0$ 应该去掉，即 0 没有对数.

例 2.8　求 $\mathrm{Ln}(-1)$，$\mathrm{Ln}(1+\mathrm{i})$及它们的主值.

解　因为 $|-1|=1$，$\arg(-1)=\pi$，所以

$$\mathrm{Ln}(-1) = \pi\mathrm{i} + 2k\pi\mathrm{i} = (2k+1)\pi\mathrm{i} \ (k\ 为任意整数)$$

它的主值为 $\ln(-1)=\pi\mathrm{i}$.

又因为 $|1+\mathrm{i}|=\sqrt{2}$，$\arg(1+\mathrm{i})=\dfrac{\pi}{4}$，所以

$$\mathrm{Ln}(1+\mathrm{i}) = \frac{1}{2}\ln 2 + \frac{\pi}{4}\mathrm{i} + 2k\pi\mathrm{i} \ (k\ 为任意整数)$$

它的主值为

$$\ln(1+\mathrm{i}) = \frac{1}{2}\ln 2 + \frac{\pi}{4}\mathrm{i}$$

下面讨论对数函数的一些基本性质.

(1) $\mathrm{Ln}(z_1z_2)=\mathrm{Ln}\,z_1+\mathrm{Ln}\,z_2\ (z_1,z_2\neq 0)$.

事实上，

$$\begin{aligned}\mathrm{Ln}(z_1z_2) &= \ln|z_1z_2| + \mathrm{i}\,\mathrm{Arg}(z_1z_2)\\ &= \ln|z_1| + \mathrm{i}\,\mathrm{Arg}\,z_1 + \ln|z_2| + \mathrm{i}\,\mathrm{Arg}\,z_2\\ &= \mathrm{Ln}\,z_1 + \mathrm{Ln}\,z_2\end{aligned}$$

(2) $\mathrm{Ln}\,\dfrac{z_1}{z_2}=\mathrm{Ln}\,z_1-\mathrm{Ln}\,z_2\ (z_1,z_2\neq 0)$.

事实上，

$$\begin{aligned}\mathrm{Ln}\,\frac{z_1}{z_2} &= \ln\left|\frac{z_1}{z_2}\right| + \mathrm{i}\,\mathrm{Arg}\left(\frac{z_1}{z_2}\right)\\ &= \ln|z_1| + \mathrm{i}\,\mathrm{Arg}\,z_1 - \ln|z_2| - \mathrm{i}\,\mathrm{Arg}\,z_2\\ &= \mathrm{Ln}\,z_1 - \mathrm{Ln}\,z_2\end{aligned}$$

以上两个等式理解为，当以上两式中每一式右端的对数取其一个分支所确定的值后，左端也一定有一个分支的值与之相等.

注：$\mathrm{Ln}\,z^n=n\mathrm{Ln}\,z$ 一般不成立，这是因为有限个无穷集合相加，不一定是对应部分相加.

当$z_1=z_2=z$时,$\text{Ln}\,\dfrac{z_1}{z_2}=\text{Ln}\,z-\text{Ln}\,z\neq 0$.这是因为两个无穷集合相减，不一定是对应部分相减.

现在讨论对数函数的解析性.

对于对数函数$\text{Ln}\,z$的主值$\ln z=\ln|z|+\text{i}\arg z\ (-\pi<\arg z\leqslant\pi)$，实部$\ln|z|$在复平面上除去原点外处处连续，而其虚部$\arg z$，由于当$x<0$时，

$$\lim_{y\to 0^-}\arg z=-\pi,\lim_{y\to 0^+}\arg z=\pi$$

因此,它在原点和负实轴上都不连续.所以在复平面上除去原点和负实轴区域内,$\ln z$处处连续.

令$|z|=r,\arg z=\theta(-\pi<\theta\leqslant\pi)$，则$\ln z=\ln|z|+\text{i}\arg z=\ln r+\text{i}\theta$，于是$u(r,\theta)=\ln r$及$v(r,\theta)=\theta$都在$(r,\theta)$可微,且满足极坐标形式下的C-R方程

$$\frac{\partial u}{\partial r}=\frac{1}{r}=\frac{1}{r}\frac{\partial v}{\partial\theta},\quad \frac{\partial v}{\partial r}=0=-\frac{1}{r}\frac{\partial u}{\partial\theta}$$

以及

$$(\ln z)'=(\cos\theta-\text{i}\sin\theta)\left(\frac{\partial u}{\partial r}+\text{i}\frac{\partial v}{\partial r}\right)=(\cos\theta-\text{i}\sin\theta)\frac{1}{r}=\frac{1}{z}$$

故对于对数函数$\text{Ln}\,z$的每一分支，有

$$[(\text{Ln}\,z)_k]'=(\ln z+2k\pi)'=\frac{1}{z}$$

这里k是确定的.

这说明对数函数的各分支在复平面上除去0和负实轴的区域内,都是解析的,并有相同的导数值.

2.4.3 幂函数

定义2.9 对于任意复数α，当$z\neq 0$时，

$$w=z^\alpha=\text{e}^{\alpha\text{Ln}\,z}\tag{2.12}$$

称为z的幂函数.

由于$\text{Ln}z$是多值函数，因此z^α一般也为多值函数，即

$$z^\alpha=\text{e}^{\alpha(\ln|z|+\text{i}\,\text{Arg}\,z)}=\text{e}^{\alpha\ln|z|+\text{i}\alpha\arg z+2k\pi\alpha\text{i}}=|z|^\alpha\text{e}^{\text{i}\alpha\arg z+2k\pi\alpha\text{i}}(k\text{ 为整数}).$$

下面分情况进行讨论.

(1) 当$\alpha=n$(整数)时，

$$z^\alpha=\text{e}^{n\,\text{Ln}\,z}=|z|^n\text{e}^{\text{i}\,n\arg z}.$$

这是整数幂的幂函数，它是复平面上的单值函数.

(2) 当$\alpha=\dfrac{1}{n}$ ($n>1$,正整数)时,

$$z^\alpha=\text{e}^{\frac{1}{n}\text{Ln}\,z}=|z|^{\frac{1}{n}}\text{e}^{\text{i}\frac{\arg z+2k\pi}{n}}(k=0,1,\cdots,n-1)$$

即为根式函数$\sqrt[n]{z}$，它是一个 n 值函数，有 n 个不同的分支.

由于对数函数 $\mathrm{Ln}\, z$ 的各分支在复平面上除去 $z=0$ 及负实轴的区域内解析，从而 $e^{\frac{1}{n}\mathrm{Ln}\, z}$ 在复平面上除去 $z=0$ 及负实轴的区域内解析，并且

$$(z^{\frac{1}{n}})' = (\sqrt[n]{z})' = (e^{\frac{1}{n}\mathrm{Ln}\, z})' = \frac{1}{n}z^{\frac{1}{n}-1}.$$

(3) 当 $\alpha=\dfrac{m}{n}$ 为有理数(其中 $\dfrac{m}{n}$ 为既约分数) 时，

$$z^{\alpha} = e^{\frac{m}{n}\mathrm{Ln}\, z} = |z|^{\frac{m}{n}} e^{i\frac{m}{n}\arg z + \frac{m}{n}2k\pi i} (k=0,1,\cdots,n-1)$$

这也是一个 n 值函数，记为 $\sqrt[n]{z^m}$. 它的各分支在复平面上除去 $z=0$ 及负实轴的区域内解析，且 $(z^{\frac{m}{n}})'=\dfrac{m}{n}z^{\frac{m}{n}-1}$.

(4) 当 α 为无理数或任意复数(以上三种情况除外) 时，有

$$z^{\alpha} = e^{\alpha\,\mathrm{Ln} z} = |z|^{\alpha} e^{i\alpha(\arg z+2k\pi)} (k \text{ 为整数})$$

而 $2\alpha k\pi$ 对于不同的 k 不可能关于 2π 是同余的(否则 α 就是有理数了)，所以 z^{α} 是无穷多值函数，并且它的各个分支在复平面上除去 $z=0$ 及负实轴上的点外的区域内是解析的，并且 $(z^{\alpha})'=\alpha z^{\alpha-1}$.

例 2.9　求 $1^{\sqrt{2}}$ 及 i^i 的值.

解

$$1^{\sqrt{2}} = e^{\sqrt{2}\,\mathrm{Ln}1} = e^{\sqrt{2}(\ln 1+2k\pi i)} = e^{2\sqrt{2}k\pi i} (k=0,\pm 1,\pm 2,\cdots)$$

$$i^i = e^{i\,\mathrm{Ln}\, i} = e^{i(\ln|i|+\frac{\pi}{2}i+2k\pi i)} = e^{-(\frac{\pi}{2}+2k\pi)} (k=0,\pm 1,\pm 2,\cdots)$$

2.4.4　三角函数与双曲函数

由欧拉公式(2.8)，

$$e^{iy} = \cos y + i\sin y,\quad e^{-iy} = \cos y - i\sin y$$

两式相加与相减，有

$$\cos y = \frac{e^{iy}+e^{-iy}}{2},\quad \sin y = \frac{e^{iy}-e^{-iy}}{2i}$$

这里 y 是任意实数，将 y 换成任意复数 z，就得到下面的定义.

定义 2.10　对于任意复数 $z=x+iy$，由关系式

$$\cos z = \frac{e^{iz}+e^{-iz}}{2},\quad \sin z = \frac{e^{iz}-e^{-iz}}{2i} \tag{2.13}$$

所规定的函数，分别称为 z 的余弦函数和正弦函数.

下面讨论正弦函数和余弦函数的性质：

(1) 它们在 z 平面上解析，且 $(\cos z)'=-\sin z$，$(\sin z)'=\cos z$.

事实上，因为指数函数在整个 z 平面上解析，所以 $\cos z$，$\sin z$ 在整个 z 平面上也解析，且有

$$(\cos z)' = \left(\frac{e^{iz}+e^{-iz}}{2}\right)' = \frac{(e^{iz})'+(e^{-iz})'}{2}$$
$$= i\,\frac{e^{iz}-e^{-iz}}{2} = -\frac{e^{iz}-e^{-iz}}{2i} = -\sin z$$
$$(\sin z)' = \left(\frac{e^{iz}-e^{-iz}}{2i}\right)' = \frac{(e^{iz})'-(e^{-iz})'}{2i}$$
$$= \frac{e^{iz}+e^{-iz}}{2} = \cos z$$

(2) 它们都以 2π 为基本周期，即

$$\cos(z+2\pi) = \cos z,\quad \sin(z+2\pi) = \sin z$$

事实上，因为 e^{iz}，e^{-iz} 都以 2π 为基本周期，所以 $\cos z$，$\sin z$ 也都以 2π 为基本周期.

(3) $\cos z$ 是偶函数，$\sin z$ 是奇函数，即

$$\cos(-z) = \cos z,\quad \sin(-z) = -\sin z$$

事实上，

$$\cos(-z) = \frac{e^{i(-z)}+e^{-i(-z)}}{2} = \frac{e^{iz}+e^{-iz}}{2} = \cos z$$

同理有 $\sin(-z) = -\sin z$.

(4) 在复平面上成立如下三角恒等式

$$\sin(z_1+z_2) = \sin z_1\cos z_2 + \cos z_1\sin z_2$$
$$\cos(z_1+z_2) = \cos z_1\cos z_2 - \sin z_1\sin z_2$$
$$\sin^2 z + \cos^2 z = 1$$

事实上，

$$\sin z_1\cos z_2 + \cos z_1\sin z_2$$
$$= \frac{e^{iz_1}-e^{-iz_1}}{2i}\cdot\frac{e^{iz_2}+e^{-iz_2}}{2} + \frac{e^{iz_1}+e^{-iz_1}}{2}\cdot\frac{e^{iz_2}-e^{-iz_2}}{2i}$$
$$= \frac{e^{i(z_1+z_2)}-e^{-i(z_1+z_2)}}{2i} = \sin(z_1+z_2)$$

其余两式的推导由读者自己完成.

注意，在复数范围内，$|\sin z|\leqslant 1$，$|\cos z|\leqslant 1$ 不再成立，例如

$$|\sin 2i| = \left|\frac{e^{-2}-e^{2}}{2i}\right| > 1,\quad |\cos 2i| = \left|\frac{e^{-2}+e^{2}}{2}\right| > 1$$

(5) $\sin z$ 的零点仍为 $k\pi$，$\cos z$ 的零点仍为 $\frac{\pi}{2}+k\pi$（k 为整数），除此之外，没有其他零点.

同样，我们也可以由关系式

$$\tan z = \frac{\sin z}{\cos z},\quad \cot z = \frac{\cos z}{\sin z},\quad \sec z = \frac{1}{\cos z},\quad \csc z = \frac{1}{\sin z} \tag{2.14}$$

分别定义 z 的正切函数、余切函数、正割函数及余割函数. 它们在分母不为零的点处解析，并且有

$$(\tan z)' = \sec^2 z, \quad (\cot z)' = -\csc^2 z,$$
$$(\sec z)' = \sec z \tan z, \quad (\csc z)' = -\csc z \cot z$$

其中，正切函数和余切函数的基本周期为 π，正割函数和余割函数的基本周期为 2π.

与三角函数联系密切的是双曲函数.

定义 2.11　由关系式

$$\left.\begin{aligned} &\sinh z = \frac{e^z - e^{-z}}{2}, \quad \cosh z = \frac{e^z + e^{-z}}{2} \\ &\tanh z = \frac{\sinh z}{\cosh z}, \quad \coth z = \frac{\cosh z}{\sinh z} \\ &\operatorname{sech} z = \frac{1}{\cosh z}, \quad \operatorname{csch} z = \frac{1}{\sinh z} \end{aligned}\right\} \tag{2.15}$$

定义的函数，分别称为 z 的双曲正弦、双曲余弦、双曲正切、双曲余切、双曲正割及双曲余割函数.

由定义不难得到它们与三角函数相似的某些性质. 下面以双曲正弦和双曲余弦为例进行说明.

(1) $\sinh z$ 与 $\cosh z$ 都在 z 平面上解析，且有

$$(\sinh z)' = \cosh z, \quad (\cosh z)' = \sinh z.$$

(2) $\sinh z$ 与 $\cosh z$ 都以 $2\pi i$ 为基本周期.

(3) $\sinh z$ 是奇函数，$\cosh z$ 是偶函数.

(4) 在复平面上成立如下恒等式：

$$\sinh(z_1 + z_2) = \sinh z_1 \cosh z_2 + \cosh z_1 \sinh z_2$$
$$\cosh(z_1 + z_2) = \cosh z_1 \cosh z_2 + \sinh z_1 \sinh z_2$$
$$\cosh^2 z - \sinh^2 z = 1$$

(5) $\sinh z$ 的零点是 $z = k\pi i$，$\cosh z$ 的零点是 $\left(k + \frac{1}{2}\right)\pi i$ (k 为整数)，除此之外无其他零点.

(6) 双曲函数与三角函数之间有如下关系：

$$\sinh z = -i\sin iz, \quad \cosh z = \cos iz$$
$$\sin z = -i\sinh iz, \quad \cos z = \cosh iz$$

2.4.5　反三角函数与反双曲函数

反三角函数定义为三角函数的反函数. 由于三角函数是由指数函数来表达的，因此，它的反函数与对数函数有关.

由方程 $z = \cos w$ 所确定的解 w 称为 z 的反余弦函数，记作 $w = \operatorname{Arccos} z$. 因为

$$z=\cos w=\frac{e^{iw}+e^{-iw}}{2}=\frac{e^{2iw}+1}{2e^{iw}}$$

所以 $e^{2iw}-2ze^{iw}+1=0$. 解此关于 e^{iw} 的二次方程，得

$$e^{iw}=z+\sqrt{z^2-1}$$

即

$$iw=\mathrm{Ln}(z+\sqrt{z^2-1})$$

故有

$$w=\mathrm{Arccos}\, z=\frac{1}{i}\mathrm{Ln}(z+\sqrt{z^2-1}) \tag{2.16}$$

它是一个无穷多值函数，这是因为根式函数为二值函数，对数函数为无穷多值函数.

同理可得反正弦函数和反正切函数的表达式如下：

$$w=\mathrm{Arcsin}\, z=\frac{1}{i}\mathrm{Ln}(iz+\sqrt{1-z^2}) \tag{2.17}$$

$$w=\mathrm{Arctan}\, z=\frac{1}{2i}\mathrm{Ln}\,\frac{1+iz}{1-iz} \tag{2.18}$$

类似地可定义反双曲函数. 以反双曲余弦函数为例，$w=\mathrm{Arccosh}\, z$ 定义为 $z=\cosh w=\frac{e^w+e^{-w}}{2}$ 的反函数,由此可以得到 $e^{2w}-2ze^w+1=0$，解此关于 e^w 的二次方程，可得到

$$e^w=z+\sqrt{z^2-1}$$

故反双曲余弦函数定义为

$$w=\mathrm{Arccosh}\, z=\mathrm{Ln}(z+\sqrt{z^2-1}) \tag{2.19}$$

同理,反双曲正弦函数和反双曲正切函数的定义为

$$w=\mathrm{Arcsinh}\, z=\mathrm{Ln}(z+\sqrt{z^2+1}) \tag{2.20}$$

$$w=\mathrm{Arccoth}\, z=\frac{1}{2}\mathrm{Ln}\,\frac{1+z}{1-z} \tag{2.21}$$

由以上反双曲函数的表达式可知，它们都是无穷多值函数.

例 2.10 求 Arcsin 2.

解 由式(2.17)得

$$\begin{aligned}\mathrm{Arcsin}\, 2&=\frac{1}{i}\mathrm{Ln}(2i\pm\sqrt{3}i)=-i\,\mathrm{Ln}[(2\pm\sqrt{3})i]\\&=-i\left[\ln(2\pm\sqrt{3})+i\left(\frac{\pi}{2}+2k\pi\right)\right]\\&=\frac{\pi}{2}+2k\pi-i\ln(2\pm\sqrt{3})\end{aligned}$$

其中 k 为整数.

本章提要：

(1) 复变函数与映射的概念，复变函数的极限与连续的定义、运算法则与性质；

(2) 复变函数导数的概念，解析函数的概念及解析函数的求导法则，复变函数可微与解析的充分必要条件；

(3) 指数函数、对数函数、幂函数、三角函数与双曲函数、反三角函数与反双曲函数等初等函数的定义及性质.

基本要求：

(1) 掌握复变函数与映射的概念、复变函数的极限与连续的定义、运算法则及性质.

(2) 理解复变函数可导与解析的概念，正确认识函数在一点或一个区域内可导与解析的关系，掌握解析函数的求导法则以及函数可导与解析的判别方法.

(3) 了解指数函数、对数函数、幂函数、三角函数与双曲函数、反三角函数与反双曲函数等初等函数的定义和解析性；对于对数函数、非整数幂的幂函数，能够求出其单值解析分支.

习题 2

1. 函数 $w=\dfrac{1}{z}$ 把 z 平面上的下列曲线映射成 w 平面上的什么曲线(其中 $z=x+\mathrm{i}y, w=u+\mathrm{i}v$)？

(1) $x^2+y^2=4$；　　(2) $y=x$；

(3) $y=0$；　　(4) $x=1$.

2. 设函数

$$f(z)=\begin{cases}\dfrac{xy}{x^2+y^2}, & z\neq 0\\ 0, & z=0\end{cases}$$

证明：$f(z)$在原点不连续.

3. 设函数 $f(z)$在 z_0 连续，且 $f(z_0)\neq 0$，那么可以找到 z_0 的一个邻域，在这个邻域内 $f(z)\neq 0$.

4. 证明连续函数 $f(z)$的模也是连续的.

5. 试证 $\arg z$ 在原点与负实轴上不连续.

6. 下列函数在何处有导数？并求出其导数.

(1) $(z-1)^n$；　　(2) $\dfrac{1}{z^2-1}$；　　(3) $\dfrac{az+b}{cz+d}$(c,d 中至少有一个不为 0)；

(4) $\bar{z}$；　　(5) $|z|^2 z$.

7. 讨论下列函数在何处满足 C-R 方程？

(1) $3-z+2z^2$；　　(2) $\dfrac{1}{z}$；

(3) x；　　(4) $2x^3+3y^3\mathrm{i}$.

8. 如果函数 $f(z)$在区域 D 内解析，且满足下列条件之一，求证 $f(z)$在 D 内必为常数.

(1) $|f(z)|$在 D 内是常数；

(2) $\overline{f(z)}$在 D 内解析；

(3) $\mathrm{Re}f(z)$或 $\mathrm{Im}f(z)$在 D 内是常数；

(4) $f(z)$的辐角在 D 内是常数.

9. 设函数 $f(z)$在区域 D 内解析，试证

$$\left(\frac{\partial}{\partial x}|f(z)|\right)^2+\left(\frac{\partial}{\partial y}|f(z)|\right)^2=|f'(z)|^2$$

10. 设 $f(z)=u(r,\theta)+\mathrm{i}v(r,\theta)$，$z=r\mathrm{e}^{\mathrm{i}\theta}$，则函数 $f(z)$在 z 可导的充分必要条件是 $u(r,\theta)$，$v(r,\theta)$在(r,θ)可微，且满足极坐标下的 C-R 方程

$$\frac{\partial u}{\partial r}=\frac{1}{r}\frac{\partial v}{\partial \theta},\quad \frac{\partial v}{\partial r}=-\frac{1}{r}\frac{\partial u}{\partial \theta}\ (r>0)$$

并且有

$$f'(z)=(\cos\theta-\mathrm{i}\sin\theta)\left(\frac{\partial u}{\partial r}+\mathrm{i}\frac{\partial v}{\partial r}\right)=\frac{r}{z}\left(\frac{\partial u}{\partial r}+\mathrm{i}\frac{\partial v}{\partial r}\right)$$

11. 若函数 $f(z)$，$g(z)$在 z_0 解析，且 $f(z_0)=g(z_0)=0$，但 $g'(z_0)\neq 0$，则

$$\lim_{z\to z_0}\frac{f(z)}{g(z)}=\frac{f'(z_0)}{g'(z_0)}$$

12. 设函数 $f(z)=my^3+nx^2y+\mathrm{i}(x^3+lxy^2)$是全平面上的解析函数，试求 l，m，n 的值.

13. 试证

(1) $\sinh(z_1+z_2)=\sinh z_1\cosh z_2+\cosh z_1\sinh z_2$；

(2) $\cosh(z_1+z_2)=\cosh z_1\cosh z_2+\sinh z_1\sinh z_2$；

(3) $\cosh^2 z-\sinh^2 z=1$；

(4) $\mathrm{sech}^2 z+\tanh^2 z=1$.

14. 试证

(1) $\sinh z=-\mathrm{i}\sin \mathrm{i}z$；　　(2) $\cosh z=\cos \mathrm{i}z$；

(3) $\sin z=-\mathrm{i}\sinh \mathrm{i}z$；　　(4) $\cos z=\cosh \mathrm{i}z$.

15. 证明

(1) $(\sinh z)'=\cosh z$；　　(2) $(\cosh z)'=\sinh z$.

16. 求下列函数的值

(1) $\mathrm{e}^{3+\mathrm{i}}$；　　(2) $\mathrm{Ln}(-3+4\mathrm{i})$；　　(3) $\sin \mathrm{i}$；

(4) $\cos(1+\mathrm{i})$；　　(5) $\mathrm{i}^{1+\mathrm{i}}$；　　(6) $(1+\mathrm{i})^{\mathrm{i}}$.

17. 解下列方程

(1) $\mathrm{e}^z=1+\sqrt{3}\mathrm{i}$；　　(2) $\ln z=\frac{\pi}{2}\mathrm{i}$.

第3章　复变函数的积分

复变函数的积分(简称复积分),是研究解析函数的重要工具.解析函数的许多重要性质都是通过解析函数的积分表示得到的,这是复变函数在研究方法上的一个重要特点之一.在本章中,将引进复积分的概念,给出关于解析函数的柯西积分定理和柯西公式,由此推出解析函数的导数仍是解析函数等重要结论.

3.1　复积分的概念与计算

3.1.1　复积分的概念

下面应用类似于微积分学中的方法定义复变函数的积分.

定义 3.1　设 C 为复平面上的一条起点为 A、终点为 B 的光滑有向曲线,函数 $w=f(z)$ 在 C 上有定义.自 A 到 B 沿曲线 C 依次选取分点(见图 3-1):$A=z_0, z_1, z_2, \cdots, z_{n-1}, z_n=B$,把曲线 C 分成 n 个小弧段,在每个小弧段 $\widehat{z_{k-1}z_k}(k=1,2,\cdots,n)$ 上任取一点 ζ_k,作和式

$$\sum_{k=1}^{n} f(\zeta_k)\Delta z_k$$

其中,$\Delta z_k = z_k - z_{k-1}(k=1,2,\cdots,n)$.记 Δs_k 为小弧段 $\widehat{z_{k-1}z_k}$ 的长度,令 $\delta=\max\limits_{1\leqslant k\leqslant n}\Delta s_k$.若 $\delta\to 0$ 时,和式 $\sum\limits_{k=1}^{n} f(\zeta_k)\Delta z_k$ 的极限存在,且该极限与曲线 C 的分法及 ζ_k 的选取无关,则称函数 $f(z)$ 沿着曲线 C 可积,这个极限值称为 $f(z)$ 沿着曲线 C 的积分,记为

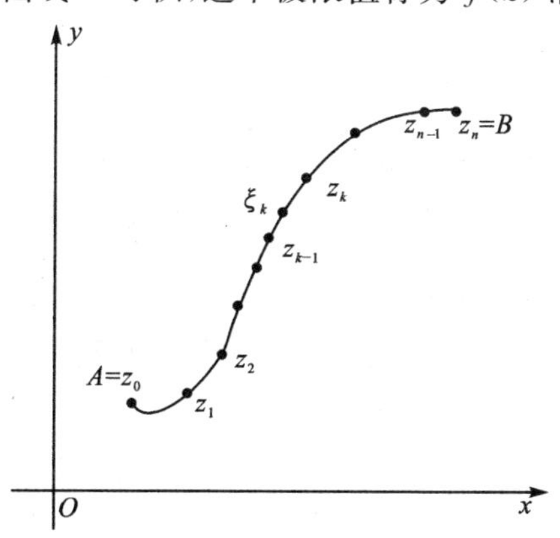

图 3-1　曲线 C 上点的选取

$\int_C f(z)\mathrm{d}z$，即

$$\int_C f(z)\mathrm{d}z = \lim_{\delta\to 0}\sum_{k=1}^{n} f(\zeta_k)\Delta z_k \tag{3.1}$$

C称为积分路径，$f(z)$称为被积函数．当C为区间$a\leqslant x\leqslant b$，$f(z)=u(x)$时，这个积分就是一元实变函数的定积分．因此，复积分的定义是实变函数定积分在复域中的推广．

3.1.2 复积分的计算

定理3.1 设C是复平面上的逐段光滑曲线，$f(z)=u(x,y)+\mathrm{i}v(x,y)$在$C$上连续，则$f(z)$在$C$上可积，且有

$$\int_C f(z)\mathrm{d}z = \int_C u(x,y)\mathrm{d}x - v(x,y)\mathrm{d}y + \mathrm{i}\int_C u(x,y)\mathrm{d}y + v(x,y)\mathrm{d}x$$

证 设$z_k = x_k + \mathrm{i}y_k$，$\Delta z_k = \Delta x_k + \mathrm{i}\Delta y_k$，$\zeta_k = \xi_k + \mathrm{i}\eta_k$，$f(\zeta_k) = u(\xi_k,\eta_k) + \mathrm{i}v(\xi_k,\eta_k)$，则

$$\begin{aligned}\sum_{k=1}^{n} f(\zeta_k)\Delta z_k &= \sum_{k=1}^{n}[u(\xi_k,\eta_k)+\mathrm{i}v(\xi_k,\eta_k)](\Delta x_k + \mathrm{i}\Delta y_k)\\ &= \sum_{k=1}^{n}[u(\xi_k,\eta_k)\Delta x_k - v(\xi_k,\eta_k)\Delta y_k] +\\ &\quad \mathrm{i}\sum_{k=1}^{n}[v(\xi_k,\eta_k)\Delta x_k + u(\xi_k,\eta_k)\Delta y_k]\end{aligned}$$

因为$f(z)$在曲线C上连续，所以$u(x,y)$，$v(x,y)$也在C上连续．因此，由微积分中的线积分存在定理，当$\delta\to 0$时，上式右端的实部和虚部分别趋于曲线积分

$$\int_C u(x,y)\mathrm{d}x - v(x,y)\mathrm{d}y,\ \int_C v(x,y)\mathrm{d}x + u(x,y)\mathrm{d}y$$

即当$\delta\to 0$时，复积分$\int_C f(z)\mathrm{d}z$存在，且有

$$\int_C f(z)\mathrm{d}z = \int_C u(x,y)\mathrm{d}x - v(x,y)\mathrm{d}y + \mathrm{i}\int_C v(x,y)\mathrm{d}x + u(x,y)\mathrm{d}y \tag{3.2}$$

公式(3.2)提供了一种计算复积分的方法，即可以把它化为线积分来计算．为了便于记忆，公式(3.2)可以在形式上看作积分号下函数$f(z)=u+\mathrm{i}v$与微分$\mathrm{d}z=\mathrm{d}x+\mathrm{i}\mathrm{d}y$相乘所得，即

$$\begin{aligned}\int_C f(z)\mathrm{d}z &= \int_C (u+\mathrm{i}v)(\mathrm{d}x+\mathrm{i}\mathrm{d}y)\\ &= \int_C u\mathrm{d}x - v\mathrm{d}y + \mathrm{i}\int_C v\mathrm{d}x + u\mathrm{d}y\end{aligned}$$

若曲线C的方程为

$$z = z(t) = x(t) + \mathrm{i}y(t)\ (\alpha\leqslant t\leqslant\beta)$$

则公式(3.2)可写为

$$\int_C f(z)\mathrm{d}z = \int_\alpha^\beta \{u[x(t),y(t)]\mathrm{d}x + \mathrm{i}v[x(t),y(t)]\}[x'(t)+\mathrm{i}y'(t)]\mathrm{d}t$$

$$= \int_\alpha^\beta f(z(t))z'(t)\mathrm{d}t \tag{3.3}$$

公式(3.3)从另一角度提供了计算复积分的方法,称为参数方程法.

例 3.1　计算积分 $\int_C \bar{z}\mathrm{d}z$,其中曲线 C 为:

(1) 沿着从原点(0,0)到点(1,1)的直线段;

(2) 沿着从原点(0,0)到点(1,0)的直线段 C_1,再从点(1,0)到点(1,1)的直线段 C_2 所连接成的折线段.

解　(1) 此直线段的方程为 $z=t+\mathrm{i}t(0\leqslant t\leqslant 1)$,因此,由式(3.3)得

$$\int_C \bar{z}\mathrm{d}z = \int_0^1 (t-\mathrm{i}t)(t+\mathrm{i}t)'\mathrm{d}t = \int_0^1 t(1-\mathrm{i})(1+\mathrm{i})\mathrm{d}t = 1$$

(2) 直线段 C_1 的参数方程为 $z=t(0\leqslant t\leqslant 1)$,直线段 C_2 的参数方程为 $z=1+\mathrm{i}t$ $(0\leqslant t\leqslant 1)$,因此

$$\int_C \bar{z}\mathrm{d}z = \int_{C_1} \bar{z}\mathrm{d}z + \int_{C_2} \bar{z}\mathrm{d}z = \int_0^1 t\,\mathrm{d}t + \int_0^1 (1-\mathrm{i}t)\,\mathrm{i}\mathrm{d}t$$

$$= \frac{1}{2} + \left(\frac{1}{2}+\mathrm{i}\right) = 1+\mathrm{i}$$

例 3.2　计算积分 $\int_C z^2\mathrm{d}z$,其中曲线 C 为:

(1) 沿着从原点(0,0)到点(2,1)的直线段;

(2) 沿着从原点(0,0)到点(2,0)的直线段 C_1 和由点(2,0)到点(2,1)的直线段 C_2 所连接成的折线段.

解　(1) 由点(0,0)到点(2,1)的直线段方程为

$$z = (2+\mathrm{i})t \ (0\leqslant t\leqslant 1)$$

于是

$$\int_C z^2\mathrm{d}z = \int_0^1 (2+\mathrm{i})^2 t^2 (2+\mathrm{i})\mathrm{d}t = \frac{1}{3}(2+\mathrm{i})^3 = \frac{1}{3}(2+11\mathrm{i})$$

(2) 由点(0,0)到点(2,0)的直线段 C_1 的方程为

$$z = 2t \ (0\leqslant t\leqslant 1)$$

由点(2,0)到点(2,1)的直线段 C_2 的方程为

$$z = 2+\mathrm{i}t \ (0\leqslant t\leqslant 1)$$

于是

$$\int_C z^2\mathrm{d}z = \int_{C_1} z^2\mathrm{d}z + \int_{C_2} z^2\mathrm{d}z$$

$$= \int_0^1 (2t)^2 \cdot 2\mathrm{d}t + \int_0^1 (2+\mathrm{i}t)^2\mathrm{i}\mathrm{d}t$$

$$= \frac{8}{3} + \frac{(2+\mathrm{i})^3}{3} - \frac{8}{3}$$

$$= \frac{1}{3}(2+11\mathrm{i})$$

由以上两个例子可以看出,复变函数的积分,尽管积分的起点和终点相同,但沿着不同的曲线积分,积分值可以不同(例 3.1),也可以相同(例 3.2).

例 3.3 证明积分

$$\int_C \frac{\mathrm{d}z}{(z-a)^n} = \begin{cases} 2\pi\mathrm{i}, & n=1 \\ 0, & n \neq 1(n\text{ 为整数}) \end{cases}$$

其中,C 是以 a 为中心、$\rho(>0)$为半径的圆周$|z-a|=\rho$,且规定 C 的方向为逆时针方向.

证 设 C 的参数方程为 $z=a+\rho\,\mathrm{e}^{\mathrm{i}\theta}(0\leqslant\theta\leqslant 2\pi)$,因此

$$\int_C \frac{\mathrm{d}z}{(z-a)^n} = \int_0^{2\pi} \frac{\rho \mathrm{i} \mathrm{e}^{\mathrm{i}\theta}\mathrm{d}\theta}{\rho^n \mathrm{e}^{\mathrm{i}n\theta}} = \frac{1}{\rho^{n-1}}\int_0^{2\pi} \mathrm{i}\mathrm{e}^{-\mathrm{i}(n-1)\theta}\mathrm{d}\theta$$

$$= \begin{cases} 2\pi\mathrm{i}, & n=1 \\ 0, & n \neq 1(n\text{ 为整数}) \end{cases}$$

这个积分很重要,以后要经常用到它.今后,为了方便起见,我们约定简单闭曲线的逆时针方向为正向。

3.1.3 复积分的基本性质

设 C 是复平面上逐段光滑的曲线,函数 $f(z)$,$g(z)$在 C 上连续,由积分的定义可得下列复积分的一些基本性质:

(1) $\int_C a\, f(z)\mathrm{d}z = a\int_C f(z)\mathrm{d}z$,其中 a 为常数;

(2) $\int_C [f(z)+g(z)]\mathrm{d}z = \int_C f(z)\mathrm{d}z + \int_C g(z)\mathrm{d}z$;

(3) $\int_C f(z)\mathrm{d}z = -\int_{C^-} f(z)\mathrm{d}z$,其中 C^- 是与曲线 C 方向相反的同一曲线;

(4) $\int_C f(z)\mathrm{d}z = \int_{C_1} f(z)\mathrm{d}z + \int_{C_2} f(z)\mathrm{d}z$,其中 C 由曲线 C_1 及 C_2 两部分组成;

(5) 若在曲线 C 上,$|f(z)|\leqslant M$,l 是曲线 C 的长度,则

$$\left|\int_C f(z)\mathrm{d}z\right| \leqslant Ml$$

我们仅证性质(5),其余性质由读者自己完成.

事实上,由于

$$\left|\sum_{k=1}^{n} f(\zeta_k)\Delta z_k\right| \leqslant \sum_{k=1}^{n} |f(\zeta_k)||\Delta z_k| \leqslant \sum_{k=1}^{n} |f(\zeta_k)|\Delta s_k \leqslant M\sum_{k=1}^{n}\Delta s_k = Ml$$

对上述不等式两端令 $\delta\to 0$ 取极限,即有

$$\left|\int_C f(z)\mathrm{d}z\right| \leqslant \int_C |f(z)|\mathrm{d}s \leqslant Ml$$

例 3.4　设曲线 C 是单位圆周,证明

$$\left|\int_C \frac{\sin z}{z^2}\mathrm{d}z\right| \leqslant 2\pi\mathrm{e}$$

证　在 C 上,$|z|=1$,于是

$$\left|\int_C \frac{\sin z}{z^2}\mathrm{d}z\right| = \left|\int_C \frac{\mathrm{e}^{\mathrm{i}z}-\mathrm{e}^{-\mathrm{i}z}}{2\mathrm{i}z^2}\mathrm{d}z\right| \leqslant \int_C \left|\frac{\mathrm{e}^{\mathrm{i}z}-\mathrm{e}^{-\mathrm{i}z}}{2\mathrm{i}z^2}\right|\mathrm{d}s \leqslant \int_C \frac{\mathrm{e}^{y}+\mathrm{e}^{-y}}{2}\mathrm{d}s \leqslant 2\pi\mathrm{e}$$

3.2　柯西积分定理及推广

3.2.1　柯西积分定理

由 3.1 节可知,复积分在起点与终点相同而积分路径不同时,积分值有时与积分路径有关,有时与积分路径无关. 那么,究竟什么样的函数,或者说函数在什么条件下,积分值仅由积分的起点和终点所决定,而与积分路径无关呢? 下面介绍的柯西(Cauchy) 积分定理(简称柯西定理) 回答了这一问题.

定理 3.2(柯西定理)　设函数 $f(z)$在单连通区域 D 内解析,C 为 D 内任意一条简单闭曲线,则

$$\int_C f(z)\mathrm{d}z = 0$$

这个定理的证明比较复杂,限于篇幅,这里不作证明. 有兴趣的读者可参阅参考文献[1]. 下面假定 $f'(z)$在 D 内连续的条件下证明这个结论.

证　设 $f(z)=u(x,y)+\mathrm{i}v(x,y)$,则

$$\int_C f(z)\mathrm{d}z = \int_C u\mathrm{d}x - v\mathrm{d}y + \mathrm{i}\int_C v\mathrm{d}x + u\mathrm{d}y \tag{3.4}$$

由于 $f(z)$在单连通区域 D 内解析,$f'(z)$在 D 内连续,从而 u 和 v 具有连续的一阶偏导数,且满足 C-R 方程

$$\frac{\partial u}{\partial x} = \frac{\partial v}{\partial y},\quad \frac{\partial u}{\partial y} = -\frac{\partial v}{\partial x}$$

由格林公式,

$$\int_C u\mathrm{d}x - v\mathrm{d}y = -\iint\limits_G \left(\frac{\partial u}{\partial y} + \frac{\partial v}{\partial x}\right)\mathrm{d}x\mathrm{d}y = 0$$

$$\int_C v\mathrm{d}x + u\mathrm{d}y = \iint\limits_G \left(\frac{\partial u}{\partial x} - \frac{\partial v}{\partial y}\right)\mathrm{d}x\mathrm{d}y = 0$$

其中,G 是由 C 所围的区域. 由式(3.4)可知定理成立.

从柯西定理出发,可得如下结果.

定理 3.3　设函数 $f(z)$在单连通区域 D 内解析,则 $f(z)$在 D 内任意逐段光滑曲线 C 上的积分与路径无关,只与 C 的起点和终点有关.

证　设C_1,C_2是D内任意两条起点为z_0、终点为z_1的逐段光滑曲线,C_1的正向曲线与C_2的逆向曲线C_2^-构成了一条简单闭曲线C(见图3-2),由定理3.2及复积分的基本性质(3)和(4),有

$$\begin{aligned}0&=\int_C f(z)\mathrm{d}z=\int_{C_1+C_2^-}f(z)\mathrm{d}z\\&=\int_{C_1}f(z)\mathrm{d}z+\int_{C_2^-}f(z)\mathrm{d}z\\&=\int_{C_1}f(z)\mathrm{d}z-\int_{C_2}f(z)\mathrm{d}z\end{aligned}$$

即

$$\int_{C_1}f(z)\mathrm{d}z=\int_{C_2}f(z)\mathrm{d}z$$

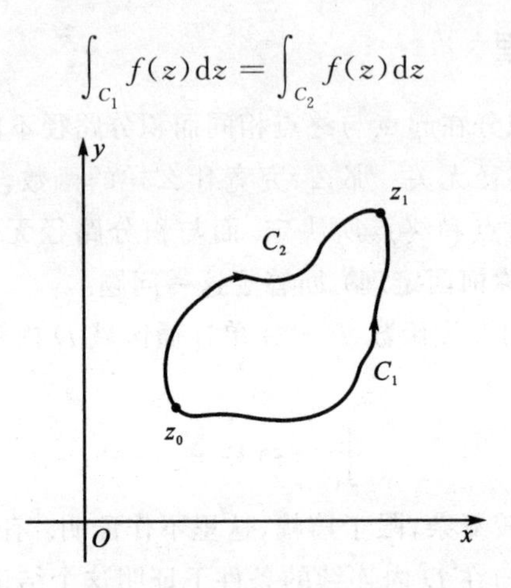

图3-2　积分与路径无关

在许多理论和实际问题中,往往考虑D是单连通区域,D的边界C是逐段光滑的闭曲线,函数$f(z)$在D内解析,在闭区域$\bar{D}=D+C$上连续,对于这样的区域及函数,有如下推广的柯西定理.

定理3.4　设D是由一条简单逐段光滑曲线C所围成的单连通区域,函数$f(z)$在D内解析,在$\bar{D}=D+C$上连续,则

$$\int_C f(z)\mathrm{d}z=0$$

关于这个定理的证明思想,读者可参阅参考文献[7].

柯西定理是关于解析函数的基本定理,它不仅在理论上有着重要意义,而且在实际计算上也是十分有用的.

例3.5　求$\int_C(2z^2+8z+1)\mathrm{d}z$,其中$C$是连接点(0,0)到点$(0,2\pi a)$的摆线:

$$\begin{cases}x=a(\theta-\sin\theta)\\y=a(1-\cos\theta)\end{cases}$$

解　由图 3-3 知,直线段 L 与 C 构成一条闭曲线. 因 $f(z)=2z^2+8z+1$ 在全平面上解析,则

$$\int_{C^-+L}(2z^2+8z+1)\mathrm{d}z=0$$

即

$$\int_C(2z^2+8z+1)\mathrm{d}z=\int_L(2z^2+8z+1)\mathrm{d}z$$

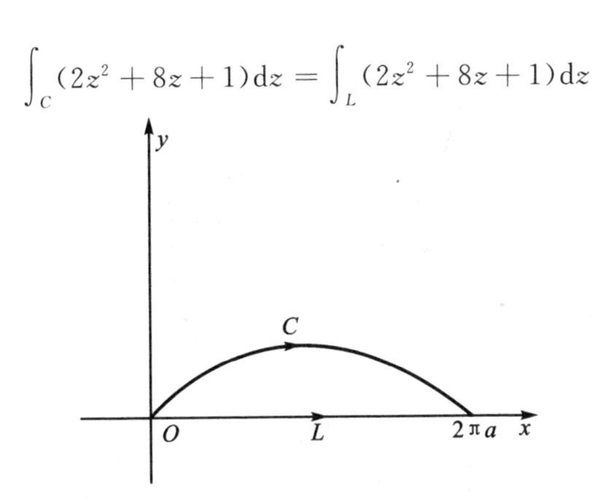

图 3-3　例 3.5 的图形

这样,把函数沿曲线 C 的积分化为沿着直线段 L 上的积分. 由于

$$\int_L(2z^2+8z+1)\mathrm{d}z=\int_0^{2\pi a}(2x^2+8x+1)\mathrm{d}x=2\pi a\left(\frac{8}{3}\pi^2a^2+8\pi a+1\right)$$

故

$$\int_C(2z^2+8z+1)\mathrm{d}z=2\pi a\left(\frac{8}{3}\pi^2a^2+8\pi a+1\right)$$

3.2.2　多连通区域的柯西积分定理

下面我们把柯西积分定理推广到多连通区域中. 在讨论关于多连通区域的柯西积分定理之前,先定义多连通区域边界曲线的正向. 设有界多连通区域 D 由 $n+1$ 条互不相交的简单闭曲线 $C_i(0\leqslant i\leqslant n)$ 所围成,其中 $C_1,C_2,\cdots,C_n$ 中的每一条都在其余各条的外部,同时又都全在 C_0 的内部. 我们规定 D 的边界 C 的正向是:当沿着曲线 C 前进时,区域 D 始终在曲线的左边. 因此多连通区域 D 的边界曲线 C 的正向应是

$$C=C_0+C_1^-+C_2^-+\cdots+C_n^-$$

定理 3.5　设 D 是由 $n+1$ 条简单闭曲线 $C_0,C_1,C_2,\cdots,C_n$ 所围成的多连通区域(见图 3-4),$C=C_0+C_1^-+C_2^-+\cdots+C_n^-$,函数 $f(z)$ 在 D 内解析,在 $\bar{D}=D+C$ 上连续,则

$$\int_C f(z)\mathrm{d}z=0$$

或者

$$\int_{C_0}f(z)\mathrm{d}z=\int_{C_1}f(z)\mathrm{d}z+\int_{C_2}f(z)\mathrm{d}z+\cdots+\int_{C_n}f(z)\mathrm{d}z$$

证 取 n 条互不相交且除端点外全在 D 内的辅助曲线 $\gamma_1,\gamma_2,\cdots,\gamma_n$，分别把 C_0 依次与 $C_1,C_2,\cdots,C_n$ 连接起来，则以 $\Gamma=C_0+\gamma_1+C_1^-+\gamma_1^-+\cdots+\gamma_n+C_n^-+\gamma_n^-$ 为边界 的区域 D' 就是单连通区域(见图 3-4).

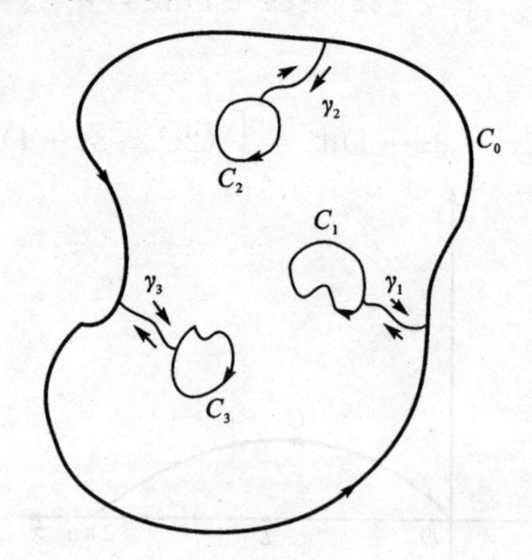

图 3-4 多连通区域柯西积分定理的围线

应用定理 3.4，有

$$\int_{\Gamma} f(z)\mathrm{d}z = 0$$

由于沿 $\gamma_1,\gamma_2,\cdots,\gamma_n$ 的积分正好沿这些曲线的正负方向各取了一次，计算时正好相互抵消，所以

$$\int_{C} f(z)\mathrm{d}z = 0$$

即

$$\int_{C_0} f(z)\mathrm{d}z = \int_{C_1} f(z)\mathrm{d}z + \int_{C_2} f(z)\mathrm{d}z + \cdots + \int_{C_n} f(z)\mathrm{d}z$$

例 3.6 计算积分 $\int_C (z-a)^n \mathrm{d}z$，其中曲线 C 为包围点 a 的简单闭曲线，n 为整数.

解 以点 a 为圆心作小圆 C_1，使其完全含于 C 的内部(见图 3-5). 由定理 3.5 得

$$\int_C (z-a)^n \mathrm{d}z = \int_{C_1} (z-a)^n \mathrm{d}z$$

应用例 3.3

$$\int_C (z-a)^n \mathrm{d}z = \begin{cases} 2\pi\mathrm{i}, & n=-1 \\ 0, & n\neq -1 \text{ 的整数} \end{cases}$$

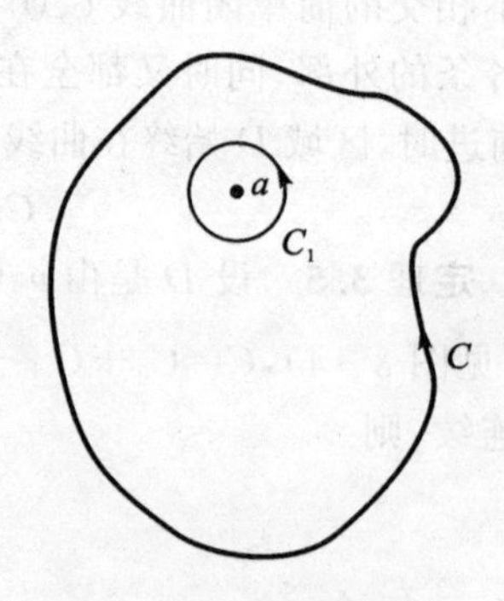

图 3-5 例 3.6 的图形

例 3.7 求积分

$$\int_C \frac{1}{z^2-z}\mathrm{d}z$$

其中，C 为包含点 0 和 1 在其内部的任何正向逐段光滑曲线.

解　由于函数$\frac{1}{z^2-z}$在全平面上除$z=0$及$z=1$外解析，且$z=0$和$z=1$正好在C的内部，因此分别以$z=0$和$z=1$为圆心，充分小的正数ε为半径作含于C的内部且互不相交也互不包含的小圆周$C_1:|z|=\varepsilon$，$C_2:|z-1|=\varepsilon$(见图3-6)．

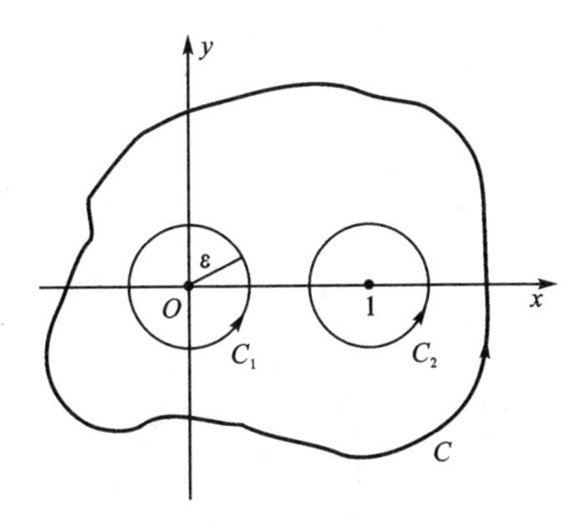

图3-6　例3.7的图形

这时$\frac{1}{z^2-z}$在C的内部、C_1及C_2的外部所围成的区域上解析，应用定理3.5，有

$$\begin{aligned}\int_C \frac{1}{z^2-z}\mathrm{d}z &= \int_{C_1} \frac{1}{z^2-z}\mathrm{d}z + \int_{C_2} \frac{1}{z^2-z}\mathrm{d}z \\ &= \int_{C_1} \frac{1}{z-1}\mathrm{d}z - \int_{C_1} \frac{1}{z}\mathrm{d}z + \int_{C_2} \frac{1}{z-1}\mathrm{d}z - \int_{C_2} \frac{1}{z}\mathrm{d}z \\ &= 0 - 2\pi\mathrm{i} + 2\pi\mathrm{i} - 0 = 0\end{aligned}$$

其中，第一和第四个积分值是利用柯西定理得到的，而第二和第三个积分值利用了例3.6的结果．

3.3　解析函数的不定积分

设D是单连通区域，函数$f(z)$是D内的解析函数．根据柯西定理，$f(z)$沿D内任何一条逐段光滑曲线C的积分$\int_C f(z)\mathrm{d}z$的值不依赖于曲线C，而只与C的起点z_0和终点z有关．因此，当起点z_0固定时，该积分在D内定义了一个以C的终点z为变量的单值函数，记作

$$F(z) = \int_{z_0}^{z} f(\zeta)\mathrm{d}\zeta \tag{3.5}$$

对于这个函数，有以下结果．

定理3.6　设函数$f(z)$在单连通区域D内解析，则由式(3.5)定义的函数$F(z)$也在D内解析，并且$F'(z)=f(z)$．

证 如图3-7所示,对D内任意一点z,在D内再任取一点$z+\Delta z$,连接z到$z+\Delta z$的线段作为积分路线,则

$$F(z+\Delta z)-F(z)=\int_{z}^{z+\Delta z} f(\zeta)\mathrm{d}\zeta$$

于是

$$\frac{F(z+\Delta z)-F(z)}{\Delta z}-f(z)=\frac{1}{\Delta z}\int_{z}^{z+\Delta z}[f(\zeta)-f(z)]\mathrm{d}\zeta$$

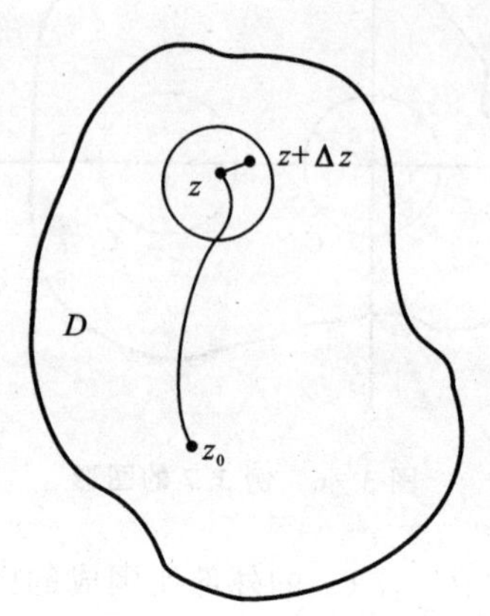

图3-7 定理3.6的图形

因为$f(z)$在D内解析,从而连续,于是任给$\varepsilon>0$,存在$\delta>0$,使当$|\zeta-z|<\delta$时,$|f(\zeta)-f(z)|<\varepsilon$,从而当$|\Delta z|<\delta$时,有

$$\begin{aligned}\left|\frac{F(z+\Delta z)-F(z)}{\Delta z}-f(z)\right| &\leqslant \frac{1}{|\Delta z|}\int_{z}^{z+\Delta z}|f(\zeta)-f(z)||\mathrm{d}\zeta| \\ &\leqslant \frac{1}{|\Delta z|}\cdot\varepsilon\cdot|\Delta z|=\varepsilon\end{aligned}$$

即

$$F'(z)=f(z)\ (z\in D)$$

由于z在D内的任意性,$F(z)$在D内处处可导,从而$F(z)$在D内解析.

类似于微积分,下面给出原函数与不定积分的概念.

定义3.2 设函数$f(z)$在区域D内连续,若D内的一个函数$\Phi(z)$满足条件

$$\Phi'(z)=f(z)\ (z\in D)$$

则称$\Phi(z)$为$f(z)$的一个原函数,$f(z)$的所有原函数的集合称为函数$f(z)$的不定积分.

定理3.7 设$f(z)$在区域D内解析,$\Phi(z)$为$f(z)$的一个原函数,则

$$\int_{z_0}^{z} f(z)\mathrm{d}z=\Phi(z)-\Phi(z_0) \tag{3.6}$$

其中,z_0,z为D内的点.

这个定理相当于微积分中的牛顿-莱布尼兹公式.

证　由定理3.6，$F(z)=\int_{z_0}^{z} f(\zeta)\mathrm{d}\zeta$是$f(z)$的一个原函数. 因为$\Phi(z)$也是$f(z)$的一个原函数，于是

$$[F(z)-\Phi(z)]'=F'(z)-\Phi'(z)=f(z)-f(z)=0$$

即

$$\int_{z_0}^{z} f(\zeta)\mathrm{d}\zeta=\Phi(z)+c\ (c\ 为常数)$$

令 $z=z_0$，则 $c=-\Phi(z_0)$，代入上式，得

$$\int_{z_0}^{z} f(\zeta)\mathrm{d}\zeta=\Phi(z)-\Phi(z_0)$$

有了定理3.7，我们可以把解析函数复积分的计算问题转化成寻找其原函数的问题.

例 3.8　计算$\int_a^b z^3\mathrm{d}z$.

解　由于函数 $f(z)=z^3$ 在全平面上解析，所以

$$\int_a^b z^3\mathrm{d}z=\frac{1}{4}z^4\ \Big|_a^b=\frac{1}{4}(b^4-a^4)$$

3.4　柯西积分公式

柯西定理最直接最重要的结果是柯西积分公式. 这一公式表明，若函数 $f(z)$在区域 D 内解析，在 D 的边界C 上连续，则它在 D 内任一点的函数值可以由它在边界C 上的积分所决定. 柯西积分公式是解析函数的基本公式，可以帮助我们去研究解析函数的各种整体和局部性质.

定理 3.8(柯西积分公式)　设 $f(z)$在简单闭曲线 C 所围成的区域 D 内解析，在 $\bar{D}=D+C$ 上连续，则对于 D 内任意一点 z，有

$$f(z)=\frac{1}{2\pi\mathrm{i}}\int_C\frac{f(\zeta)}{\zeta-z}\mathrm{d}\zeta \tag{3.7}$$

证　以 z 为中心、充分小的正数 ρ 为半径作圆 C_ρ：$|\zeta-z|=\rho$，使 C_ρ 及其内部完全含于 D 内(见图 3-8).

由定理3.5知

$$\int_C\frac{f(\zeta)}{\zeta-z}\mathrm{d}\zeta=\int_{C_\rho}\frac{f(\zeta)}{\zeta-z}\mathrm{d}\zeta$$

要证明式(3.7)成立，只需证明

$$\lim_{\rho\to 0}\frac{1}{2\pi\mathrm{i}}\int_{C_\rho}\frac{f(\zeta)}{\zeta-z}\mathrm{d}\zeta=f(z) \tag{3.8}$$

事实上，由于 $f(\zeta)$在 $\zeta=z$ 处解析，因此它在 $\zeta=z$ 处连续，那么任给 $\varepsilon>0$，存在$\delta>0$，使当 $|\zeta-z|<\delta$ 时，有

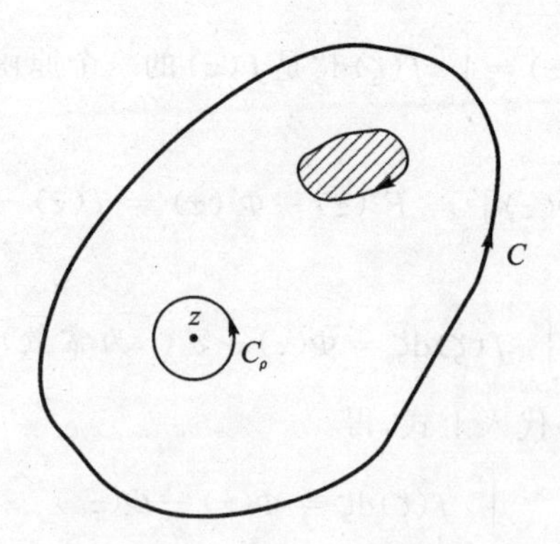

图 3-8　柯西积分公式的图形

$$|f(\zeta)-f(z)|<\varepsilon \tag{3.9}$$

于是当 $\rho<\delta$ 时,对于圆周 C_ρ 上的点 ζ 都满足 $|\zeta-z|=\rho<\delta$,因此式(3.9)成立. 这时,由例 3.3 得

$$\begin{aligned}\left|\frac{1}{2\pi i}\int_{C_\rho}\frac{f(\zeta)}{\zeta-z}d\zeta-f(z)\right| &= \left|\frac{1}{2\pi i}\int_{C_\rho}\frac{f(\zeta)}{\zeta-z}d\zeta-\frac{1}{2\pi i}\int_{C_\rho}\frac{f(z)}{\zeta-z}d\zeta\right| \\ &\leqslant \frac{1}{2\pi}\int_{C_\rho}\frac{|f(\zeta)-f(z)|}{|\zeta-z|}|d\zeta| \\ &< \frac{1}{2\pi}\cdot\varepsilon\frac{1}{\rho}\cdot 2\pi\rho=\varepsilon\end{aligned}$$

这就证明了式(3.8).

推论 3.1(平均值公式)　设函数 $f(z)$ 在区域 $|z-z_0|<R$ 内解析,在 $|z-z_0|\leqslant R$ 上连续,则

$$f(z_0)=\frac{1}{2\pi}\int_0^{2\pi}f(z_0+re^{i\theta})d\theta\ (0<r\leqslant R)$$

这个公式表示解析函数在任意一个圆周 $|z-z_0|=r$ 上的积分平均值等于它在圆心的值.

例 3.9　计算积分

$$\int_{|z|=2}\frac{\sin z}{z^2-1}dz$$

解　因 $\dfrac{1}{z^2-1}=\dfrac{1}{2}\left(\dfrac{1}{z-1}-\dfrac{1}{z+1}\right)$,由公式(3.7)得

$$\begin{aligned}\int_{|z|=2}\frac{\sin z}{z^2-1}dz &= \frac{1}{2}\int_{|z|=2}\frac{\sin z}{z-1}dz-\frac{1}{2}\int_{|z|=2}\frac{\sin z}{z+1}dz \\ &= \frac{1}{2}2\pi i\sin z|_{z=1}-\frac{1}{2}2\pi i\sin z|_{z=-1}=2\pi i\sin 1\end{aligned}$$

例 3.10　计算积分

$$\int_{|z|=2}\frac{z}{(9-z^2)(z+i)}dz$$

解　应用公式(3.7),得

$$\int_{|z|=2}\frac{z}{(9-z^2)(z+\mathrm{i})}\mathrm{d}z=\int_{|z|=2}\frac{\dfrac{z}{9-z^2}}{z-(-\mathrm{i})}\mathrm{d}z=2\pi\mathrm{i}\left.\frac{z}{9-z^2}\right|_{z=-\mathrm{i}}=\frac{\pi}{5}$$

3.5　解析函数的高阶导数

3.5.1　高阶导数公式

应用柯西积分公式可以证明解析函数的一个重要性质,即解析函数的导数仍是解析函数,这个性质是微积分中所没有的.

定理 3.9　设函数 $f(z)$在简单闭曲线 C 所围成的区域D 内解析,在 $\bar{D}=D+C$ 上连续,则 $f(z)$在区域 D 内具有各阶导数,且

$$f^{(n)}(z)=\frac{n!}{2\pi\mathrm{i}}\int_C\frac{f(\zeta)}{(\zeta-z)^{n+1}}\mathrm{d}\zeta\ (z\in D,n=1,2,\cdots)\tag{3.10}$$

式(3.10) 称为柯西高阶导数公式.

证　先证明 $n=1$ 时式(3.10)成立,即要证明对于 D 内任一点 z,有

$$f'(z)=\lim_{\Delta z\to 0}\frac{f(z+\Delta z)-f(z)}{\Delta z}=\frac{1}{2\pi\mathrm{i}}\int_C\frac{f(\zeta)}{(\zeta-z)^2}\mathrm{d}\zeta$$

由柯西积分公式

$$\begin{aligned}\frac{f(z+\Delta z)-f(z)}{\Delta z}&=\frac{1}{\Delta z}\cdot\frac{1}{2\pi\mathrm{i}}\int_C\left[\frac{f(\zeta)}{\zeta-(z+\Delta z)}-\frac{f(\zeta)}{\zeta-z}\right]\mathrm{d}\zeta\\&=\frac{1}{2\pi\mathrm{i}}\int_C\frac{f(\zeta)}{[\zeta-(z+\Delta z)](\zeta-z)}\mathrm{d}\zeta\end{aligned}$$

从而

$$\begin{aligned}&\frac{f(z+\Delta z)-f(z)}{\Delta z}-\frac{1}{2\pi\mathrm{i}}\int_C\frac{f(\zeta)}{(\zeta-z)^2}\mathrm{d}\zeta\\=&\frac{1}{2\pi\mathrm{i}}\int_C\left\{\frac{f(\zeta)}{[\zeta-(z+\Delta z)](\zeta-z)}-\frac{f(\zeta)}{(\zeta-z)^2}\right\}\mathrm{d}\zeta\\=&\frac{1}{2\pi\mathrm{i}}\int_C\frac{f(\zeta)\Delta z}{[\zeta-(z+\Delta z)](\zeta-z)^2}\mathrm{d}\zeta\end{aligned}$$

由于 $f(\zeta)$在 $\bar{D}$ 上连续,所以它在 $\bar{D}$ 上有界,即存在正数 M,使$|f(\zeta)|\leqslant M$. 又设 $d>0$ 是点 z 到曲线 C 的距离,则$|\zeta-z|\geqslant d(\zeta\in C)$. 取 $|\Delta z|$ 充分小,使 $|\Delta z|<\dfrac{d}{2}$,则 $z+\Delta z\in D$ (见图 3-9).

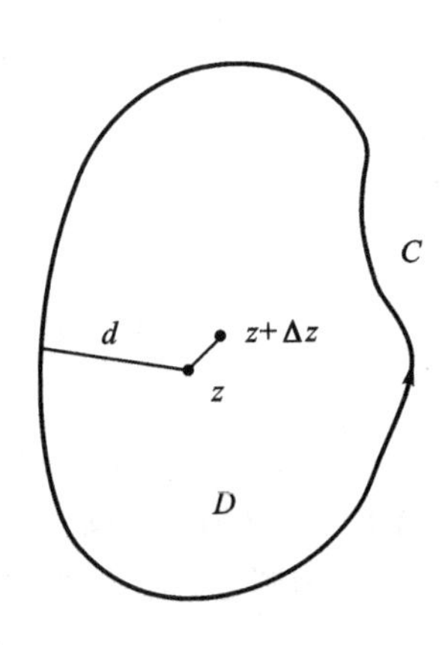

图 3-9　定理 3.9 的图形

从而对于 C 上任一点 ζ,有

$$|\zeta-(z+\Delta z)|=|(\zeta-z)-\Delta z| \geqslant d-\frac{d}{2}=\frac{d}{2}$$

于是

$$\begin{aligned}
&\left|\frac{f(z+\Delta z)-f(z)}{\Delta z}-\frac{1}{2\pi i}\int_C \frac{f(\zeta)}{(\zeta-z)^2}d\zeta\right| \\
&=\left|\frac{1}{2\pi i}\int_C \frac{f(\zeta)\Delta z d\zeta}{[\zeta-(z+\Delta z)](\zeta-z)^2}\right| \\
&\leqslant \frac{1}{2\pi}M|\Delta z|\int_C \frac{|d\zeta|}{|\zeta-(z+\Delta z)||\zeta-z|^2} \\
&<\frac{1}{2\pi}\cdot M\cdot|\Delta z|\cdot\frac{2}{d^3}l=\frac{Ml}{\pi d^3}|\Delta z|
\end{aligned}$$

其中,l 为曲线 C 的长度.从而当 $\Delta z\to 0$ 时,

$$\left|\frac{f(z+\Delta z)-f(z)}{\Delta z}-\frac{1}{2\pi i}\int_C \frac{f(\zeta)}{(\zeta-z)^2}d\zeta\right|\to 0$$

即

$$f'(z)=\frac{1}{2\pi i}\int_C \frac{f(\zeta)}{(\zeta-z)^2}d\zeta$$

因为 z 为 D 内任意一点,所以 $n=1$ 时,式(3.10)成立.

其次,假定 $n=k(k>1)$ 时式(3.10)成立,用上述类似证法,可证当 $n=k+1$ 时式(3.10)也成立.由数学归纳法知式(3.10)对任何自然数 n 都成立.

由这个定理知,若函数 $f(z)$ 在区域 D 内解析,则 $f(z)$ 在 D 内有各阶导数 $f^{(n)}(z)$,且 $f^{(n)}(z)$ 也在 D 内解析.

例 3.11 计算下列积分.

(1) $\int_C \frac{\cos z}{(z-i)^3}dz$,其中 C 为正向圆周:$|z-i|=1$;

(2) $\int_C \frac{1}{z^3(z+1)(z-2)}dz$,其中 C 为正向圆周:$|z|=r(r>0), r\neq 1,2$.

解 (1) 因 $\cos z$ 在 $|z-i|\leqslant 1$ 上解析,由式(3.10)得

$$\int_C \frac{\cos z}{(z-i)^3}dz=\frac{2\pi i}{2}(\cos z)''\Big|_{z=i}=\pi i(-\cos z)|_{z=i}=-\pi i\text{ch}1$$

(2) 当 $0<r<1$ 时,函数 $\frac{1}{(z+1)(z-2)}$ 在 $|z|\leqslant r$ 上解析,由式(3.10)得

$$\int_C \frac{1}{z^3(z+1)(z-2)}dz=\frac{2\pi i}{2!}\left[\frac{1}{(z+1)(z-2)}\right]''\Big|_{z=0}=-\frac{3}{4}\pi i$$

当 $1<r<2$ 时,在圆 $|z|=r$ 内有 $z=0$, $z=-1$ 两个奇点,在 C 内分别以 $z=0$ 和 $z=-1$ 为圆心,作小圆 C_1 与 C_2(见图 3-10),则

$$\int_C \frac{1}{z^3(z+1)(z-2)}dz=\int_{C_1}\frac{1}{z^3(z+1)(z-2)}dz+\int_{C_2}\frac{1}{z^3(z+1)(z-2)}dz$$

$$=-\frac{3}{4}\pi i+2\pi i\frac{1}{z^3(z-2)}\bigg|_{z=-1}=-\frac{3}{4}\pi i+\frac{2}{3}\pi i=-\frac{1}{12}\pi i$$

当 $r>2$ 时，在 C 内分别以 $z=0$，$z=-1$，$z=2$ 为圆心，作小圆 C_1，C_2，C_3（见图 3-11），则

$$\int_C \frac{1}{z^3(z+1)(z-2)}dz=\int_{C_1}\frac{1}{z^3(z+1)(z-2)}dz+\int_{C_2}\frac{1}{z^3(z+1)(z-2)}dz+\int_{C_3}\frac{1}{z^3(z+1)(z-2)}dz$$

$$=-\frac{1}{12}\pi i+2\pi i\frac{1}{z^3(z+1)}\bigg|_{z=2}=-\frac{1}{12}\pi i+\frac{1}{12}\pi i=0.$$

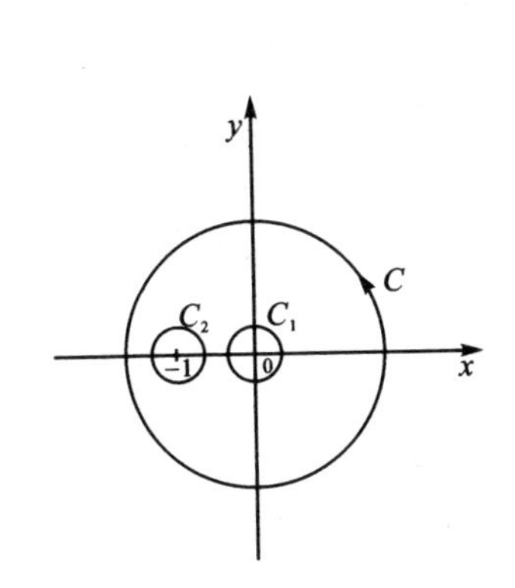

图3-10　例 3.11 中 $1<r<2$ 时的图形

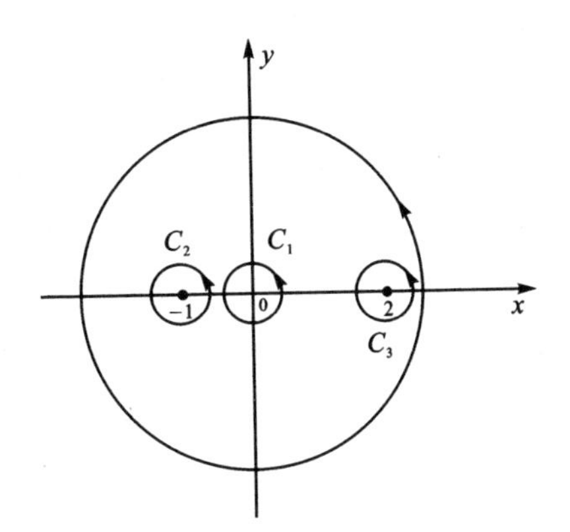

图 3-11　例 3.11 中 $r>2$ 时的图形

例 3.12　证明 $\left(\frac{z^n}{n!}\right)^2=\frac{1}{2\pi i}\int_C\frac{z^n e^{z\zeta}}{n!\zeta^n}\frac{d\zeta}{\zeta}$，其中，$C$ 是围绕原点的一条简单闭曲线.

证　令 $f(\zeta)=\frac{z^n e^{z\zeta}}{n!}$，由于 $f(\zeta)$ 在 ζ 平面上解析，由公式(3.10)，有

$$f^{(n)}(0)=\frac{n!}{2\pi i}\int_C\frac{z^n e^{z\zeta}}{n!\zeta^{n+1}}d\zeta$$

而

$$f^{(n)}(0)=\left(\frac{z^n e^{z\zeta}}{n!}\right)^{(n)}\bigg|_{\zeta=0}=\frac{z^n\cdot z^n e^{z\zeta}}{n!}\bigg|_{\zeta=0}=\frac{(z^n)^2}{n!}$$

所以

$$\left[\frac{z^n}{n!}\right]^2=\frac{1}{2\pi i}\int_C\frac{z^n e^{z\zeta}}{n!\zeta^n}\frac{d\zeta}{\zeta}$$

3.5.2　柯西不等式和刘维尔定理

利用高阶导数公式，可以得出关于导数模的一个估计式，称为柯西不等式.

定理 3.10(柯西不等式) 设函数 $f(z)$在圆$|z-a|\leqslant R$内解析,且$|f(z)|\leqslant M$,则

$$|f^{(n)}(a)|\leqslant \frac{n!}{R^n}M\ (n=1,2,\cdots) \tag{3.11}$$

证 由高阶导数公式(3.10)得

$$f^{(n)}(a)=\frac{n!}{2\pi \mathrm{i}}\int_C \frac{f(\zeta)}{(\zeta-a)^{n+1}}\mathrm{d}\zeta$$

所以

$$|f^{(n)}(a)|\leqslant \frac{n!}{2\pi}\int_C \frac{|f(\zeta)|}{|\zeta-a|^{n+1}}|\mathrm{d}\zeta|=\frac{n!}{2\pi}\frac{M}{R^{n+1}}\cdot 2\pi R$$

即

$$|f^{(n)}(a)|\leqslant \frac{n!}{R^n}M$$

如果 $f(z)$在有限复平面上解析,则把它称为整函数. 例如多项式 e^z, $\cos z$, $\sin z$ 都是整函数. 从柯西不等式可以推出下列重要的刘维尔(Liouville) 定理.

定理 3.11 有界整函数一定恒等于常数.

证 设 $f(z)$ 是有界整函数,即存在 $M>0$,使对所有 z, $|f(z)|\leqslant M$. 设 z_0 为复平面上任意一点,R 为任意正整数, $f(z)$在 C:$|z-z_0|\leqslant R$ 上解析, 应用柯西不等式(3.11)得

$$|f'(z_0)|\leqslant \frac{M}{R}$$

令 $R\to+\infty$, 得 $|f'(z_0)|=0$,即 $f'(z_0)=0$. 由于 z_0 的任意性,故 $f(z)$在复平面上恒为常数.

3.6 解析函数与调和函数的关系

设函数 $w=f(z)=u(x,y)+\mathrm{i}v(x,y)$在区域 D 内解析,由定理 2.8,$u(x,y)$, $v(x,y)$在 D内可微,并且满足 C-R 方程

$$\frac{\partial u}{\partial x}=\frac{\partial v}{\partial y},\quad \frac{\partial u}{\partial y}=-\frac{\partial v}{\partial x}$$

由定理 3.9 可知,任何在区域 D 内的解析函数,其导数在 D 内也是解析的,因此 $u(x,y)$,$v(x,y)$在 D 内具有二阶连续偏导数,于是

$$\frac{\partial^2 u}{\partial x^2}=\frac{\partial^2 v}{\partial x\,\partial y},\quad \frac{\partial^2 u}{\partial y^2}=-\frac{\partial^2 v}{\partial y\partial x}$$

利用二阶偏导数的连续性,在 D 内有

$$\frac{\partial^2 u}{\partial x^2}+\frac{\partial^2 u}{\partial y^2}=0$$

同理,在 D 内也有

$$\frac{\partial^2 v}{\partial x^2} + \frac{\partial^2 v}{\partial y^2} = 0$$

这说明解析函数的实部 u 和虚部 v 在 D 内都满足偏微分方程

$$\frac{\partial^2 g(x,y)}{\partial x^2} + \frac{\partial^2 g(x,y)}{\partial y^2} = 0$$

这个方程称为拉普拉斯(Laplace) 方程，通常记为

$$\Delta g = 0$$

其中，$\Delta = \frac{\partial^2}{\partial x^2} + \frac{\partial^2}{\partial y^2}$是一种运算符号，称为拉普拉斯算子.

定义 3.3　若函数 $g(x,y)$在区域 D 内具有二阶连续偏导数，并且满足拉普拉斯方程

$$\frac{\partial^2 g}{\partial x^2} + \frac{\partial^2 g}{\partial y^2} = 0$$

则称 $g(x,y)$为 D 内的调和函数.

在流体力学、电学和磁学等领域的很多实际问题中，常常会遇到调和函数.

定义 3.4　设 $u(x,y)$，$v(x,y)$都是区域 D 内的调和函数，若 $u(x,y)$，$v(x,y)$ 满足 C－R 方程，则称 $v(x,y)$为 $u(x,y)$的共轭调和函数.

由上面的讨论，可以得到如下结果：

定理 3.12　函数 $f(z)=u(x,y)+\mathrm{i}v(x,y)$在区域 D 内解析的充分必要条件是 $v(x,y)$为$u(x,y)$的共轭调和函数.

下面考虑的问题是：已知 $u(x,y)$是单连通区域 D 内的调和函数，是否存在调和函数 $v(x,y)$，使 $v(x,y)$在 D 内为$u(x,y)$的共轭调和函数，且函数 $f(z)=u(x,y)+\mathrm{i}v(x,y)$在 D 内解析. 由于通过 C－R 方程，建立了解析函数的实部和虚部之间的联系，从而已知解析函数的实部 $u(x,y)$，利用 C－R 方程就可以求出它的虚部 $v(x,y)$，使 $f(z)=u(x,y)+\mathrm{i}v(x,y)$在 D 内解析. 下面通过一个具体例子来说明这种方法.

例 3.13　已知调和函数 $u(x,y)=x^3-3xy^2$，求其共轭调和函数 $v(x,y)$及解析函数 $f(z)=u(x,y)+\mathrm{i}v(x,y)$，且使 $f(0)=\mathrm{i}$.

解　因为

$$\frac{\partial u}{\partial x} = 3x^2 - 3y^2, \quad \frac{\partial u}{\partial y} = -6xy$$

又

$$\frac{\partial v}{\partial y} = \frac{\partial u}{\partial x} = 3x^2 - 3y^2, \quad \frac{\partial v}{\partial x} = -\frac{\partial u}{\partial y} = 6xy \tag{3.12}$$

对式(3.12) 中第一式两边关于 y 积分，得

$$v(x,y) = \int (3x^2 - 3y^2)\mathrm{d}y = 3x^2 y - y^3 + \varphi(x)$$

为了确定 $\varphi(x)$，对上式两边关于 x 求偏导数，得

$$\frac{\partial v}{\partial x} = 6xy + \varphi'(x)$$

与式(3.12)中第二式进行比较,得 $\varphi'(x)=0$,从而 $\varphi(x)=c$(常数). 所以

$$v(x,y) = 3x^2y - y^3 + c$$

于是

$$\begin{aligned} f(z) = u(x,y) + \mathrm{i}v(x,y) &= x^3 - 3xy^2 + \mathrm{i}(3x^2y - y^3 + c) \\ &= (x+\mathrm{i}y)^3 + \mathrm{i}c = z^3 + \mathrm{i}c \end{aligned}$$

由条件 $f(0)=\mathrm{i}$,知 $c=1$,故 $f(z)=z^3+\mathrm{i}$.

本章提要:

(1) 复积分的定义、计算方法和基本性质;

(2) 柯西积分定理及其在多连通区域中的推广、解析函数的不定积分、柯西积分公式、解析函数的高阶导数公式、柯西不等式和刘维尔定理;

(3) 解析函数与调和函数的关系等.

基本要求:

(1) 正确理解复积分的定义,掌握它的基本性质和计算方法.

(2) 正确理解柯西积分定理及其在多连通区域中的推广定理,掌握并能熟练应用柯西积分公式和高阶导数公式,理解解析函数具有无穷次可导这一重要性质.

(3) 了解解析函数的不定积分、柯西不等式和刘维尔定理.

(4) 理解解析函数与调和函数的关系,掌握由已知解析函数的实部或虚部求该解析函数的方法.

习题 3

1. 计算积分.

(1) $\int_0^{1+\mathrm{i}}[(x-y)+\mathrm{i}x^2]\mathrm{d}z$,积分路径是直线段.

(2) $\int_C |z|\,\mathrm{d}z$,积分路径 C 是:① 连接点 -1 到 1 的直线段;② 连接点 -1 到 1,圆心在原点的上半个圆周.

(3) $\int_C \mathrm{Im}\, z\mathrm{d}z$,积分路径 C 是:① 连接点 0 到 $2+\mathrm{i}$ 的直线段;② 由连接点 0 到 i 的直线段及连接点 i 到 $2+\mathrm{i}$ 的直线段所组成.

(4) $\int_C \frac{\mathrm{d}z}{z}$,积分路径 C 是:① 连接点 $-\mathrm{i}$ 到 i,中心在原点的右半个圆周;② 连接点 -1 到 1,中心在原点的下半个圆周.

2. 利用积分估值,证明

$$\left|\int_C (x^2 + \mathrm{i}y^2)\mathrm{d}z\right| \leqslant \pi$$

其中,C 是连接 $-\mathrm{i}$ 到 i 的右半个圆周.

3. 计算下列积分,其中 C 为正向圆周.

(1) $\displaystyle\int_C \frac{\mathrm{d}z}{z^2+4}$,其中 $C:|z|=1$;

(2) $\displaystyle\int_C \frac{\cos z}{z+\mathrm{i}}\mathrm{d}z$,其中 $C:|z+3\mathrm{i}|=1$;

(3) $\displaystyle\int_C \frac{1}{z^2-2}\mathrm{d}z$,其中 $C:|z-1|=1$;

(4) $\displaystyle\int_C \frac{2z-1}{z(z-1)}\mathrm{d}z$,其中 $C:|z|=2$.

4. 求积分 $\displaystyle\int_C \frac{\mathrm{d}z}{z+2}$ 的值,其中 C 为正向单位圆周 $|z|=1$,并由此证明 $\displaystyle\int_0^{2\pi} \frac{1+2\cos\theta}{5+4\cos\theta}\mathrm{d}\theta$ 与 $\displaystyle\int_0^{2\pi} \frac{\sin\theta}{5+4\cos\theta}\mathrm{d}\theta$ 的值都等于零.

5. 计算积分 $\displaystyle\int_C (3z^2+2z+1)\mathrm{d}z$,其中 C 是从点 $-\mathrm{i}$ 到 i 的右半单位圆周.

6. 计算下列积分,其中 C 为正向圆周.

(1) $\displaystyle\int_C \frac{\mathrm{e}^z}{z-2}\mathrm{d}z$, $C:|z|=1$;

(2) $\displaystyle\int_C \frac{\sin\frac{\pi}{4}z}{z^2-1}\mathrm{d}z$, $C:|z+1|=1$;

(3) $\displaystyle\int_C \frac{5z^2-3z+2}{(z-1)^3}\mathrm{d}z$, $C:|z|=2$;

(4) $\displaystyle\int_C \frac{\mathrm{d}z}{(z-a)^n(z-b)}$, $C:|z|=R(R>0)$, a,b 不在圆周 $|z|=R$ 上,n 为正整数.

7. 设 C_1 和 C_2 是两条互不相交又互不包含的正向简单闭曲线,z_0 为不在曲线 C_1 和 C_2 上的一个点,计算积分

$$I = \frac{1}{2\pi\mathrm{i}}\left(\int_{C_1} \frac{z^2}{z-z_0}\mathrm{d}z + \int_{C_2} \frac{\sin z}{z-z_0}\mathrm{d}z\right)$$

8. 设 $f(z) = \displaystyle\int_C \frac{3\zeta^2+7\zeta+1}{\zeta-z}\mathrm{d}\zeta$,其中 $C:|\zeta|=3$,求 $f'(1+\mathrm{i})$.

9. 计算积分 $\displaystyle\int_C \frac{|\mathrm{d}z|}{|z-a|^2}$,其中 $C:|z|=\rho(\rho>0)$,$|a|\neq\rho$.

10. 求积分 $\displaystyle\int_C \frac{\mathrm{e}^z}{z}\mathrm{d}z$,其中 $C:|z|=1$ 为正向圆周,进而证明

$$\int_0^{\pi} \mathrm{e}^{\cos\theta}\cos(\sin\theta)\mathrm{d}\theta = \pi$$

11. 如果在$|z|<1$内$f(z)$解析,并且

$$|f(z)|\leqslant \frac{1}{1-|z|}$$

证明

$$|f^{(n)}(0)|\leqslant (n+1)!\left(1+\frac{1}{n}\right)^n < \mathrm{e}(n+1)!\ (n=1,2,\cdots)$$

12. 若函数$f(z)$在区域D内解析,在$\bar{D}=D+C$(其中C为D的边界)上连续,且对D内任意一点z,都有

$$\int_C \frac{f(\zeta)}{(\zeta-z)^2}\mathrm{d}\zeta = 0$$

试证:$f(z)$在D内为常数.

13. 若函数$f(z)$在$|z-a|<R$内解,试证对于任一$r(0<r<R)$都有

$$f'(a)=\frac{1}{\pi r}\int_0^{2\pi}\mathrm{Re}\{f(a+r\mathrm{e}^{\mathrm{i}\theta})\}\mathrm{e}^{-\mathrm{i}\theta}\mathrm{d}\theta$$

14. 设$f(z)$为整函数,如果在整个复平面上$|f(z)|\geqslant 1$,则$f(z)$必为常数.

15. 设C为一条正向简单闭曲线,D是C的外部区域,$f(z)$在D内解析,在$\bar{D}=D+C$上连续,且$\lim\limits_{z\to\infty}f(z)=A\neq\infty$,则

$$\frac{1}{2\pi\mathrm{i}}\int_{C^-}\frac{f(\zeta)}{\zeta-z}\mathrm{d}\zeta=\begin{cases}f(z)-A, & z\in D\\ -A, & z\bar{\in}\bar{D}\end{cases}$$

这是无界区域的 Cauchy 积分公式.

16. 应用习题15,求积分

$$I=\frac{1}{2\pi\mathrm{i}}\int_C\frac{\mathrm{d}z}{(z-2)(z-4)\cdots(z-98)(z-100)}$$

其中C:$|z|=99$为正向.

17. 验证下列各函数为调和函数,并根据已知条件求解析函数$f(z)=u+\mathrm{i}v$.

(1) $u=y^3-3x^2y-2, f(\mathrm{i})=-1+\mathrm{i}$;

(2) $u=\dfrac{y}{x^2+y^2}, f(2)=0$;

(3) $u=\mathrm{e}^x(x\cos y-y\sin y), f(0)=0$;

(4) $u=(x-y)(x^2+4xy+y^2)$.

第4章　级　数

函数项级数是研究解析函数的一个重要工具. 把解析函数表示成级数,不仅在理论上而且在实际中都有重要意义. 本章首先讨论解析函数的级数表示——泰勒(Taylor) 级数和罗朗(Laurent) 级数,然后应用它们研究解析函数在零点及孤立奇点附近的一些性质.

4.1　复数项级数与复变函数项级数

4.1.1　复数序列与复数项级数

定义 4.1　设$z_n(n=1,2,\cdots)$是一个复数序列,其中 $z_n=a_n+ib_n$,$a_n=\mathrm{Re}\, z_n$,$b_n=\mathrm{Im}\, z_n$;又设 $z_0=a+ib$ 为一复常数. 如果对于任意 $\varepsilon>0$,存在正整数 N,使当 $n>N$ 时,总有$|z_n-z_0|<\varepsilon$ 成立,则称复数序列z_n以 z_0 为极限,或称z_n收敛于 z_0,记作

$$\lim_{n\to\infty} z_n = z_0 \quad 或 \quad z_n \to z_0 (n\to\infty) \tag{4.1}$$

如果序列z_n 不收敛,则称z_n 发散,或者说它是发散序列.

由不等式

$$|a_n-a| \leqslant |z_n-z_0| \leqslant |a_n-a|+|b_n-b|$$
$$|b_n-b| \leqslant |z_n-z_0| \leqslant |a_n-a|+|b_n-b|$$

立即可以得到如下结果:

定理 4.1　设 $z_n=a_n+ib_n(n=1,2,\cdots)$,$z_0=a+ib$, 则$z_n$ 收敛于 z_0 的充分必要条件是

$$\lim_{n\to\infty} a_n = a, \quad \lim_{n\to\infty} b_n = b \tag{4.2}$$

关于两个实数序列相应项之和、差、积、商所成序列的极限的结果,不难推广到复数序列.

定义 4.2　设$z_n(n=1,2,\cdots)$为一复数序列,称

$$z_1+z_2+\cdots+z_n+\cdots \tag{4.3}$$

为复数项级数,记为$\sum\limits_{n=1}^{\infty} z_n$. 称它的前 n 项和

$$s_n = z_1+z_2+\cdots+z_n$$

为级数(4.3)的部分和. 如果级数(4.3)的部分和序列$\{s_n\}$以有限数s为极限,即$\lim\limits_{n\to\infty} s_n = s$, 则称级数(4.3) 收敛于 s,称 s 为级数(4.3) 的和,记作 $s=\sum\limits_{n=1}^{\infty} z_n$. 若序列

$\{s_n\}$没有有限极限,则称级数(4.3)是发散的.

设$z_n=an+\mathrm{i}bn(n=1,2,\cdots)$,$s=a+\mathrm{i}b$,这里$a_n,b_n,a,b$均为实数.因为

$$s_n=\sum_{k=1}^{n}z_k=\sum_{k=1}^{n}a_k+\mathrm{i}\sum_{k=1}^{n}b_k$$

由定理4.1得到如下定理:

定理4.2 级数(4.3)收敛于$s=a+\mathrm{i}b$的充分必要条件是级数$\sum_{n=1}^{\infty}a_n$与$\sum_{n=1}^{\infty}b_n$分别收敛于a与b.

由定理4.2可将复数项级数的收敛与发散问题转化为实数项级数的收敛与发散问题,于是有如下定理:

定理4.3 级数(4.3)收敛的必要条件是

$$\lim_{n\to\infty}z_n=0$$

关于实数项级数的一些结果,也可以不加改变地推广到复数项级数.例如柯西收敛准则等.

定理4.4(柯西收敛准则) 级数(4.3)收敛的充分必要条件是:对于任给$\varepsilon>0$,存在正整数N,使当$n>N$时,对于任何自然数p,恒有

$$\left|\sum_{k=n+1}^{n+p}z_k\right|=|s_{n+p}-s_n|<\varepsilon$$

关于复数序列的柯西准则可叙述为如下定理:

定理4.4′ 序列z_n收敛的充分必要条件是:任给$\varepsilon>0$,存在正整数N,使当m,$n>N$时,恒有

$$|z_m-z_n|<\varepsilon$$

定义4.3 若级数$\sum_{n=1}^{\infty}|a_n|$收敛,则称级数$\sum_{n=1}^{\infty}a_n$绝对收敛.若级数$\sum_{n=1}^{\infty}a_n$收敛而不绝对收敛,称它为条件收敛.

由于

$$\begin{aligned}|s_{n+p}-s_n|&=|z_{n+1}+z_{n+2}+\cdots+z_{n+p}|\\&\leqslant|z_{n+1}|+|z_{n+2}|+\cdots+|z_{n+p}|\end{aligned}$$

从定理4.4,可以得到如下定理:

定理4.5 若级数$\sum_{n=1}^{\infty}|z_n|$收敛,则级数$\sum_{n=1}^{\infty}z_n$也收敛;反之不一定成立.

4.1.2 复变函数项序列与复变函数项级数

定义4.4 设$\{f_n(z)\}$是一个定义在平面点集E上的复变函数序列,$f(z)$是定义在E上的一个函数.如果对于E上每一点z,序列$\{f_n(z)\}$收敛于$f(z)$,就说序列$\{f_n(z)\}$在E上收敛;或者说这个序列有极限函数$f(z)$,记作

$$\lim_{n\to\infty} f_n(z) = f(z).$$

定义 4.5　设函数序列$\{f_n(z)\}(n=1,2,\cdots)$在平面点集 E 上有定义,则称

$$\sum_{n=1}^{\infty} f_n(z) = f_1(z) + f_2(z) + \cdots + f_n(z) + \cdots \tag{4.4}$$

为函数项级数,它的前 n 项和

$$s_n(z) = f_1(z) + f_2(z) + \cdots + f_n(z)$$

称为级数(4.4)的部分和,$\{s_n(z)\}$称为级数(4.4)的部分和序列. 若对于 E 内某一点 z_0,$\lim\limits_{n\to\infty} s_n(z_0)=s(z_0)$ 存在,则称级数(4.4)在点 z_0 处是收敛的,$s(z_0)$称为它的和. 如果级数(4.4)在 E 内处处收敛于$s(z)$,则称 $s(z)$为级数(4.4)在 E 内的和函数,记作

$$s(z) = \sum_{n=1}^{\infty} f_n(z) \quad (z \in E)$$

与实变函数项序列和实变函数项级数一样,复变函数项序列和复变函数项级数也有在平面点集上一致收敛的定义和柯西收敛准则,以及关于函数项级数的一些类似结论,限于篇幅,在此不作介绍,有兴趣的读者可参见参考文献[1].

4.2　幂级数

在函数项级数中,最简单最重要的一类级数就是所谓的幂级数,它有着许多独特的性质.

定义 4.6　设 $c_0,c_1,\cdots,c_n,\cdots$以及 a 都是复常数,称如下形式的级数

$$\sum_{n=0}^{\infty} c_n(z-a)^n = c_0 + c_1(z-a) + c_2(z-a)^2 + \cdots + c_n(z-a)^n + \cdots \tag{4.5}$$

是中心在 a 的幂级数,$c_n(n=0,1,2,\cdots)$ 称为幂级数的系数.

在级数(4.5) 中,作变量代换 $\zeta=z-a$,则其变为如下形式

$$\sum_{n=0}^{\infty} c_n z^n = c_0 + c_1 z + c_2 z^2 + \cdots + c_n z^n + \cdots \tag{4.6}$$

为了方便起见,下面主要讨论形如式(4.6)的幂级数.

4.2.1　幂级数的敛散性

几何级数

$$1 + z + z^2 + \cdots + z^n + \cdots$$

是形式上最简单的幂级数,它的部分和可以写成

$$1 + z + z^2 + \cdots + z^n = \frac{1-z^{n+1}}{1-z}$$

如果$|z|<1$,那么$\lim\limits_{n\to\infty} z^n=0$,所以几何级数此时是收敛的,并且有

$$\sum_{n=0}^{\infty} z^n = \frac{1}{1-z} \tag{4.7}$$

如果$|z|\geqslant 1$,并且当$n\to\infty$时,其通项z^n不趋于0,那么由定理4.3可知,几何级数在圆$|z|=1$上及其外部处处发散.

在一般情况下,幂级数(4.6)是否存在一个圆周$|z|=R$,它在该圆的内部收敛,而在其外部发散呢?下述阿贝尔(Abel)定理回答了这一问题.

定理4.6(阿贝尔定理) 如果幂级数(4.6)在$z=z_0(\neq 0)$收敛,那么当$|z|<|z_0|$时级数绝对收敛;如果幂级数(4.6)在$z=z_1$处发散,那么当$|z|>|z_1|$时级数发散.

证 由于$\sum\limits_{n=0}^{\infty}c_n z_0{}^n$收敛,由定理4.3,$\lim\limits_{n\to\infty}c_n z_0^n=0$,因而存在一常数$M>0$,使得对于所有的$n$,有$|c_n z_0^n|\leqslant M$. 于是,当$|z|<|z_0|$时,$\dfrac{|z|}{|z_0|}=r<1$,从而

$$|c_n z^n|=|c_n z_0^n|\left|\frac{z}{z_0}\right|^n<Mr^n$$

因为$\sum\limits_{n=0}^{\infty}Mr^n$是公比小于1的等比级数,应用比较判别法,当$|z|<|z_0|$时,$\sum\limits_{n=0}^{\infty}|c_n z^n|$收敛,从而级数$\sum\limits_{n=0}^{\infty}c_n z^n$绝对收敛.

定理的后半部分证明由读者自己完成.

由定理4.6可以看出,幂级数的收敛范围是一个圆域,级数在该圆内绝对收敛,在该圆外发散. 该圆称为幂级数的收敛圆,该圆的半径称为幂级数的收敛半径. 设幂级数的收敛半径为R,则有以下三种情况:

(1) $R=0$,即对任意$z\neq 0$,幂级数$\sum\limits_{n=0}^{\infty}c_n z^n$均发散.

例4.1 幂级数$1+z+2^2z^2+\cdots+n^nz^n+\cdots$,当$z\neq 0$时,通项$n^nz^n$不趋于零,故该级数发散.

(2) $R=+\infty$,即对于任意z,幂级数$\sum\limits_{n=0}^{\infty}c_n z^n$均收敛.

例4.2 幂级数$1+z+\dfrac{z^2}{2^2}+\cdots+\dfrac{z^n}{n^n}+\cdots$对任意固定的$z$,从某个$n$开始,以后总有$\dfrac{|z|}{n}<\dfrac{1}{2}$,于是从此以后,有$\left(\dfrac{|z|}{n}\right)^n<\dfrac{1}{2^n}$,故该级数对任意$z$均收敛.

(3) $0<R<+\infty$,即存在收敛半径$R>0$,幂级数$\sum\limits_{n=0}^{\infty}c_nz^n$当$|z|<R$时绝对收敛,$|z|>R$时发散. 对于级数$\sum\limits_{n=0}^{\infty}c_n z^n$在收敛圆周$|z|=R$上的情况,它可能收敛也可能发散,要根据具体级数进行具体分析.

4.2.2　幂级数收敛半径的求法

定理 4.7　设幂级数 $\sum_{n=0}^{\infty} c_n z^n$，如果下列条件之一成立：

$$l = \lim_{n\to\infty}\left|\frac{c_{n+1}}{c_n}\right|$$

或

$$l = \lim_{n\to\infty}\sqrt[n]{|c_n|}$$

那么当 $0 < l < +\infty$ 时，级数 $\sum_{n=0}^{\infty} c_n z^n$ 的收敛半径 $R = \frac{1}{l}$；当 $l = 0$ 时，$R = +\infty$；当 $l = +\infty$ 时，$R = 0$.

这个定理给出了求幂级数收敛半径的公式. 关于它的证明，读者可仿照微积分中所用的方法自己完成.

例 4.3　求下列幂级数的收敛半径及收敛圆.

(1) $\sum_{n=1}^{\infty} \frac{z^n}{n}$；　　(2) $\sum_{n=1}^{\infty} \frac{(z-2)^n}{n^{\alpha}}(\alpha > 0)$；

(3) $\sum_{n=0}^{\infty} \frac{(-1)^n}{n!} z^n$；　　(4) $\sum_{n=0}^{\infty} (\cos \mathrm{i}n) z^n$.

解　(1) 因为 $\lim_{n\to\infty}\left|\frac{c_{n+1}}{c_n}\right| = \lim_{n\to\infty}\frac{n}{n+1} = 1$，所以级数的收敛半径为 $R=1$，收敛圆为 $|z|<1$.

(2) 因为 $\lim_{n\to\infty}\left|\frac{c_{n+1}}{c_n}\right| = \lim_{n\to\infty}\left(\frac{n}{n+1}\right)^{\alpha} = 1$，所以级数的收敛半径为 $R=1$，收敛圆为 $|z-2|<1$.

(3) 因为 $\lim_{n\to\infty}\left|\frac{c_{n+1}}{c_n}\right| = \lim_{n\to\infty}\frac{n!}{(n+1)!} = \lim_{n\to\infty}\frac{1}{n+1} = 0$，所以级数的收敛半径为 $R=\infty$，幂级数 $\sum_{n=1}^{\infty} \frac{(-1)^n}{n!} z^n$ 在全平面上收敛.

(4) 因为 $c_n = \cos \mathrm{i}n = \mathrm{ch}\, n = \frac{1}{2}(\mathrm{e}^n + \mathrm{e}^{-n})$，所以

$$\lim_{n\to\infty}\left|\frac{c_{n+1}}{c_n}\right| = \lim_{n\to\infty}\frac{\mathrm{e}^{n+1} + \mathrm{e}^{-n-1}}{\mathrm{e}^n + \mathrm{e}^{-n}} = \mathrm{e}$$

所以级数的收敛半径 $R=\frac{1}{\mathrm{e}}$，收敛圆为 $|z|<\frac{1}{\mathrm{e}}$.

4.2.3　幂级数的运算和性质

像实幂级数一样，对于收敛圆的圆心相同的两个复变幂级数也可进行加、减和乘

法运算.设

$$f(z)=\sum_{n=0}^{\infty}a_n z^n, R=r_1; g(z)=\sum_{n=0}^{\infty}b_n z^n, R=r_2$$

则在$|z|<\min\{r_1,r_2\}$内,这两个幂级数可以像多项式那样进行相加、相减和相乘,所得到的幂级数的和函数分别是$f(z)$与$g(z)$的和、差、积. 在以上各种情形下,所得到的幂级数的收敛半径不小于r_1与r_2中较小的一个. 例如,对于乘积运算

$$f(z)g(z)=\left(\sum_{n=0}^{\infty}a_n z^n\right)\left(\sum_{n=0}^{\infty}b_n z^n\right)=\sum_{n=0}^{\infty}(a_nb_0+a_{n-1}b_1+\cdots+a_0b_n)z^n$$

上式右端积的幂级数的收敛半径$R\geqslant\min\{r_1,r_2\}$.

特别需要指出的是,代换(复合)运算在把函数展成幂级数时,非常有用,下面举一个这方面的例子.

例 4.4 把函数$\dfrac{1}{z-b}$表成形如$f(z)=\sum\limits_{n=0}^{\infty}c_n(z-a)^n$的幂级数,其中$a,b$为不相同的复常数.

解

$$\frac{1}{z-b}=\frac{1}{(z-a)-(b-a)}=-\frac{1}{b-a}\frac{1}{1-\dfrac{z-a}{b-a}}$$

由式(4.7),当$\left|\dfrac{z-a}{b-a}\right|<1$时,有

$$\frac{1}{1-\dfrac{z-a}{b-a}}=1+\frac{z-a}{b-a}+\left(\frac{z-a}{b-a}\right)^2+\cdots+\left(\frac{z-a}{b-a}\right)^n+\cdots$$

从而得到

$$\frac{1}{z-b}=-\frac{1}{b-a}-\frac{1}{(b-a)^2}(z-a)-\frac{1}{(b-a)^3}(z-a)^2-\cdots-\frac{1}{(b-a)^n}(z-a)^{n-1}-\cdots$$

设$|b-a|=R$,由$\left|\dfrac{z-a}{b-a}\right|<1$知,当$|z-a|<R$时,上式右端的级数收敛,其和函数为$\dfrac{1}{z-b}$. 因为$z=b$时,上式右端级数发散,故由定理4.6知,当$|z-a|>|b-a|=R$时,该级数发散. 因此,上式右端级数的收敛半径为$R=|b-a|$.

在解类似例4.4的问题时,可先把函数进行代换变形,使其分母中出现量$z-a$;然后把函数写成$\dfrac{1}{1-g(z)}$的形式,其中,$g(z)=\dfrac{z-a}{b-a}$;最后利用$\dfrac{1}{1-z}$的展式,把展式中的z用$g(z)$代之即可达到目的.

复变幂级数也同实变幂级数一样,在它的收敛圆内有如下性质.

定理 4.8　设幂级数 $\sum_{n=0}^{\infty} c_n z^n$ 的收敛半径为 R，那么

(1) 它的和函数 $f(z)$ 在收敛圆 $|z|<R$ 内解析；

(2) 在收敛圆 $|z|<R$ 内，幂级数 $f(z)=\sum_{n=0}^{\infty} c_n z^n$ 可以逐项求导任意多阶，且

$$f^{(p)}(z)=p!c_p+(p+1)p\cdots 2c_{p+1}z+\cdots+$$
$$n(n-1)\cdots(n-p+1)c_n z^{n-p}+\cdots \quad (p=1,2,\cdots)$$

其中，$c_p=\dfrac{f^{(p)}(0)}{p!}\ (p=0,1,2,\cdots)$；

(3) 对于 $|z|<R$ 内任意按段光滑曲线 C，幂级数可以逐项积分，即

$$\int_C f(z)\mathrm{d}z=\int_C \sum_{n=0}^{\infty} c_n z^n \mathrm{d}z=\sum_{n=0}^{\infty} c_n \int_C z^n \mathrm{d}z$$

定理的证明可参见参考文献[1].

4.3　泰勒级数

4.3.1　解析函数的泰勒展式

由定理 4.8 可知，幂级数的和函数在它的收敛圆内是一个解析函数；反之，在圆内解析的函数是否可展为幂级数呢？下面的定理回答了这一问题.

定理 4.9(泰勒定理)　设函数 $f(z)$ 在圆 K：$|z-z_0|<R$ 内解析，则 $f(z)$ 在 K 内可以展成幂级数

$$f(z)=\sum_{n=0}^{\infty} c_n (z-z_0)^n \tag{4.8}$$

其中，$c_n=\dfrac{f^{(n)}(z_0)}{n!}\ (n=0,1,2,\cdots)$，并且展式还是唯一的.

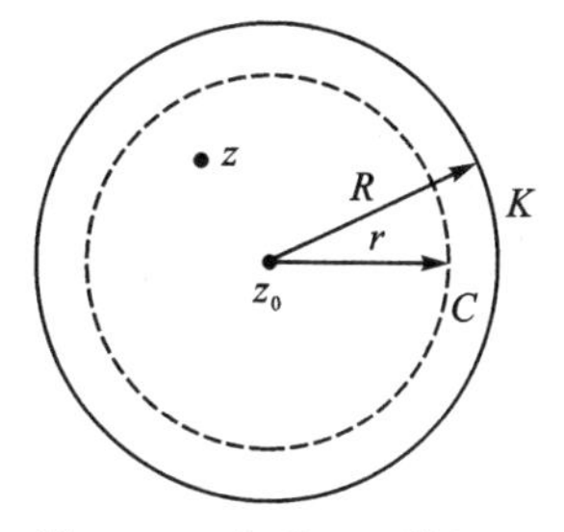

图 4-1　定理 4.9 的图形

证　对于 K 内任意一点 z，作圆周 C：$|\zeta-z_0|=r<R$，使 z 位于 C 的内部(见图 4-1)，应用柯西积分公式得

$$f(z)=\frac{1}{2\pi \mathrm{i}}\int_C \frac{f(\zeta)}{\zeta-z}\mathrm{d}\zeta \tag{4.9}$$

由于 $\zeta\in C$，而 z 在 C 的内部，所以 $\left|\dfrac{z-z_0}{\zeta-z_0}\right|<1$，由式 (4.7)得

$$\frac{1}{\zeta-z}=\frac{1}{(\zeta-z_0)-(z-z_0)}=\frac{1}{\zeta-z_0}\cdot\frac{1}{1-\dfrac{z-z_0}{\zeta-z_0}}=\sum_{n=0}^{\infty}\frac{(z-z_0)^n}{(\zeta-z_0)^{n+1}}$$

把上式代入式(4.9)，并把它写成

$$f(z)=\sum_{n=0}^{N-1}\left[\frac{1}{2\pi i}\int_C \frac{f(\zeta)}{(\zeta-z_0)^{n+1}}d\zeta\right](z-z_0)^n+R_N(z) \tag{4.10}$$

其中，$R_N(z)=\frac{1}{2\pi i}\int_C \left[\sum_{n=N}^{\infty}\frac{f(\zeta)}{(\zeta-z_0)^{n+1}}(z-z_0)^n\right]d\zeta$.

由高阶导数公式(3.10)，式(4.10)可写为

$$f(z)=\sum_{n=0}^{N-1}\frac{f^{(n)}(z_0)}{n!}(z-z_0)^n+R_N(z) \tag{4.11}$$

因此，要证式(4.8)成立，只需证明$\lim\limits_{N\to\infty}R_N(z)=0$.

由于$f(z)$在K内解析，从而在C上连续，因此，存在正数M，在C上$|f(\zeta)|\leqslant M$；又由于

$$\left|\frac{z-z_0}{\zeta-z_0}\right|=\frac{|z-z_0|}{r}=q<1$$

于是

$$|R_N(z)|\leqslant\frac{1}{2\pi}\int_C\left|\sum_{n=N}^{\infty}\frac{f(\zeta)}{(\zeta-z_0)^{n+1}}(z-z_0)^n\right||d\zeta|$$

$$\leqslant\frac{1}{2\pi}\int_C\left|\sum_{n=N}^{\infty}\frac{|f(\zeta)|}{|\zeta-z_0|}\left|\frac{z-z_0}{\zeta-z}\right|^n\right|ds$$

$$\leqslant\frac{1}{2\pi}\sum_{n=N}^{\infty}\frac{M}{r}q^n\cdot 2\pi r=\frac{Mq^N}{1-q}$$

因为$\lim\limits_{N\to\infty}q^N=0$，从而在$C$内，$\lim\limits_{N\to\infty}R_N(z)=0$. 在式(4.11)两端令$N\to\infty$取极限，则有

$$f(z)=\sum_{n=0}^{\infty}c_n(z-z_0)^n$$

其中，$c_n=\frac{f^{(n)}(z_0)}{n!}(n=0,1,2,\cdots)$.

现在证明展开式的唯一性.

若$f(z)$在$|z-z_0|<R$中另有展开式

$$f(z)=\sum_{n=0}^{\infty}c'_n(z-z_0)^n\quad(|z-z_0|<R)$$

由定理4.8中(2)，对级数两边逐项求导，并令$z=z_0$，得

$$c'_n=\frac{f^{(n)}(z_0)}{n!}=c_n\quad(n=0,1,2,\cdots)$$

所以展式是唯一的.

我们称式(4.8)为$f(z)$在点z_0的泰勒展式，c_n称为它的泰勒系数，式(4.8)右端的级数称为泰勒级数.

把定理4.9和定理4.8结合起来，可以得到如下结论.

定理4.10 函数$f(z)$在点z_0解析的充分必要条件是$f(z)$在点z_0的邻域内可以展成幂级数.

这个定理从级数的角度深刻地反映了解析函数的性质，它可以作为函数在点 z_0 解析的定义.

由上面的讨论可知，一个幂级数在它的收敛圆内代表一个解析函数，对于收敛圆周上的点，幂级数的敛散性是不确定的，情况比较复杂，有如下定理：

定理 4.11　幂级数的和函数在它的收敛圆周上至少有一个奇点.

这是由于若幂级数的和函数在它的收敛圆周上解析，那么它的和函数在收敛圆周上每个点的邻域内解析，由此不难推出它的和函数在比它的收敛圆更大的同心圆内解析，这与幂级数的收敛半径不能扩大矛盾.

因此，如果 z_0 为函数 $f(z)$的解析点，则 $f(z)$在 z_0 的邻域内可以展成 $z-z_0$ 的幂级数，其收敛圆周以 z_0为中心同时通过函数 $f(z)$ 距点 z_0最近的一个奇点.

4.3.2　一些初等函数的泰勒展式

由定理 4.9 知道，一个函数在它的解析点邻域内可以展成泰勒级数，其展式是唯一的. 这一基本事实为我们把解析函数展成泰勒级数提供了很大方便. 不论我们用什么方法，只要每一步运算是合理的，则得到的函数的幂级数展开式都一定是函数的泰勒级数展开式. 下面介绍几种求函数泰勒展式的方法.

1. 直接法

先求出泰勒级数的系数 $c_n=f^{(n)}(z_0)/n!$，然后直接利用泰勒定理写出函数的幂级数展式.

例 4.5　求 $f(z)=e^z$ 在 $z=0$ 处的泰勒展式.

解　由于 $f(z)=e^z$ 在全平面上解析，由泰勒定理，它能在全平面上展成幂级数. 因为

$$f^{(n)}(z)=e^z,\quad f^{(n)}(0)=1\quad (n=0,1,2,\cdots)$$

所以它在点 $z_0=0$ 处的泰勒展式为

$$e^z=1+z+\frac{z^2}{2!}+\cdots+\frac{z^n}{n!}+\cdots\quad (|z|<\infty)\tag{4.12}$$

应用类似的方法可得下述函数在 $z_0=0$ 处的泰勒展式：

$$\begin{aligned}\sin z&=\sum_{n=0}^{\infty}(-1)^n\frac{z^{2n+1}}{(2n+1)!}\\&=z-\frac{z^3}{3!}+\frac{z^5}{5!}-\frac{z^7}{7!}+\cdots+(-1)^n\frac{z^{2n+1}}{(2n+1)!}+\cdots\ (|z|<\infty)\end{aligned}\tag{4.13}$$

$$\begin{aligned}\cos z&=\sum_{n=0}^{\infty}(-1)^n\frac{z^{2n}}{(2n)!}\\&=1-\frac{z^2}{2!}+\frac{z^4}{4!}-\cdots+(-1)^n\frac{z^{2n}}{(2n)!}+\cdots\ (|z|<\infty)\end{aligned}\tag{4.14}$$

$$\frac{1}{1-z}=1+z+z^2+\cdots+z^n+\cdots\ (|z|<1)\tag{4.15}$$

例 4.6 求幂函数$(1+z)^\alpha$(α为复数)的主值支

$$f(z)=\mathrm{e}^{\alpha\ln(1+z)},\quad f(0)=1$$

在$z=0$处的泰勒展式.

解 由于$(1+z)^\alpha$为多值函数,它在复平面上沿着负实轴从-1到∞割开的区域内解析,因此它能在$|z|<1$内展成幂级数. 由于

$$f'(z)=\mathrm{e}^{\alpha\ln(1+z)}\ \frac{\alpha}{1+z}=\alpha\mathrm{e}^{(\alpha-1)\ln(1+z)}$$

$$f''(z)=\alpha(\alpha-1)\ \mathrm{e}^{(\alpha-2)\ln(1+z)}$$

$$\vdots$$

$$f^{(n)}(z)=\alpha(\alpha-1)\cdots(\alpha-n+1)\mathrm{e}^{(\alpha-n)\ln(1+z)}$$

于是

$$f(0)=1,\ f'(0)=\alpha,\ f''(0)=\alpha(\alpha-1),\cdots,f^{(n)}(0)=\alpha(\alpha-1)\cdots(\alpha-n+1),\cdots$$

所以$(1+z)^\alpha$的主值支在$z=0$处的泰勒展式为

$$(1+z)^\alpha=1+\alpha z+\frac{\alpha(\alpha-1)}{2!}z^2+\frac{\alpha(\alpha-1)(\alpha-2)}{3!}z^3+\cdots+$$

$$\frac{\alpha(\alpha-1)\cdots(\alpha-n+1)}{n!}z^n+\cdots\ (|z|<1)\qquad(4.16)$$

例 4.7 求对数函数$\mathrm{Ln}(1+z)$在$z=0$处的泰勒展式.

解 $\mathrm{Ln}(1+z)$为多值函数,它在复平面上沿着负实轴从-1到∞割开的区域内可分出无穷多单值解析分支,取其主值支为$f(z)=\ln(1+z)$. 由泰勒定理,它可在$|z|<1$内展成幂级数. 由于

$$f'(z)=\frac{1}{1+z},\cdots,f^{(n)}(z)=(-1)^{n-1}\ \frac{(n-1)!}{(1+z)^n},\cdots$$

所以

$$f^{(n)}(0)=(-1)^{n-1}(n-1)!\ (n=1,2,\cdots)$$

注意到$f(0)=0$,则$\ln(1+z)$在$z=0$处的泰勒展式为

$$\ln(1+z)=z-\frac{z^2}{2}+\frac{z^3}{3}-\cdots+(-1)^{n-1}\ \frac{z^n}{n}+\cdots\ (|z|<1)\qquad(4.17)$$

从而$\mathrm{Ln}(1+z)$的各分支在$z=0$处的泰勒展式为

$$\ln_k(1+z)=2k\pi\mathrm{i}+z-\frac{z^2}{2}+\frac{z^3}{3}-\cdots+(-1)^{n-1}\ \frac{z^n}{n}+\cdots\ (|z|<1)$$

其中,$k=0,\pm1,\pm2,\cdots$.

2. 换元法

利用基本展式(4.12)~(4.17)在幂级数的收敛范围内进行换元.

例 4.8 求函数$\dfrac{1}{1+z^2}$在$z=0$的邻域内的泰勒展式.

解 由于$\dfrac{1}{1+z^2}$在全平面上除$z=\mathrm{i}$和$z=-\mathrm{i}$外解析,故它在$|z|<1$内可以展

成幂级数. 当$|z|<1$时$|z^2|<1$,应用展式(4.15) 得

$$\frac{1}{1+z^2}=\frac{1}{1-(-z^2)}=1+(-z^2)+(-z^2)^2+\cdots+(-z^2)^n+\cdots$$
$$=1-z^2+z^4-z^6+\cdots+(-1)^n z^{2n}+\cdots\ (|z|<1)$$

例 4.9　求 $e^{\frac{1}{1-z}}$ 在 $z=0$ 的泰勒展式.

解　显然 $z=1$ 是 $e^{\frac{1}{1-z}}$ 唯一的奇点,于是它可在$|z|<1$内展成幂级数,应用式(4.15)及式 (4.12),有

$$e^{\frac{1}{1-z}}=e\cdot e^{\frac{z}{1-z}}=e\cdot e^{z+z^2+\cdots+z^n+\cdots}$$
$$=e\left[1+(z+z^2+\cdots)+\frac{1}{2!}(z+z^2+\cdots)^2+\cdots\right]$$
$$=e\left[1+z+\frac{3}{2}z^2+\frac{13}{6}z^3+\frac{73}{24}z^4+\cdots\right]\ (|z|<1)$$

3. 利用定理 4.8

幂级数在收敛圆内可以逐项积分或逐项求导,求出所给函数的幂级数.

例 4.10　将函数 $f(z)=\frac{1}{(1-z)^2}$展成 $z-i$ 的幂级数.

解　$f(z)$在复平面上只有 $z=1$ 一个奇点,由于 $f(z)$在 $z=i$ 的幂级数展式的收敛圆周要通过 $z=1$ 这一点,因此它的收敛半径为 $R=|1-i|=\sqrt{2}$,所以 $f(z)$在$|z-i|<\sqrt{2}$内可展成关于 $z-i$ 的幂级数. 由式(4.15)及定理 4.8(2),得

$$\frac{1}{(1-z)^2}=\left(\frac{1}{1-z}\right)'=\left(\frac{1}{1-i-(z-i)}\right)'=\left(\frac{1}{1-i}\,\frac{1}{1-\frac{z-i}{1-i}}\right)'$$
$$=\frac{1}{1-i}\left[1+\frac{z-i}{1-i}+\left(\frac{z-i}{1-i}\right)^2+\cdots+\left(\frac{z-i}{1-i}\right)^n+\cdots\right]'$$
$$=\frac{1}{(1-i)^2}\left[1+2\left(\frac{z-i}{1-i}\right)+\cdots+n\left(\frac{z-i}{1-i}\right)^{n-1}+\cdots\right]\ (|z-i|<\sqrt{2})$$

4. 利用幂级数的四则运算

例 4.11　求 $\tan z$ 在 $z=0$ 的泰勒展式.

解　因 $z=\pm\frac{\pi}{2}$是 $\tan z$ 中距 $z=0$ 最近的奇点,故所求幂级数的收敛半径 $R=\frac{\pi}{2}$. 设

$$\tan z=a_0+a_1z+a_2z^2+\cdots+a_nz^n+\cdots\ \left(|z|<\frac{\pi}{2}\right)$$

由于 $\sin z=\tan z\cos z$,则

$$\sum_{n=0}^{\infty}(-1)^n\frac{z^{2n+1}}{(2n+1)!}=\sum_{n=0}^{\infty}a_n z^n\cdot\sum_{n=0}^{\infty}(-1)^n\frac{z^{2n}}{(2n)!}$$

利用级数乘法,再比较等式两端同次幂的系数,得

$$0=a_0,\ 1=a_1,\ 0=a_2-\frac{1}{2}a_0,\ -\frac{1}{3!}=a_3-\frac{1}{2}a_1$$

$$0=a_4-\frac{1}{2}a_2+\frac{1}{4!}a_0,\ \frac{1}{5!}=a_5-\frac{1}{2}a_3+\frac{1}{4!}a_1,\cdots$$

故

$$\tan z=z+\frac{1}{3}z^3+\frac{2}{15}z^5+\cdots\quad\left(|z|<\frac{\pi}{2}\right)$$

4.4 解析函数的唯一性定理

本节给出解析函数的唯一性定理和最大模原理,它们反映了解析函数的重要性质,在解析函数的研究中有着重要的作用.

4.4.1 解析函数的零点及唯一性定理

定义 4.7 设 $f(z)$在$|z-z_0|<R$内解析,$f(z)\not\equiv 0$.若$f(z_0)=0$,则称$z=z_0$是$f(z)$的零点.若$f(z_0)=f'(z_0)=\cdots=f^{(m-1)}(z_0)=0$,而$f^{(m)}(z_0)\neq 0$,则称$z=z_0$为$f(z)$的$m$级零点.

设$f(z)$在$|z-z_0|<R$内解析,$f(z)\not\equiv 0$,z_0为$f(z)$的m级零点,由泰勒定理,$f(z)$在$z=z_0$处可展成幂级数

$$f(z)=\frac{f^{(m)}(z_0)}{m!}(z-z_0)^m+\frac{f^{(m+1)}(z_0)}{(m+1)!}(z-z_0)^{(m+1)}+\cdots\quad(f^{(m)}(z_0)\neq 0)$$

令

$$\varphi(z)=\frac{f^{(m)}(z_0)}{m!}+\frac{f^{(m+1)}(z_0)}{(m+1)!}(z-z_0)+\cdots$$

则

$$f(z)=(z-z_0)^m\varphi(z)$$

其中,$\varphi(z)$在$|z-z_0|<R$内解析,且$\varphi(z_0)=\dfrac{f^{(m)}(z_0)}{m!}\neq 0$.

由于$\varphi(z)$在点z_0的连续性,存在正数$r(r<R)$,使得对于$|z-z_0|<r$内的z,有$\varphi(z)\neq 0$.于是,存在z_0的一个邻域$B(z_0,r)$,$f(z)$在其中除了$z=z_0$外,没有其他零点.这样我们就证明了如下定理.

定理 4.12 若$f(z)$在$|z-z_0|<R$内解析且不恒为零,z_0为其零点,则必存在z_0的一个邻域,使$f(z)$在其中仅以z_0为零点.

定理4.12给出了解析函数的一个重要性质,即非零解析函数的零点是孤立的.同时,在这个定理的证明过程中,也证明了如下事实:

若$f(z)$在区域D内解析,z_0为$f(z)$的一个m级零点,则存在z_0的一个邻域.在这个邻域内,$f(z)$可以表示为$(z-z_0)^m\varphi(z)$,$\varphi(z)$是解析的,且$\varphi(z_0)\neq 0$.

由解析函数零点的孤立性，可以得到下述解析函数的唯一性定理.

定理 4.13　设函数 $f(z)$ 与 $g(z)$ 在区域 D 内解析，$\{z_n\}$ 是 D 内彼此不同的点列，且 z_n 在 D 内有聚点. 若 $f(z_n)=g(z_n)(n=1,2,\cdots)$，则在 D 内，$f(z)\equiv g(z)$.

定理 4.13 证明从略，有兴趣的读者可参见参考文献[7].

解析函数的唯一性定理反映了解析函数的一个非常重要的特性，它表明若两个解析函数在区域 D 内某一段曲线弧或一个子域内相等，则这两个函数在整个区域 D 内恒等.

定理 4.13 中要求 z_n 在 D 内有聚点这个条件是必要的. 例如，函数 $\sin\dfrac{1}{z-1}$，它在全平面上除了 $z=1$ 外解析，这个函数有无穷多个零点 $z_n=1-\dfrac{1}{n\pi}\ (n=1,2,\cdots)$，但由于这些零点的唯一聚点 $z=1$ 不在函数 $\sin\dfrac{1}{z-1}$ 的解析区域内，因此，它不恒为零.

例 4.12　证明在全平面上解析，在实轴上等于 $\sin x$ 的函数只能是 $\sin z$.

证　设函数 $f(z)$ 在全平面上解析，并且在实轴上等于 $\sin x$，那么在全平面上解析的函数 $f(z)-\sin z$ 在实轴上等于零. 由解析函数的唯一性定理，在全平面上 $f(z)-\sin z=0$，即 $f(z)=\sin z$.

4.4.2　最大模原理

由柯西公式知道，一个区域 D 内的解析函数完全可以由其边界上的值所确定. 因此，可以设想，解析函数在区域 D 内的模是否一定不超过它在边界上模的最大值？下面的定理回答了这一问题.

定理 4.14(最大模原理)　若函数 $f(z)$ 在区域 D 内解析，并且不为常数，则 $|f(z)|$ 在 D 内取不到最大值.

证　若不然，$|f(z)|$ 在 D 内某一点 z_0 达到最大值，即

$$|f(z_0)|\geqslant|f(z)|\quad(z\in D)\tag{4.18}$$

设 z_0 的邻域 $B(z_0,R)\subset D$，l 为 $B(z_0,R)$ 内以 z_0 为圆心、$\varepsilon(0<\varepsilon<R)$ 为半径的任意圆周，则式(4.18)在 l 上成立. 若能证明在 l 上必有

$$|f(z)|\equiv|f(z_0)|\quad(z\in l)\tag{4.19}$$

则由 l 的任意性，在 $B(z_0,R)$ 内，必有 $|f(z)|\equiv|f(z_0)|$. 由习题 2 第 8 题，$f(z)$ 在 $B(z_0,R)$ 内恒为常数，又根据解析函数的唯一性定理，$f(z)$ 在 D 内恒为常数，这与定理的假设矛盾，从而定理成立.

现在证明式(4.19)必成立.

若式(4.19)不成立，必存在 $z_1=z_0+\varepsilon e^{i\theta_1}\in l$，使 $|f(z_0)|>|f(z_1)|$. 由于 $f(z)$ 在 l 上连续，故当 $\theta\in[\theta_1-\delta,\theta_1+\delta](\delta>0)$ 时，有

$$|f(z)|=|f(z_0+\varepsilon e^{i\theta})|<|f(z_0)|$$

由平均值公式

$$
\begin{aligned}
|f(z_0)| &= \left|\frac{1}{2\pi}\int_0^{2\pi} f(z_0+\varepsilon e^{i\theta})d\theta\right| \leqslant \frac{1}{2\pi}\int_0^{2\pi} |f(z_0+\varepsilon e^{i\theta})| d\theta \\
&= \frac{1}{2\pi}\left[\int_{\theta_1-\delta}^{\theta_1+\delta} |f(z_0+\varepsilon e^{i\theta})| d\theta + \int_0^{\theta_1-\delta} |f(z_0+\varepsilon e^{i\theta})| d\theta + \right. \\
&\quad \left. \int_{\theta_1+\delta}^{2\pi} |f(z_0+\varepsilon e^{i\theta})| d\theta \right] \\
&< \frac{1}{2\pi}[|f(z_0)| 2\delta + |f(z_0)| (2\pi-2\delta)] = |f(z_0)|
\end{aligned}
$$

从而得出矛盾,所以式 (4.19)成立.

最大模原理有许多推广,有兴趣的读者可参见参考文献[6].

4.5 罗朗级数

我们知道,如果函数 $f(z)$在点 z_0 解析,那么可以把它在 z_0 的邻域内展成 $z-z_0$ 的幂级数.但是如果 $f(z)$在点 z_0 的一个去心邻域内解析,则它就不一定能够在 z_0 处展成幂级数了.这种函数在理论上及实际问题中都会经常遇到,对其进行研究具有很重要的意义.本节主要讨论以 z_0 为圆心的圆环内解析函数的表示方法,为下一节研究解析函数在其孤立奇点邻域内的性质提供基础.

考虑如下形式的级数

$$
\begin{aligned}
\sum_{n=-\infty}^{\infty} c_n(z-z_0)^n = &\cdots + c_{-n}(z-z_0)^{-n} + \cdots + c_{-1}(z-z_0)^{-1} + \\
& c_0 + \cdots + c_1(z-z_0) + \cdots + c_n(z-z_0)^n + \cdots
\end{aligned} \tag{4.20}
$$

它由正幂部分

$$
\sum_{n=1}^{\infty} c_n(z-z_0)^n = c_0 + c_1(z-z_0) + \cdots + c_n(z-z_0)^n + \cdots \tag{4.21}
$$

和负幂部分

$$
\sum_{n=1}^{\infty} c_{-n}(z-z_0)^{-n} = c_{-1}(z-z_0)^{-1} + c_{-2}(z-z_0)^{-2} + \cdots + c_{-n}(z-z_0)^{-n} + \cdots \tag{4.22}
$$

组成.下面分别讨论它们的收敛范围.

级数(4.21)为通常的幂级数,设它的收敛半径为 R,若 $R>0$,则级数(4.21)在圆 $|z-z_0|<R$ 中绝对收敛,其和函数为它的收敛圆 $|z-z_0|<R$ 内的一个解析函数.

对级数(4.22)作代换 $\zeta=(z-z_0)^{-1}$,则

$$
\sum_{n=1}^{\infty} c_{-n}(z-z_0)^{-n} = c_{-1}\zeta + c_{-2}\zeta^2 + \cdots + c_{-n}\zeta^n + \cdots \tag{4.23}
$$

对于变量 ζ 来说，它是正次幂的幂级数. 设它的收敛半径为 $\frac{1}{r}(r>0)$，则级数 $\sum_{n=1}^{\infty}c_{-n}\zeta^n$ 在 $|\zeta|<\frac{1}{r}$ 内绝对收敛，其和函数在 $|\zeta|<\frac{1}{r}$ 内解析. 由此推出级数(4.22)在 $|z-z_0|>r$ 内收敛，其和函数在 $|z-z_0|>r$ 内解析.

若 $r<R$，则级数(4.20)在圆环 $D:r<|z-z_0|<R$ 内绝对收敛，其和函数

$$f(z)=\sum_{n=-\infty}^{\infty}c_n(z-z_0)^n$$

在圆环 $D:r<|z-z_0|<R$ 内为一解析函数. 由定理 4.8 知，级数(4.20)在它的收敛圆环内可以逐项求导，逐项积分等.

在上面的讨论中，如果 $\sum_{n=1}^{\infty}c_{-n}\zeta^n$ 的收敛半径为∞，那么级数(4.22)在 $0<|z-z_0|<\infty$ 内绝对收敛，这时级数(4.20)就在去心圆环 $0<|z-z_0|<R$ 内表示一解析函数. 若在级数(4.20)中，$c_{-n}=0(n=1,2,\cdots)$，则级数(4.20)就是通常的幂级数. 因此幂级数是级数(4.20)的特殊情况.

由上所知，形如级数(4.20)的级数，当它的正幂部分和负幂部分分别组成的级数有公共的收敛圆环时，它表示该圆环内的一个解析函数. 反之，对于某个圆环内的解析函数，它是否一定可以在该圆环内展为形如(4.20)的级数呢？下面的定理回答了这一问题.

定理 4.15(罗朗定理)　若函数 $f(z)$ 在圆环 $D:r<|z-z_0|<R(0\leqslant r<R\leqslant\infty)$ 内解析，则当 $z\in D$ 时，有

$$f(z)=\sum_{n=-\infty}^{\infty}c_n(z-z_0)^n \tag{4.24}$$

其中

$$c_n=\frac{1}{2\pi i}\int_{\Gamma}\frac{f(\zeta)}{(\zeta-z_0)^{n+1}}d\zeta\ (n=0,\pm1,\pm2,\cdots) \tag{4.25}$$

Γ 是任意圆周 $|\zeta-z_0|=\rho(r<\rho<R)$，并且式(4.24)是唯一的，称它为 $f(z)$ 在 D 内的罗朗展式，而右端的级数称为 $f(z)$ 的罗朗级数，由式(4.25)决定的 c_n 称为 $f(z)$ 的罗朗系数.

证　设 z 为圆环 D 内任意一点，总可以找到含于 D 内的两个圆周 $\Gamma_1:|z-z_0|=\rho_1$，$\Gamma_2:|z-z_0|=\rho_2(\rho_1<\rho_2)$，使 z 含于圆环 $\rho_1<|z-z_0|<\rho_2$ 之内(见图 4-2). 由多连通域的柯西积分公式，得

$$f(z)=\frac{1}{2\pi i}\int_{\Gamma_2}\frac{f(\zeta)}{\zeta-z}d\zeta-\frac{1}{2\pi i}\int_{\Gamma_1}\frac{f(\zeta)}{\zeta-z}d\zeta \tag{4.26}$$

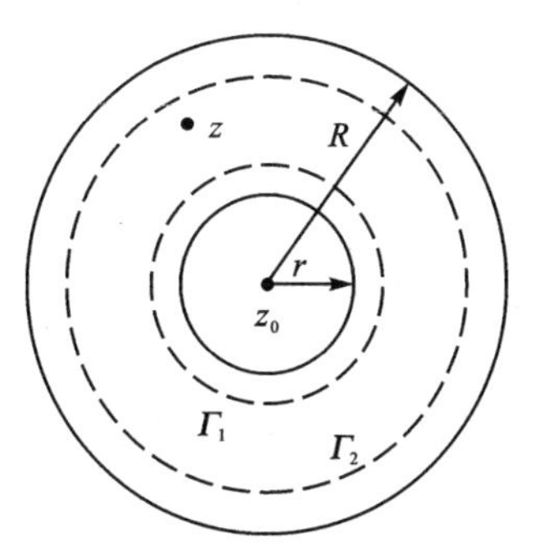

图 4-2　式(4.26)的积分圆环

对于上式右端第一个积分，由于 ζ 在 Γ_2 上，z 在

Γ_2 的内部,所以有 $|(z-z_0)/(\zeta-z_0)|<1$. 又因为 $f(\zeta)$ 在 Γ_2 上连续,因此存在一个正数 M,使 $|f(\zeta)|\leqslant M$. 与泰勒定理的证明一样,当 $|\zeta-z_0|<\rho_2$ 时,有

$$\frac{1}{2\pi i}\int_{\Gamma_2}\frac{f(\zeta)}{\zeta-z}d\zeta=\sum_{n=0}^{\infty}c_n(z-z_0)^n \tag{4.27}$$

其中

$$c_n=\frac{1}{2\pi i}\int_{\Gamma_2}\frac{f(\zeta)}{(\zeta-z_0)^{n+1}}d\zeta\ (n=0,1,2,\cdots) \tag{4.28}$$

需要指出的是,不能把 c_n 写成 $\dfrac{f(n)(z_0)}{n!}$,因为 $f(z)$ 在 Γ_2 的内部不一定处处解析.

再考虑第二个积分 $-\dfrac{1}{2\pi i}\displaystyle\int_{\Gamma_1}\frac{f(\zeta)}{\zeta-z}d\zeta$. 由于 ζ 在 Γ_1 上,点 z 在 Γ_1 的外部,所以 $|(\zeta-z_0)/(z-z_0)|<1$. 于是

$$\frac{1}{\zeta-z}=-\frac{1}{z-z_0}\cdot\frac{1}{1-\dfrac{\zeta-z_0}{z-z_0}}$$

$$=-\sum_{n=1}^{\infty}\frac{(\zeta-z_0)^{n-1}}{(z-z_0)^n}=-\sum_{n=1}^{\infty}\frac{1}{(\zeta-z_0)^{-n+1}}\cdot(z-z_0)^{-n}$$

所以

$$-\frac{1}{2\pi i}\int_{\Gamma_1}\frac{f(\zeta)}{\zeta-z}d\zeta=\frac{1}{2\pi i}\left[\sum_{n=1}^{N-1}\int_{\Gamma_1}\frac{f(\zeta)d\zeta}{(\zeta-z_0)^{-n+1}}\right](z-z_0)^{-n}+R_N(z)$$

其中

$$R_N(z)=\frac{1}{2\pi i}\left[\sum_{n=N}^{\infty}\int_{\Gamma_1}f(\zeta)\frac{(\zeta-z_0)^{n-1}}{(z-z_0)^n}\right]d\zeta$$

下面证明 $\lim\limits_{N\to\infty}R_N(z)=0$ 在 Γ_1 的外部成立. 令

$$\left|\frac{\zeta-z_0}{z-z_0}\right|=\frac{\rho_1}{|z-z_0|}=q$$

因为 z 在 Γ_1 的外部,从而 $0<q<1$. 又 $f(\zeta)$ 在 Γ_1 上连续,因此存在正常数 M_1,使得 $|f(\zeta)|\leqslant M_1$,于是有

$$|R_N(z)|\leqslant\frac{1}{2\pi}\left[\sum_{n=N}^{\infty}\int_{\Gamma_1}\frac{|f(\zeta)|}{|\zeta-z_0|}\left|\frac{\zeta-z_0}{z-z_0}\right|^n\right]ds$$

$$\leqslant\frac{1}{2\pi}\sum_{n=N}^{\infty}\frac{M}{\rho_1}q^n\cdot2\pi\rho_1=\frac{Mq^N}{1-q}$$

由于 $0<q<1$,所以 $\lim\limits_{N\to\infty}R_N(z)=0$,从而有

$$-\frac{1}{2\pi i}\int_{\Gamma_1}\frac{f(\zeta)}{\zeta-z}d\zeta=\sum_{n=1}^{\infty}c_{-n}(z-z_0)^{-n} \tag{4.29}$$

其中

$$c_{-n} = \frac{1}{2\pi i}\int_{\Gamma_1} \frac{f(\zeta)}{(\zeta - z_0)^{-n+1}}d\zeta \ (n = 1,2,\cdots) \tag{4.30}$$

由式(4.26)～式(4.29)，得

$$f(z)= \sum_{n=0}^{\infty} c_n(z-z_0)^n + \sum_{n=1}^{\infty} c_{-n}(z-z_0)^{-n} = \sum_{n=-\infty}^{\infty} c_n(z-z_0)^n$$

应用多连通的柯西积分公式，式(4.28)和式(4.30)两式的系数表达式中沿 Γ_1 和 Γ_2 的积分都可以换成沿任意圆周 $\Gamma: |z-z_0|=\rho(r<\rho<R)$ 的积分，于是系数公式统一起来就可表示成式(4.25).

最后证明展式的唯一性. 设 $f(z)$ 在圆环 $r<|z-z_0|<R$ 内另有一个展开式

$$f(z) = \sum_{n=-\infty}^{\infty} c'_n(z-z_0)^n$$

用 $(z-z_0)^{-m-1}$ 去乘上式两端，并沿圆周 Γ 积分，即得

$$\int_{\Gamma} \frac{f(\zeta)}{(\zeta-z_0)^{m+1}}d\zeta = \sum_{n=-\infty}^{\infty} c'_n \int_{\Gamma}(\zeta-z_0)^{n-m-1}d\zeta = 2\pi i c'_m$$

于是

$$c'_m = \frac{1}{2\pi i}\int_{\Gamma} \frac{f(\zeta)}{(\zeta-z_0)^{m+1}}d\zeta \ (m = 0, \pm 1, \pm 2, \cdots)$$

即展式是唯一的.

和幂级数一样，任意一个罗朗级数 $\sum\limits_{n=-\infty}^{\infty} c'_n(z-a)^n$ 总是其和函数 $f(z)$ 在它的收敛圆环内的罗朗展式. 因此，圆域内的解析函数的特征是它在该圆内有泰勒展式，而圆环内的解析函数的特征是它在圆环内有罗朗展式. 罗朗定理为我们求函数在圆环内的罗朗展式提供了理论根据. 然而，罗朗展式中的系数公式虽然在形式上与泰勒展式的系数公式是一致的，但是由于函数 $f(z)$ 在圆心 $z=z_0$ 不一定解析，所以当 $n\geqslant 1$ 时，就不能像泰勒展式那样用函数在圆心处的导数 $f^{(n)}(z_0)$ 去求展式中的系数，而通常往往利用罗朗展式的唯一性来间接地求罗朗展式. 例如，借助一些初等函数的泰勒展式，采用换元法、幂级数的四则运算、逐项微分(积分)等. 下面举一些例子，希望读者能从中有所体会.

例 4.13　将函数 $f(z)=\dfrac{1}{(z-1)(z-2)}$ 在圆环

(1) $1<|z|<2$；　(2) $2<|z|<+\infty$

内展成罗朗级数.

解　(1) 在 $1<|z|<2$ 内，由于 $\left|\dfrac{1}{z}\right|<1, \left|\dfrac{z}{2}\right|<1$，所以

$$f(z)= \frac{1}{(z-1)(z-2)} = \frac{1}{z-2} - \frac{1}{z-1} = -\frac{1}{2}\frac{1}{1-\frac{z}{2}} - \frac{1}{z}\frac{1}{1-\frac{1}{z}}$$

$$=-\frac{1}{2}\sum_{n=0}^{\infty}\left(\frac{z}{2}\right)^n-\frac{1}{z}\sum_{n=0}^{\infty}\left(\frac{1}{z}\right)^n=-\sum_{n=0}^{\infty}\frac{z^n}{2^{n+1}}-\sum_{n=0}^{\infty}\frac{1}{z^{n+1}}$$

(2) 在 $2<|z|<+\infty$ 内,由于 $\left|\frac{1}{z}\right|<1,\left|\frac{2}{z}\right|<1$,所以

$$f(z)=\frac{1}{z-2}-\frac{1}{z-1}=\frac{1}{z}\frac{1}{1-\frac{2}{z}}-\frac{1}{z}\frac{1}{1-\frac{1}{z}}$$

$$=\frac{1}{z}\sum_{n=0}^{\infty}\left(\frac{2}{z}\right)^n-\frac{1}{z}\sum_{n=0}^{\infty}\left(\frac{1}{z}\right)^n=\sum_{n=1}^{\infty}\frac{2^{n-1}-1}{z^n}$$

在这里,同一个函数有两个不同的罗朗展式,但这与展式的唯一性并不矛盾. 因为这两个展式是对不同的圆环展开的,而唯一性的结论只对同一个圆环内展开时成立.

例 4.14 将函数 $f(z)=\frac{\sin z}{z^3}$ 在 $0<|z|<\infty$ 内展为罗朗级数.

解 函数 $f(z)=\frac{\sin z}{z^3}$ 除去 $z=0$ 外在全平面上解析,利用 $\sin z$ 的幂级数展式,立即得到

$$f(z)=\frac{\sin z}{z^3}=\frac{1}{z^3}\left[z-\frac{z^3}{3!}+\frac{z^5}{5!}-\cdots+(-1)^n\frac{z^{2n+1}}{(2n+1)!}+\cdots\right]$$

$$=\frac{1}{z^2}-\frac{1}{3!}+\frac{z^2}{5!}-\cdots+(-1)^{n-1}\frac{z^{2n-4}}{(2n-1)!}+\cdots\ (0<|z|<+\infty)$$

例 4.15 将函数 $f(z)=\frac{1}{(z-2)(z-3)^2}$ 在 $0<|z-2|<1$ 内展为罗朗级数.

解 因为当 $0<|z-2|<1$ 时,所展开的罗朗级数应为 $\sum_{n=-\infty}^{\infty}c_n(z-2)^n$ 的形式. 由于 $|z-2|<1$,所以

$$\frac{1}{z-3}=\frac{1}{(z-2)-1}=-\frac{1}{1-(z-2)}=-\sum_{n=0}^{\infty}(z-2)^n$$

又

$$\frac{1}{(z-3)^2}=-\left(\frac{1}{z-3}\right)'=\left[\sum_{n=0}^{\infty}(z-2)^n\right]'$$

$$=1+2(z-2)+\cdots+n(z-2)^{n-1}+\cdots\ (|z-2|<1)$$

故

$$f(z)=\frac{1}{(z-2)(z-3)^2}=\frac{1}{z-2}\cdot\frac{1}{(z-3)^2}$$

$$=\frac{1}{z-2}\left[1+2(z-2)+\cdots+n(z-2)^{n-1}+\cdots\right]$$

$$= \frac{1}{z-2} + 2 + 3(z-2) + \cdots + n(z-2)^{n-2} + \cdots$$

$$= \sum_{n=1}^{\infty} n(z-2)^{n-2} \quad (0 < |z-2| < 1)$$

4.6　解析函数的孤立奇点

4.6.1　孤立奇点的分类

定义 4.8　若函数 $f(z)$ 在 z_0 的去心邻域 $0<|z-z_0|<R(0<R\leqslant+\infty)$ 内解析，在 z_0 点不解析，则称 z_0 为 $f(z)$ 的孤立奇点.

例如，$z=0$ 是函数 $\frac{\sin z}{z}$，$\frac{\sin z}{z^2}$ 和 $\sin\frac{1}{z}$ 的孤立奇点，它虽然也是 $\left(\sin\frac{1}{z}\right)^{-1}$ 的奇点，但不是孤立奇点，因为在 $z=0$ 的任何邻域内，总有形如 $z_n=\frac{1}{n\pi}$ 的奇点.

如果 z_0 是 $f(z)$ 的孤立奇点，则在 z_0 的某个去心邻域 $0<|z-z_0|<R$ 内，$f(z)$ 可展成罗朗级数

$$\sum_{n=-\infty}^{\infty} c_n (z-z_0)^n \tag{4.31}$$

其中，上述级数中负幂项的部分称为该级数的主要部分，其余部分（即常数项与正幂项部分）称为它的解析部分. 决定孤立奇点 $z_0(\neq\infty)$ 性质的是展式中的主要部分. 根据级数(4.31)中主要部分含 $z-z_0$ 的负幂项个数的多少，可以对孤立奇点 z_0 进行分类.

定义 4.9　设 $z_0(\neq\infty)$ 为函数 $f(z)$ 的孤立奇点，级数(4.31)是 $f(z)$ 在 z_0 的去心邻域 $0<|z-z_0|<R$ 内的罗朗展式. 如果级数(4.31)中不含 $z-z_0$ 的负幂项，则称 z_0 为 $f(z)$ 的可去奇点.

如果级数(4.31)中只含有有限多个 $z-z_0$ 的负幂项，设为

$$\frac{c_{-m}}{(z-z_0)^m} + \frac{c_{-m+1}}{(z-z_0)^{m-1}} + \cdots + \frac{c_{-1}}{z-z_0} \quad (c_{-m}\neq 0)$$

则称 z_0 为 $f(z)$ 的 $m(\geqslant 1)$ 阶极点.

如果级数(4.31)中含有无穷多个 $z-z_0$ 的负幂项，则称 z_0 为 $f(z)$ 的本性奇点.

例 4.16　$z=0$ 是 $\frac{\sin z}{z}$，$\frac{\sin z}{z^2}$，$\sin\frac{1}{z}$ 的孤立奇点. 这三个函数在 $z=0$ 的去心邻域内的罗朗展式分别为

$$\frac{\sin z}{z} = 1 - \frac{z^2}{3!} + \frac{z^4}{5!} - \cdots + (-1)^n \frac{z^{2n}}{(2n+1)!} + \cdots \quad (0<|z|<+\infty)$$

$$\frac{\sin z}{z^2} = \frac{1}{z} - \frac{z}{3!} + \cdots + (-1)^{n-1} \frac{z^{2n-3}}{(2n-1)!} + \cdots \quad (0<|z|<+\infty)$$

$$\sin\frac{1}{z}=\frac{1}{z}-\frac{1}{3!}\frac{1}{z^3}+\cdots+(-1)^{n-1}\frac{1}{(2n-1)!}\frac{1}{z^{2n-1}}+\cdots\ (0<|z|<+\infty)$$

由定义4.9知,$z=0$ 分别是$\frac{\sin z}{z}$,$\frac{\sin z}{z^2}$,$\sin\frac{1}{z}$的可去奇点,一阶极点和本性奇点.

4.6.2 函数在孤立奇点的性质

对于函数孤立奇点的类型,除了根据它的罗朗展式中主要部分的不同情形进行判别外,还可根据函数在孤立奇点附近的性质进行判别. 首先,对于可去奇点,有如下定理.

定理 4.16 设函数 $f(z)$ 在 $0<|z-z_0|<\delta(0\leqslant\delta<+\infty)$ 内解析,则 z_0 为 $f(z)$ 的可去奇点的充分必要条件是$\lim\limits_{z\to z_0}f(z)$ 存在且有限.

证 必要性. 设 z_0 是 $f(z)$的可去奇点,从而在 $0<|z-z_0|<\delta$ 内有

$$f(z)=c_0+c_1(z-z_0)+\cdots+c_n(z-z_0)^n+\cdots \tag{4.32}$$

因为上式右端幂级数的收敛半径至少是 δ,所以它的和函数在$|z-z_0|<\delta$ 内解析,从而

$$\lim_{z\to z_0}f(z)=c_0$$

充分性. 设在 $0<|z-z_0|<\delta$ 内, $f(z)$的罗朗展式为

$$f(z)=\sum_{n=-\infty}^{\infty}c_n(z-z_0)^n$$

由于$\lim\limits_{z\to z_0}f(z)$ 存在,则存在正数 M 和 $\rho_0(<\delta)$,使得 $0<|z-z_0|<\rho_0$ 时,$|f(z)|\leqslant M$. 设 Γ:$|\zeta-z_0|=\rho(<\rho_0)$,则由式(4.25)得

$$0\leqslant|c_{-n}|=\left|\frac{1}{2\pi i}\int_\Gamma\frac{f(\zeta)}{(\zeta-z_0)^{-n+1}}d\zeta\right|\leqslant\frac{1}{2\pi}\int_\Gamma\frac{|f(\zeta)|}{|\zeta-z_0|^{-n+1}}|d\zeta|$$

$$\leqslant\frac{1}{2\pi}\frac{M2\pi\rho}{\rho^{-n+1}}=M\rho^n(n=1,2,\cdots)$$

令 $\rho\to0$,得 $c_{-n}=0(n=1,2,\cdots)$. 于是 z_0 是 $f(z)$的可去奇点.

在定理4.16的证明过程中看到,当 z_0 是 $f(z)$的可去奇点时,若补充定义

$$f(z_0)=\lim_{z\to z_0}f(z)=c_0$$

式(4.32)左端与右端在$|z-z_0|<\delta$ 内相等,而右端在 z_0 解析,从而 $f(z)$在 z_0 也解析. 这就是可去奇点名称的由来. 今后,在谈到可去奇点时,我们都把它当作解析点看待.

对于极点的判定,有如下定理:

定理 4.17 设函数 $f(z)$在 $0<|z-z_0|<\delta$ 内解析,则 z_0 为 $f(z)$的 $m\ (\geqslant 1)$阶极点的充分必要条件是 $f(z)$在 $0<|z-z_0|<\delta$ 内可表示为

$$f(z)=\frac{\varphi(z)}{(z-z_0)^m}$$

的形式,其中 $\varphi(z)$在 z_0 解析,且 $\varphi(z_0)\neq0$.

证 必要性. 设 $f(z)$在 $0<|z-z_0|<\delta$ 内解析,z_0 为 $f(z)$的 $m(\geqslant 1)$阶极点,

那么在 $0<|z-z_0|<\delta$ 内，$f(z)$ 有罗朗展式

$$f(z)=\frac{c_{-m}}{(z-z_0)^m}+\frac{c_{-m+1}}{(z-z_0)^{m-1}}+\cdots+$$

$$\frac{c_{-1}}{z-z_0}+c_0+c_1(z-z_0)+\cdots+c_n(z-z_0)^n+\cdots$$

这里 $c_{-m}\neq 0$．于是

$$f(z)=\frac{1}{(z-z_0)^m}[c_{-m}+c_{-m+1}(z-z_0)+\cdots+c_0(z-z_0)^m+\cdots+$$

$$c_n(z-z_0)^{m+n}+\cdots]=\frac{1}{(z-z_0)^m}\varphi(z)$$

其中，$\varphi(z)=c_{-m}+c_{-m+1}(z-z_0)+\cdots+c_0(z-z_0)^m+\cdots+c_n(z-z_0)^{m+n}+\cdots$ 是 $z-z_0$ 的幂级数，其收敛半径仍为 δ，和函数 $\varphi(z)$ 在 z_0 解析，且 $\varphi(z_0)=c_{-m}\neq 0$.

充分性. 设

$$f(z)=\frac{1}{(z-z_0)^m}\varphi(z)\ (0<|z-z_0|<\delta) \tag{4.33}$$

把 $\varphi(z)$ 在 z_0 的邻域内展成幂级数，则

$$\varphi(z)=\sum_{n=0}^{\infty}b_n(z-z_0)^n$$

其中，$b_0=\varphi(z_0)\neq 0$. 把 $\varphi(z)$ 的幂级数代入式(4.33)，则可得到 $f(z)$ 在 z_0 的罗朗展式

$$f(z)=\frac{b_0}{(z-z_0)^m}+\frac{b_1}{(z-z_0)^{m-1}}+\cdots+\frac{b_{m-1}}{z-z_0}+$$

$$b_m+b_{m+1}(z-z_0)+\cdots\ (b_0\neq 0)$$

于是 z_0 为 $f(z)$ 的 m 阶极点.

由定理 4.17，若 z_0 为 $f(z)$ 的 $m(\geqslant 1)$ 阶极点，则

$$f(z)=\frac{\varphi(z)}{(z-z_0)^m}\ (\varphi(z_0)\neq 0)$$

于是

$$g(z)=\frac{1}{f(z)}=\frac{(z-z_0)^m}{\varphi(z)}$$

以 z_0 为 m 阶零点，从而有：

定理 4.18　$z=z_0$ 为函数 $f(z)$ 的 $m(\geqslant 1)$ 阶极点的充分必要条件是函数 $g(z)=\dfrac{1}{f(z)}$ 在 z_0 解析，且以 z_0 为 $m(\geqslant 1)$ 阶零点.

由定理 4.18，还可得出极点的另一特征，其缺点是不能指出极点的阶数.

定理 4.19　设 z_0 为函数 $f(z)$ 的孤立奇点，则 z_0 为 $f(z)$ 的极点的充分必要条件是

$$\lim_{z\to z_0}f(z)=\infty$$

例 4.17 函数$\frac{1}{z^2(z-\mathrm{i})}$以 $z=0$ 为二阶极点,以 $z=\mathrm{i}$ 为一级极点.

最后研究函数的孤立奇点为本性奇点的特征. 由定理 4.16 和定理 4.19,得如下定理.

定理 4.20 设 z_0 为函数 $f(z)$的孤立奇点,则 z_0 为 $f(z)$的本性奇点的充分必要条件是$\lim\limits_{z\to z_0} f(z)$不存在.

例 4.18 证明 $z=0$ 是函数 $f(z)=z^n\mathrm{e}^{\frac{1}{z}}$($n$ 为整数) 的本性奇点.

证 因为

$$\lim_{z=x\to 0^+} z^n\mathrm{e}^{\frac{1}{z}} = \lim_{x\to 0^+} x^n\mathrm{e}^{\frac{1}{x}} = \infty$$

$$\lim_{z=x\to 0^-} z^n\mathrm{e}^{\frac{1}{z}} = \lim_{x\to 0^-} x^n\mathrm{e}^{\frac{1}{x}} = 0$$

所以$\lim\limits_{z\to 0} z^n\mathrm{e}^{\frac{1}{z}}$不存在,由定理 4.20,$z=0$ 是 $f(z)$的本性奇点.

4.6.3 函数在无穷远点的性质

定义 4.10 若函数 $f(z)$在无穷远点的邻域 $R<|z|<+\infty(R\geqslant 0)$内解析,则称 $z=\infty$为 $f(z)$的孤立奇点.

设 $z=\infty$为函数 $f(z)$的孤立奇点. 作变换 $\zeta=\frac{1}{z}$,将扩充 z 平面上 $z=\infty$的邻域变为 ζ 平面上 $\zeta=0$ 的去心邻域,并且函数

$$g(\zeta) = f(z) = f\left(\frac{1}{\zeta}\right)$$

在 $0<|\zeta|<\frac{1}{R}$内解析,$\zeta=0$ 是它的一个孤立奇点. 这样我们就可以把研究 $f(z)$在∞点的邻域的性质转化为研究 $g(\zeta)$在 $\zeta=0$ 的去心邻域内的性质.

因此,如果 $\zeta=0$ 是 $g(\zeta)=f\left(\frac{1}{\zeta}\right)$的可去奇点、$m$ 阶极点、本性奇点,我们就相应地称 $z=\infty$为 $f(z)$的可去奇点、m 阶极点、本性奇点. 如果 $z=\infty$是 $f(z)$的可去奇点,我们也称 $z=\infty$是 $f(z)$的解析点.

由于 $g(\zeta)$在 $0<|\zeta|<\frac{1}{R}$内解析,$\zeta=0$ 是它的一个孤立奇点,从而它在 $0<|\zeta|<\frac{1}{R}$内有罗朗展式

$$g(\zeta) = \sum_{n=-\infty}^{\infty} c_{-n}\zeta^n \tag{4.34}$$

它的主要部分是

$$\frac{c_1}{\zeta} + \frac{c_2}{\zeta^2} + \cdots + \frac{c_n}{\zeta^n} + \cdots$$

解析部分是

$$c_0+c_{-1}\zeta+c_{-2}\zeta^2+\cdots+c_{-n}\zeta^n+\cdots$$

把式(4.34)中的 ζ 换成 $\frac{1}{z}$，则得到 $f(z)$ 在 $R<|z|<+\infty$ 内的罗朗展式

$$f(z)=\sum_{n=-\infty}^{\infty}c_{-n}\frac{1}{z^n} \tag{4.35}$$

其主要部分是

$$c_1z+c_2z^2+\cdots+c_nz^n+\cdots \tag{4.36}$$

解析部分是

$$c_0+c_{-1}\frac{1}{z}+c_{-2}\frac{1}{z^2}+\cdots+c_{-n}\frac{1}{z^n}+\cdots$$

定义 4.11　设 $z=\infty$ 为函数 $f(z)$ 的孤立奇点，级数式(4.35)是 $f(z)$ 在 $z=\infty$ 的去心邻域 $R<|z|<+\infty$ 内的罗朗展式.

如果式(4.35)中不含 z 的正幂项，则称 $z=\infty$ 为 $f(z)$ 的可去奇点.

如果式(4.35)中只含有 z 的有限个正幂项，设为

$$c_1z+c_2z^2+\cdots+c_mz^m(c_m\neq 0)$$

则称 $z=\infty$ 为 $f(z)$ 的m 阶极点.

如果式(4.35)中含有 z 的无穷多个正幂项，则称 $z=\infty$ 为 $f(z)$ 的本性奇点.

于是，我们立即可以把函数在有限孤立奇点的有关结果转移到无穷远点的情形.

与定理 4.16 类似的有：

定理 4.21　设 $z=\infty$ 为函数 $f(z)$ 的孤立奇点，则 $z=\infty$ 是 $f(z)$ 的可去奇点的充分必要条件是 $\lim\limits_{z\to\infty}f(z)$ 存在且有限.

与定理 4.19 类似的有：

定理 4.22　设 $z=\infty$ 为函数 $f(z)$ 的孤立奇点，则 $z=\infty$ 是 $f(z)$ 的极点的充分必要条件是 $\lim\limits_{z\to\infty}f(z)=\infty$.

与定理 4.20 类似的有：

定理 4.23　设 $z=\infty$ 为函数 $f(z)$ 的孤立奇点，则 $z=\infty$ 是 $f(z)$ 的本性奇点的充分必要条件是 $\lim\limits_{z\to\infty}f(z)$ 不存在.

例 4.19　判断 $z=\infty$ 是下列函数的什么类型奇点，对于极点，指出它的阶数.

(1) $f(z)=e^{\frac{1}{z}}$；

(2) $f(z)=\dfrac{1-\cos z}{z^4}$.

解　(1) 由于 $f(z)=e^{\frac{1}{z}}$ 在 ∞ 的邻域 $0<|z|<+\infty$ 内的罗朗级数为

$$f(z)=e^{\frac{1}{z}}=1+\frac{1}{z}+\frac{1}{2!z^2}+\cdots+\frac{1}{n!z^n}+\cdots$$

其中不含 z 的正幂项，从而 $z=\infty$ 是 $f(z)$ 的可去奇点.

(2) 由于 $\cos z$ 在∞的邻域的罗朗级数就是它在 $z=0$ 处的泰勒级数

$$\cos z = \sum_{n=0}^{\infty} \frac{(-1)^n z^{2n}}{(2n)!}$$

从而

$$f(z) = \frac{1-\cos z}{z^4} = \frac{1}{2!z^2} - \frac{1}{4!} + \frac{z^2}{6!} + \cdots + (-1)^{n-1}\frac{z^{2(n-2)}}{(2n)!} + \cdots$$

$$(0 < |z| < +\infty)$$

于是 $z=\infty$是 $f(z)$的本性奇点.

本章提要:

(1) 复数序列与复数项级数、复变函数序列与复变函数项级数的定义和收敛性质;

(2) 幂级数的定义,关于幂级数敛散性的阿贝尔定理,幂级数收敛半径的求法,幂级数和函数的解析性质;

(3) 解析函数的泰勒定理,解析函数展成泰勒级数的几种方法;

(4) 解析函数的零点及唯一性定理,最大模原理;

(5) 罗朗定理,圆环内解析函数展成罗朗级数的方法;

(6) 解析函数孤立奇点的定义、分类及判别方法.

基本要求:

(1) 理解复数序列与复数项级数、复变函数序列与复变函数项级数的定义和收敛性质.

(2) 理解阿贝尔定理、幂级数收敛圆与收敛半径的概念,掌握求幂级数的收敛半径的方法,了解幂级数的和函数在其收敛圆内的一些性质.

(3) 理解解析函数的泰勒定理,了解幂级数的和函数在其收敛圆周上的性质;掌握指数函数、正弦函数、余弦函数、对数函数、幂函数等一些初等函数的泰勒展式,并能应用它们把一些解析函数展成幂级数;了解一些把解析函数展成幂级数的其他方法.

(4) 理解解析函数的唯一性定理和最大模定理.

(5) 理解解析函数的罗朗定理,掌握一些借助初等函数的泰勒展式把在圆环内的解析的函数展成罗朗级数的方法.

(6) 理解解析函数孤立奇点的分类,掌握它们的判别性质.

习题 4

1. 判断下列级数的敛散性.

(1) $\sum_{n=1}^{\infty}\left(\frac{n+i}{n}\right)^{10}$; (2) $\sum_{n=2}^{\infty}\frac{i^n}{\ln n}$;

(3) $\sum_{n=1}^{\infty}\frac{(3+5\mathrm{i})^n}{n!}$；　(4) $\sum_{n=0}^{\infty}\frac{\sin \mathrm{i}n}{2^n}$.

2. 求下列幂级数的收敛圆圆心和收敛半径.

(1) $\sum_{n=1}^{\infty}\frac{n}{2^n}z^n$；　(2) $\sum_{n=1}^{\infty}\frac{z^n}{n^n}$；　(3) $\sum_{n=0}^{\infty}\frac{(-1)^n}{n}(z-\mathrm{i})^n$；

(4) $\sum_{n=1}^{\infty}\frac{n!}{n^n}z^n$；　(5) $\sum_{n=1}^{\infty}\frac{\mathrm{e}^n}{n^2}(z-1)^n$；(6) $\sum_{n=1}^{\infty}n^{\ln n}z^n$.

3. 求下列函数在 $z=0$ 处的泰勒展式,并指出它们的收敛区域.

(1) $\frac{1}{(1+z)^2}$；　(2) $\frac{\mathrm{e}^z}{1-z}$；　(3) $\sin^2 z$；

(4) $\frac{1}{2}\left(\ln\frac{1}{1-z}\right)^2$；　(5) $\arctan z$,其中 $\arctan z|_{z=0}=0$.

4. 求下列各函数在指定点 z_0 处的泰勒展式,并指出它们的收敛区域.

(1) $\frac{z-1}{z+1}, z_0=1$；　(2) $\cos z, z_0=\mathrm{i}$；

(3) $\frac{z}{(z+1)(z+2)}, z_0=2$；　(4) $\frac{1}{z^2}, z_0=-1$.

5. 写出下列函数的泰勒展式至含 z^4 项为止,并指出其收敛范围.

(1) $\frac{\mathrm{e}^{z^2}}{\cos z}$；　(2) $\sin\frac{z}{1-z}$.

6. 如果 $\sum_{n=0}^{\infty}c_n z^n$ 的收敛半径为 R,证明 $\sum_{n=0}^{\infty}(\mathrm{Re}\ c_n)z^n$ 的收敛半径 $\geqslant R$.

7. 设 $f(z)$ 在 $|z|<R$ 内解析,其泰勒展式为 $f(z)=\sum_{n=0}^{\infty}a_n z^n$. 令

$$M(r)=\max_{0\leqslant\theta\leqslant 2\pi}|f(r\mathrm{e}^{\mathrm{i}\theta})|\ (0<r<R)$$

试证

$$|a_n|\leqslant\frac{M(r)}{r^n}\ (n=1,2,\cdots)$$

8. 指出下列函数在零点 $z=0$ 的阶数.

(1) $\mathrm{e}^{z^2}-1$；　(2) $3\cos z^4-3$.

9. 设 z_0 是函数 $f(z)$ 的 m 阶零点,又是 $g(z)$ 的 n 阶零点,试问 z_0 是下列函数的多少阶零点?

(1) $f(z)+g(z)$；　(2) $f(z)\cdot g(z)$；　(3) $\frac{f(z)}{g(z)}$.

10. 是否存在在 $z=0$ 处解析的函数 $f(z)$,在 $z_n=\frac{1}{n}$ 处取下列函数值?

(1) $0,1,0,1,0,1,\cdots$；

(2) $\frac{1}{2},\frac{1}{3},\frac{1}{4},\frac{1}{5},\frac{1}{6},\cdots$；

(3) $\frac{1}{2},\frac{1}{2},\frac{1}{4},\frac{1}{4},\frac{1}{6},\frac{1}{6},\cdots$.

11. 试举一例,说明函数 $f(z)$ 在某个区域内解析且有无穷多个零点,但 $f(z)\not\equiv 0$.

12. 设函数 $f(z)$ 在区域 D 内解析,$f(z)\not\equiv$ 常数. 试证:在任意一条包括其内部属于区域 D 的闭曲线内的点 $f(z)=A$ 只有有限个根,其中,A 为任意常数.

13. 设 $f(z)$ 在复平面上处处解析,且存在一个正整数 n 及两个正数 R 和 M,使当 $|z|>R$ 时,$|f(z)|\leqslant M|z|^n$,试证明 $f(z)$ 是一个至多 n 次的多项式或一个常数.

14. 求下列函数在指定区域内的罗朗展式.

(1) $\frac{z+1}{z^2(z-1)}$ 在 $0<|z|<1$ 及 $1<|z|<\infty$;

(2) $\frac{1}{(z-2)(z-3)}$ 在 $|z|>3$;

(3) $z^2\mathrm{e}^{\frac{1}{z}}$ 在 $0<|z|<\infty$;

(4) $\mathrm{e}^{\frac{1}{1-z}}$ 在 $1<|z|<\infty$(只要求到三次负幂).

15. 把函数 $\frac{1}{(z-a)(z-b)}$ 在下述区域内展成罗朗级数,其中 $|a|<|b|$,a,b 都是复数.

(1) $0<|a|<|z|<|b|$; (2) $|z|>|b|$.

16. 试证函数 $f(z)=\sin\left(z+\frac{1}{z}\right)$ 的罗朗展式 $\sum\limits_{n=-\infty}^{\infty}c_nz^n$ 的系数为

$$c_n=\frac{1}{2\pi}\int_0^{2\pi}\cos n\theta\sin(2\cos\theta)\mathrm{d}\theta$$

17. 求下列函数的奇点,并确定它们的类型(对于极点,要指出它们的阶数).

(1) $\frac{z-1}{z(z+4)^2}$; (2) $\frac{1}{\sin z+\cos z}$; (3) $\frac{1-\mathrm{e}^z}{1+\mathrm{e}^z}$;

(4) $\sin\frac{1}{1-z}$; (5) $\cot z$; (6) $\mathrm{e}^{\frac{1}{z-1}}\frac{1}{\mathrm{e}^z-1}$;

(7) $\frac{z^{2n}}{1+z^n}$(n 为正整数); (8) $\frac{1}{z^2+1}+\cos\frac{1}{z+\mathrm{i}}$.

18. 设 $z=a$ 分别为函数 $f(z)$ 与 $g(z)$ 的 m 阶与 n 阶极点,那么 $z=a$ 为 $f(z)+g(z)$,$f(z)g(z)$ 及 $\frac{f(z)}{g(z)}$ 的什么类型的奇点?

19. 设 $f(z)$ 不恒为零且以 $z=a$ 为解析点或极点,而 $g(z)$ 以 $z=a$ 为本性奇点. 试证:$z=a$ 是 $f(z)\pm g(z)$,$f(z)g(z)$,$\frac{f(z)}{g(z)}$ 的本性奇点.

第 5 章　留数理论及其应用

留数理论是复变函数的一个重要组成部分，有着十分广泛的应用. 本章先叙述留数的一般理论，然后给出它们在计算复积分和实积分中的一些应用，最后介绍辐角原理和儒歇(Rouché)定理.

5.1　留数定理

5.1.1　留数的定义及留数定理

设函数 $f(z)$在 z_0点的邻域内解析，对于这个邻域内任一条包含 z_0 的简单闭曲线 C，由柯西积分定理，$\int_C f(z)\mathrm{d}z = 0$. 但是，如果 $f(z)$在 z_0 的某个去心邻域 $0<|z-z_0|<R$ 内解析，z_0 是 $f(z)$的孤立奇点，则积分 $\int_C f(z)\mathrm{d}z$ 的值就不一定是零. 因为这时，$f(z)$在 $0<|z-z_0|<R$ 内可展成罗朗级数，其罗朗系数是

$$c_n = \frac{1}{2\pi \mathrm{i}}\int_C \frac{f(z)}{(z-z_0)^{n+1}}\mathrm{d}z \ (n = 0, \pm 1, \pm 2, \cdots)$$

其中，$C: |z-z_0| = \rho \ (0<\rho<R)$.

当 $n=-1$ 时，得

$$c_{-1} = \frac{1}{2\pi \mathrm{i}}\int_C f(z)\mathrm{d}z$$

于是，如果事先能够知道 c_{-1}的值，则 $\int_C f(z)\mathrm{d}z$ 的值也就确定了. 由此便产生了留数的概念.

定义 5.1　设函数 $f(z)$在 z_0 的去心邻域 $0<|z-z_0|<R$ 内解析，z_0 为 $f(z)$的孤立奇点. 设 C 是圆周$\{z: |z-z_0| = \rho\}(0<\rho<R)$，其方向是逆时针方向. 则我们把积分 $\frac{1}{2\pi \mathrm{i}}\int_C f(z)\mathrm{d}z$ 的值称为函数 $f(z)$在奇点 z_0 处的留数，记作

$$\mathrm{Res}(f(z), z_0) = \frac{1}{2\pi \mathrm{i}}\int_C f(z)\mathrm{d}z \tag{5.1}$$

由柯西积分定理知，$\mathrm{Res}(f(z), z_0)$的值与圆周 C 的半径 ρ 的大小无关，因而它是唯一的. 如上所述，$\mathrm{Res}(f(z), z_0)$的值就是 $f(z)$在点 z_0 的去心邻域内的罗朗展式的罗朗系数 c_{-1}，所以它也可以写成

$$\mathrm{Res}(f(z), z_0) = c_{-1} \tag{5.2}$$

因此,如果 $z_0(\neq\infty)$是 $f(z)$的可去奇点,则 $\mathrm{Res}(f(z),z_0)=0$.

例 5.1 求 $f(z)=\dfrac{e^z}{z^2}$在 $z=0$ 处的留数.

解 由于

$$f(z)=\frac{e^z}{z^2}=\frac{1}{z^2}\left(1+z+\frac{z^2}{2!}+\cdots+\frac{z^n}{n!}+\cdots\right)$$

$$=\frac{1}{z^2}+\frac{1}{z}+\frac{1}{2!}+\cdots+\frac{z^{n-2}}{n!}+\cdots$$

由公式(5.2) 知,$\mathrm{Res}(f(z),0)=1$.

在很多问题中,往往要计算函数在一个闭曲线上的积分.如果函数在闭曲线内除去有限多个孤立奇点外都是解析的,则可以将函数在闭曲线上的积分转化为计算它在这些孤立奇点处的留数.于是有下述.

定理 5.1(留数定理) 设函数 $f(z)$在区域 D 内除去有限个孤立奇点 $z_1,z_2,\cdots,z_n$外解析,C 是 D 内包含这些奇点在其内部的一条简单闭曲线,则

$$\frac{1}{2\pi i}\int_C f(z)\mathrm{d}z=\sum_{k=1}^{n}\mathrm{Res}(f(z),z_k) \tag{5.3}$$

证 在 C 的内部,以 $z_k(k=1,2,\cdots,n)$为心,作互不相交且互不包含的小圆周 $C_k(k=1,2,\cdots,n)$(见图 5-1).由多连通的柯西积分定理,得

$$\int_C f(z)\mathrm{d}z=\sum_{k=1}^{n}\int_{C_k}f(z)\mathrm{d}z$$

应用留数定义即得式(5.3).

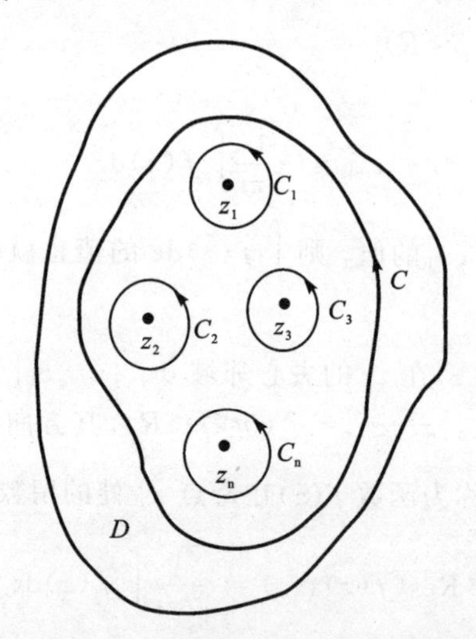

图 5-1 留数定理证明示意图

5.1.2 留数的求法

留数定理把求函数 $f(z)$沿闭曲线 C 上的积分问题转化为计算 $f(z)$在 C 内各个孤立奇点上的留数问题,即计算 $f(z)$在 C 内每一个孤立奇点处的罗朗展式中负一次幂的系数 c_{-1}. 但在一般情况下，求函数的罗朗展式也是比较麻烦的. 下面,我们根据孤立奇点的不同类型,分别给出计算其留数的一些简便方法.

1. 可去奇点的留数

如果 z_0 是函数 $f(z)$的有限可去奇点，则 $c_{-1}=0$，因此 $\mathrm{Res}(f(z),z_0)=0$.

2. 极点的留数

当函数的孤立奇点是极点时，通过导数计算留数更加简便.

定理 5.2 设 z_0 是函数 $f(z)$的 $n(\geqslant 1)$阶极点，则

$$\mathrm{Res}(f(z),z_0)=\lim_{z\to z_0}\frac{1}{(n-1)!}\frac{\mathrm{d}^{n-1}[(z-z_0)^n f(z)]}{\mathrm{d}z^{n-1}} \tag{5.4}$$

证 由于 z_0 为 $f(z)$的 n 阶极点，则 $f(z)$在点 z_0邻域内的罗朗展式为

$$f(z)=\frac{c_{-n}}{(z-z_0)^n}+\cdots+\frac{c_{-1}}{z-z_0}+c_0+c_1(z-z_0)+\cdots$$

以$(z-z_0)^n$去乘上式两端，得

$$(z-z_0)^n f(z)=c_{-n}+\cdots+c_{-2}(z-z_0)^{n-2}+$$
$$c_{-1}(z-z_0)^{n-1}+c_0(z-z_0)^n+\cdots$$

对上式两边求 $n-1$ 阶导数，有

$$\frac{\mathrm{d}^{n-1}[(z-z_0)^n f(z)]}{\mathrm{d}z^{n-1}}=(n-1)!c_{-1}+n(n-1)\cdots 2c_0(z-z_0)+$$
$$(n+1)n\cdots 3c_1(z-z_0)^2+\cdots$$

上式两边当 $z\to z_0$ 时取极限，得

$$\lim_{z\to z_0}\frac{\mathrm{d}^{n-1}[(z-z_0)^n f(z)]}{\mathrm{d}z^{n-1}}=(n-1)!c_{-1}$$

定理 5.2 得证.

公式(5.4) 常常简记为

$$\mathrm{Res}(f(z),z_0)=\frac{1}{(n-1)!}\frac{\mathrm{d}^{n-1}}{\mathrm{d}z^{n-1}}[(z-z_0)^n f(z)]\bigg|_{z=z_0}$$

推论 5.1 当 z_0 为函数 $f(z)$ 的一阶极点时，由式(5.4) 立即得到

$$\mathrm{Res}(f(z),z_0)=\lim_{z\to z_0}[(z-z_0)f(z)] \tag{5.5}$$

推论 5.2 若函数

$$f(z)=\frac{\varphi(z)}{\psi(z)}$$

其中,$\varphi(z)$,$\psi(z)$都在 z_0 处解析,且 $\varphi(z_0)\neq 0$，$\psi(z)$以 z_0 为一阶零点，则

$$\mathrm{Res}(f(z),z_0)=\frac{\varphi(z_0)}{\psi'(z_0)} \tag{5.6}$$

证 由假设,z_0 为 $f(z)$的一阶极点,应用公式(5.5),知

$$\mathrm{Res}(f(z),z_0)=\lim_{z\to z_0}\left[(z-z_0)\frac{\varphi(z)}{\psi(z)}\right]=\lim_{z\to z_0}\frac{\varphi(z)}{\dfrac{\psi(z)-\psi(z_0)}{z-z_0}}=\frac{\varphi(z_0)}{\psi'(z_0)}$$

一般来讲,公式(5.4)适合计算阶数较低的函数的极点的留数.如果极点的阶数较高,可能计算会比较复杂,此时可根据具体情况改用其他方法计算留数.

3. 本性奇点的留数

函数在本性奇点的留数,没有像极点的情形那样简单,一般需要求出它的罗朗展式,方能定出留数.

下面给出一些计算函数孤立奇点处留数的例子.

例 5.2 求函数

$$f(z)=\frac{z}{(z-1)(z+1)^2}$$

在 $z=\pm1$ 处的留数.

解 由于 $z=1$ 是分母的一阶零点,且分子在 $z=1$ 时不为零,因此,$z=1$ 是 $f(z)$的一阶极点.由式(5.4)得

$$\mathrm{Res}(f(z),1)=\lim_{z\to1}(z-1)\frac{z}{(z-1)(z+1)^2}=\frac{1}{4}$$

由于 $z=-1$ 是分母的二阶零点,且分子在 $z=-1$ 时不为零,因此,$z=-1$ 是 $f(z)$的二阶极点.由公式(5.5)得

$$\mathrm{Res}(f(z),-1)=\lim_{z\to-1}\frac{\mathrm{d}}{\mathrm{d}z}\left[(z+1)^2\frac{z}{(z-1)(z+1)^2}\right]$$

$$=\lim_{z\to-1}\frac{-1}{(z-1)^2}=-\frac{1}{4}$$

例 5.3 求函数 $f(z)=\dfrac{\sin z}{z^4-1}$在 $z=1$ 处的留数.

解 因为 z^4-1 以 $z=1$ 为一阶零点,而 $\sin 1\neq0$,因此 $f(z)$以 $z=1$ 为一阶极点.由公式(5.5)得

$$\mathrm{Res}(f(z),1)=\left.\frac{\sin z}{(z^4-1)'}\right|_{z=1}=\left.\frac{\sin z}{4z^3}\right|_{z=1}=\frac{1}{4}\sin 1$$

例 5.4 求函数 $f(z)=\mathrm{e}^{z+\frac{1}{z}}$在 $z=0$ 处的留数.

解 $z=0$ 是 $f(z)$的本性奇点,因为

$$f(z)=\mathrm{e}^{z+\frac{1}{z}}=\mathrm{e}^z\cdot\mathrm{e}^{\frac{1}{z}}=\left[1+z+\frac{z^2}{2!}+\cdots+\frac{z^{n-1}}{(n-1)!}+\cdots\right]\cdot$$

$$\left(1+\frac{1}{z}+\frac{1}{2!}\frac{1}{z^2}+\cdots+\frac{1}{n!}\frac{1}{z^n}+\cdots\right)\ (0<|z|<\infty)$$

所以相乘后级数$\frac{1}{z}$的系数c_{-1}为

$$c_{-1} = 1 + \frac{1}{2!} + \frac{1}{2!3!} + \cdots + \frac{1}{(n-1)!n!} + \cdots$$

于是

$$\text{Res}(f(z),0) = 1 + \frac{1}{2!} + \frac{1}{2!3!} + \cdots + \frac{1}{(n-1)!n!} + \cdots$$

例 5.5　计算积分$\int_{|z|=2} \frac{e^z}{z^2(z^2+9)}dz$.

解　函数$\frac{e^z}{z^2(z^2+9)}$在$|z|<2$内只有一个二阶极点$z=0$. 由

$$\frac{e^z}{z^2(z^2+9)} = \frac{1}{9}\left(\frac{e^z}{z^2} - \frac{e^z}{z^2+9}\right)$$

得

$$\int_{|z|=2} \frac{e^z}{z^2(z^2+9)}dz = \frac{1}{9}\int_{|z|=2} \frac{e^z}{z^2}dz - \frac{1}{9}\int_{|z|=2} \frac{e^z}{z^2+9}dz$$

因为$\frac{e^z}{z^2+9}$在$|z|\leqslant 2$上解析，由柯西积分定理，上式右端第二个积分为零，从而

$$\int_{|z|=2} \frac{e^z}{z^2(z^2+9)}dz = \frac{1}{9}\int_{|z|=2} \frac{e^z}{z^2}dz = \frac{1}{9}2\pi i\text{Res}\left(\frac{e^z}{z^2},0\right)$$

$$= \frac{1}{9}2\pi i(e^z)'\Big|_{z=0} = \frac{2}{9}\pi i$$

5.1.3　函数在无穷远点处的留数

定义 5.2　设∞点为函数$f(z)$的一个孤立奇点，即$f(z)$在$R<|z|<+\infty$内解析，则称积分$\frac{1}{2\pi i}\int_{C^-} f(z)dz$的值为$f(z)$在$\infty$点的留数，记作

$$\text{Res}(f(z),\infty) = \frac{1}{2\pi i}\int_{C^-} f(z)dz$$

其中，C^-为圆周$|z|=r>R$，C^-表示C的顺时针方向.

设$f(z)$在$R<|z|<+\infty$内的罗朗展式为

$$f(z) = \cdots + c_{-n}\frac{1}{z^n} + \cdots + c_{-1}\frac{1}{z} + c_0 + c_1 z + \cdots + c_n z^n + \cdots$$

上式两端同乘以$\frac{1}{2\pi i}$，沿C^-逐项积分，并根据定义 5.2，有

$$\text{Res}(f(z),\infty) = \frac{1}{2\pi i}\int_{C^-} f(z)dz = \frac{-1}{2\pi i}\sum_{n=-\infty}^{\infty} c_n\int_C z^n dz = -c_{-1} \tag{5.7}$$

即$f(z)$在∞点的留数等于它在∞邻域的罗朗展式中z的-1次幂的系数的相反数.

这里需要指出的是，当 z_0 为 $f(z)$ 的有限可去奇点时，必然有 $\text{Res}(f(z),z_0)=0$；但是,如果∞点是 $f(z)$ 的可去奇点(或解析点)，则不一定有 $\text{Res}(f(z),\infty)=0$. 例如 $f(z)=1+\dfrac{1}{z}$, $z=\infty$ 是 $f(z)$ 的可去奇点,但 $\text{Res}(f(z),\infty)=-1\neq 0$.

例 5.6 求 $f(z)=\dfrac{e^z}{z^3}$ 在 $z=\infty$ 处的留数.

解 由于

$$f(z)=\frac{e^z}{z^3}=\frac{1}{z^3}+\frac{1}{z^2}+\frac{1}{2!}\frac{1}{z}+\frac{1}{3!}+\frac{1}{4!}z+\cdots$$

由式(5.7), $\text{Res}(f(z),\infty)=-\dfrac{1}{2}$.

关于函数在有限孤立奇点和无穷远点留数之间的关系，有如下定理.

定理 5.3 设函数 $f(z)$ 在扩充复平面上除去 $z_1,z_2,\cdots,z_n,\infty$ 外解析，则有

$$\sum_{k=1}^{n}\text{Res}(f(z),z_k)+\text{Res}(f(z),\infty)=0 \tag{5.8}$$

证 以原点为圆心,作一圆周 $C: |z|=R$,使 C 的内部包含全部的 $z_k(1\leqslant k\leqslant n)$. 由定理 5.1

$$\frac{1}{2\pi i}\int_C f(z)dz=\sum_{k=1}^{n}\text{Res}(f(z),z_k)$$

以及定义 5.2

$$\frac{1}{2\pi i}\int_{C^-} f(z)dz=\text{Res}(f(z),\infty)$$

把上面两式相加，即得式(5.8).

公式(5.8)在计算留数时是非常有用的. 如果已知函数在所有有限孤立奇点的留数之和，那么由式(5.8)即可知道函数在无穷远点处的留数；反之,如果知道了函数在无穷远点处的留数,则函数在所有有限孤立奇点的留数之和便可求出. 当函数的有限孤立奇点较多,或其留数计算比较复杂时,可通过计算函数在无穷远点处的留数,求其在所有有限孤立奇点的留数之和,常常是非常方便的.

例 5.7 计算积分

$$\int_{|z|=4}\frac{z^{15}}{(z^2+1)^2(z^4+2)^3}dz$$

解 设 $f(z)=\dfrac{z^{15}}{(z^2+1)^2(z^4+2)^3}$, $f(z)$ 一共有 7 个孤立奇点：

$$z_k=\sqrt[4]{2}e^{\frac{\pi+2k\pi}{4}i}(k=0,1,2,3),\ z_4=i, z_5=-i, z_6=\infty$$

前 6 个奇点均在圆 $|z|=4$ 的内部，由留数定理，有

$$\int_{|z|=4} f(z)dz=2\pi i\sum_{k=0}^{5}\text{Res}(f(z),z_k)$$

要计算 $\sum_{k=0}^{5}\mathrm{Res}(f(z),z_k)$ 是十分麻烦的，可应用定理 5.3，把它转化为计算 $f(z)$在∞点处的留数. 由于

$$f(z)=\frac{1}{z\left(1+\frac{1}{z^2}\right)^2\left(1+\frac{2}{z^4}\right)^3}=\frac{1}{z}\left(1-\frac{2}{z^2}+\cdots\right)\left(1-\frac{6}{z^4}+\cdots\right)$$

故 $\mathrm{Res}(f(z),\infty)=-1$，所以由式(5.8)得

$$\int_{|z|=4}f(z)\mathrm{d}z=2\pi\mathrm{i}\sum_{k=0}^{5}\mathrm{Res}(f(z),z_k)=2\pi\mathrm{i}(-\mathrm{Res}(f(z),\infty))=2\pi\mathrm{i}$$

我们还可以先计算出比较容易计算的函数的部分孤立奇点的留数，然后应用式(5.8)求出较难计算的另一部分孤立奇点的留数之和.

例 5.8　计算积分

$$\int_{|z|=2}\frac{1}{(z-3)(z^5-1)^3}\mathrm{d}z$$

解　设 $f(z)=\frac{1}{(z-3)(z^5-1)^3}$，$f(z)$一共有 7 个孤立奇点：

$$z_k=\mathrm{e}^{\frac{2k\pi}{5}\mathrm{i}}(k=0,1,2,3,4),\quad z_5=3,\quad z_6=\infty$$

在圆$|z|=2$ 的内部有 5 个三阶极点 $z_k(k=0,1,2,3,4)$，应用定理 5.1，有

$$\int_{|z|=2}f(z)\mathrm{d}z=2\pi\mathrm{i}\sum_{k=0}^{4}\mathrm{Res}(f(z),z_k)$$

计算上式右端的留数比较麻烦，应用定理 5.3，可把它转化为计算 $f(z)$在孤立奇点 $z=3$ 和∞点的留数. 由于

$$\mathrm{Res}(f(z),3)=\lim_{z\to 3}(z-3)\frac{1}{(z-3)(z^5-1)^3}=\frac{1}{242^3}$$

又

$$f(z)=\frac{1}{z^{16}}\left(1-\frac{3}{z}\right)^{-1}\left(1-\frac{1}{z^5}\right)^{-3}$$

$$=\frac{1}{z^{16}}\left(1+\frac{3}{z}+\cdots\right)\left(1+\frac{3}{z^5}+\cdots\right)\quad(3<|z|<\infty)$$

$$\mathrm{Res}(f(z),\infty)=-c_{-1}=0$$

由公式(5.8) 知

$$\int_{|z|=2}f(z)\mathrm{d}z=-2\pi\mathrm{i}[\mathrm{Res}(f(z),3)+\mathrm{Res}(f(z),\infty)]=-\frac{2\pi\mathrm{i}}{242^3}$$

5.2　应用留数计算定积分

在很多实际问题及理论研究中，往往需要计算一些定积分或广义积分，例如

$\int_0^{\infty}\frac{\sin x}{x}\mathrm{d}x$(有阻尼的振动),$\int_0^{\infty}\sin x^2\mathrm{d}x$ (光的折射),$\int_0^{\infty}\mathrm{e}^{-ax^2}\cos bx\mathrm{d}x(a>0)$ (热传导) 等. 这类积分中被积函数的原函数大多不能用初等函数表示出来,有些即使可以求出它的原函数,计算起来也往往比较复杂. 留数定理为这类积分的计算提供了一种简便方法. 该方法的基本思想是把所给的定积分化为解析函数沿着某一简单闭曲线的复积分,然后利用留数定理求出其积分值. 下面就定积分或广义积分的几种特殊类型分别进行讨论.

5.2.1 计算$\int_0^{2\pi}R(\cos\theta,\sin\theta)\mathrm{d}\theta$型积分

这里 $R(\cos\theta,\sin\theta)$ 表示 $\cos\theta,\sin\theta$ 的有理函数,并且在$[0,2\pi]$上连续. 令 $z=\mathrm{e}^{\mathrm{i}\theta}$, $\mathrm{d}z=\mathrm{i}\mathrm{e}^{\mathrm{i}\theta}\mathrm{d}\theta$,则 $\mathrm{d}\theta=\frac{\mathrm{d}z}{\mathrm{i}z}$, 又

$$\cos\theta=\frac{\mathrm{e}^{\mathrm{i}\theta}+\mathrm{e}^{-\mathrm{i}\theta}}{2}=\frac{z+z^{-1}}{2}=\frac{z^2+1}{2z}$$

$$\sin\theta=\frac{\mathrm{e}^{\mathrm{i}\theta}-\mathrm{e}^{-\mathrm{i}\theta}}{2\mathrm{i}}=\frac{z-z^{-1}}{2\mathrm{i}}=\frac{z^2-1}{2\mathrm{i}z}$$

当 θ 从 0 变到 2π 时, z 沿圆周 $C:|z|=1$ 逆时针绕行一周, 于是

$$\int_0^{2\pi}R(\cos\theta,\sin\theta)\mathrm{d}\theta=\int_C R\left(\frac{z^2+1}{2z},\frac{z^2-1}{2\mathrm{i}z}\right)\frac{\mathrm{d}z}{\mathrm{i}z}$$

由于 $R(\cos\theta,\sin\theta)$ 在$[0,2\pi]$上连续, 所以 $f(z)=R\left(\frac{z^2+1}{2z},\frac{z^2-1}{2\mathrm{i}z}\right)\frac{1}{\mathrm{i}z}$ 在 $|z|=1$ 上无极点, 且为$|z|<1$ 内的有理函数,它在$|z|<1$ 内只有有限个极点,设为 $z_1,z_2,\cdots,z_n$,则

$$\int_0^{2\pi}R(\cos\theta,\sin\theta)\mathrm{d}\theta=2\pi\mathrm{i}\sum_{\mathrm{i}=1}^{n}\mathrm{Res}(f(z),z_{\mathrm{i}}) \tag{5.9}$$

例 5.9 计算积分

$$I=\int_0^{2\pi}\frac{\mathrm{d}\theta}{2+\cos\theta}$$

解 令 $z=\mathrm{e}^{\mathrm{i}\theta}$, 则

$$I=\frac{2}{\mathrm{i}}\int_C\frac{\mathrm{d}z}{z^2+4z+1}$$

其中, $C:|z|=1$.

由于被积函数 $f(z)=\frac{1}{z^2+4z+1}$ 在$|z|<1$ 内只有一个一阶极点 $z=-2+\sqrt{3}$, 所以

$$I=2\pi\mathrm{i}\cdot\frac{2}{\mathrm{i}}\mathrm{Res}(f(z),-2+\sqrt{3})=4\pi\cdot\frac{1}{2z+4}\bigg|_{z=-2+\sqrt{3}}=\frac{2\pi}{\sqrt{3}}$$

例 5.10 计算积分

$$I = \int_0^{2\pi} \frac{\cos mx}{5+4\cos x}\mathrm{d}x \ (m \text{ 为正整数})$$

解　令 $I' = \int_0^{2\pi} \frac{\sin mx}{5+4\cos x}\mathrm{d}x$，则

$$I + \mathrm{i}I' = \int_0^{2\pi} \frac{\mathrm{e}^{\mathrm{i}mx}}{5+4\cos x}\mathrm{d}x$$

设 $z=\mathrm{e}^{\mathrm{i}x}$，则

$$I + \mathrm{i}I' = \frac{1}{\mathrm{i}}\int_C \frac{z^m}{2z^2+5z+2}\mathrm{d}z$$

其中，$C:|z|=1$.

由于被积函数 $f(z)=\frac{z^m}{2z^2+5z+2}$ 在 $|z|<1$ 内只有一个一阶极点 $z=-\frac{1}{2}$，应用式(5.9)，知

$$I + \mathrm{i}I' = 2\pi\mathrm{i}\cdot\frac{1}{\mathrm{i}}\mathrm{Res}\left(f(z),-\frac{1}{2}\right) = 2\pi\cdot\frac{z^m}{4z+5}\bigg|_{z=-\frac{1}{2}} = \frac{(-1)^m}{3}\cdot\frac{\pi}{2^{m-1}}$$

所以

$$I = \frac{(-1)^m}{3}\cdot\frac{\pi}{2^{m-1}}$$

5.2.2　计算 $\int_{-\infty}^{+\infty} f(x)\mathrm{d}x$ 型积分

定理 5.4　设函数 $f(z)$ 在上半平面 $\mathrm{Im}\ z>0$ 上除去有限个孤立奇点 $z_1,z_2,\cdots,z_n$ 外解析，在 $\mathrm{Im}\ z\geqslant 0$ 上除去这些点外连续. 若存在正数 M，$r,\alpha>1$，使对 $\mathrm{Im}\ z\geqslant 0$ 内的所有 z，当 $|z|\geqslant r$ 时，有

$$f(z) \leqslant \frac{M}{|z|^\alpha}$$

则

$$\int_{-\infty}^{+\infty} f(x)\mathrm{d}x = 2\pi\mathrm{i}\sum_{k=1}^{n}\mathrm{Res}(f(z),z_k) \tag{5.10}$$

证　取充分大的 $R>r$，作上半圆周 $\Gamma_R: z=R\mathrm{e}^{\mathrm{i}\theta}(0\leqslant\theta\leqslant\pi)$，使 $f(z)$ 在上半平面内的孤立奇点 $z_1,z_2,\cdots,z_n$ 全部包含在由 Γ_R 和直线段 $[-R,R]$ 组成的闭曲线内(见图 5-2). 由留数定理

$$\int_{-R}^{R} f(x)\mathrm{d}x + \int_{\Gamma_R} f(z)\mathrm{d}z = 2\pi\mathrm{i}\sum_{k=1}^{n}\mathrm{Res}(f(z),z_k) \tag{5.11}$$

由于在 Γ_R 上，$|f(z)|\leqslant\frac{M}{|z|^\alpha}$，$\alpha>1$，因此

$$\left|\int_{\Gamma_R} f(z)\mathrm{d}z\right| \leqslant \int_{\Gamma_R} |f(z)||\mathrm{d}z| \leqslant M\int_{\Gamma_R}\frac{\mathrm{d}s}{|z|^\alpha} = \frac{M}{R^\alpha}\cdot R\pi$$

$$= M\pi R^{1-\alpha} \to 0\ (R\to\infty)$$

所以当$R\to\infty$时，$\int_{\Gamma_R} f(z)\mathrm{d}z\to 0$.

于是在式(5.11)中令$R\to\infty$，即得式(5.10).

若定理5.4中$f(z)=\dfrac{P(z)}{Q(z)}$为实系数有理函数，其中$P(z)$，$Q(z)$为互质多项式，$Q(z)$的次数至少比$P(z)$的次数高2次，$Q(z)$在实轴上不等于零，$z_1,z_2,\cdots,z_n$为$f(z)$在上半平面内的极点，则公式(5.10)也成立.

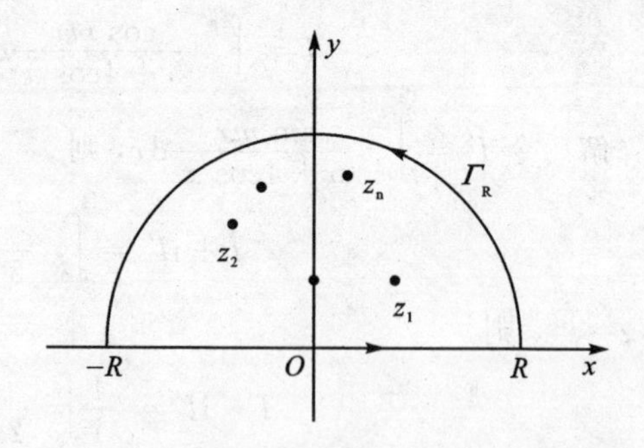

图5-2　由Γ_R与$[-R,R]$组成的闭曲线

例5.11　计算积分$I=\int_0^{+\infty}\dfrac{1}{1+x^4}\mathrm{d}x$.

解　$f(x)=\dfrac{1}{1+x^4}$为偶函数，从而

$$I=\int_0^{+\infty}\frac{1}{1+x^4}\mathrm{d}x=\frac{1}{2}\int_{-\infty}^{+\infty}\frac{1}{1+x^4}\mathrm{d}x$$

因为$f(z)$满足定理5.4的条件，且在上半平面上有两个一阶极点$z_1=\mathrm{e}^{\frac{\pi}{4}\mathrm{i}}$，$z_2=\mathrm{e}^{\frac{3\pi}{4}\mathrm{i}}$，由公式(5.10)得

$$I=\pi\mathrm{i}\sum_{k=1}^{2}\mathrm{Res}(f(z),z_k)=\pi\mathrm{i}\left[\frac{1}{(1+z^4)'}\bigg|_{z=z_1}+\frac{1}{(1+z^4)'}\bigg|_{z=z_2}\right]$$

$$=\pi\mathrm{i}\left(\frac{1}{4\mathrm{e}^{\frac{3\pi}{4}\mathrm{i}}}+\frac{1}{4\mathrm{e}^{\frac{9\pi}{4}\mathrm{i}}}\right)=\frac{\pi\mathrm{i}}{4}(-\mathrm{e}^{\frac{\pi}{4}\mathrm{i}}-\mathrm{e}^{\frac{3\pi}{4}\mathrm{i}})=\frac{\sqrt{2}}{4}\pi.$$

例5.12　计算积分$I=\int_{-\infty}^{+\infty}\dfrac{1}{(1+x^2)^{n+1}}\mathrm{d}x$($n$为自然数).

解　函数$f(z)=\dfrac{1}{(1+z^2)^{n+1}}$满足定理5.4的条件，它在上半平面上只有一个$n+1$阶极点$z=\mathrm{i}$，所以

$$I=2\pi\mathrm{i}\mathrm{Res}(f(z),\mathrm{i})$$

而

$$\mathrm{Res}(f(z),\mathrm{i})=\frac{1}{n!}\frac{\mathrm{d}^n}{\mathrm{d}z^n}(z-\mathrm{i})^{n+1}f(z)\bigg|_{z=\mathrm{i}}$$

$$=\frac{1}{n!}\frac{\mathrm{d}^n}{\mathrm{d}z^n}(z+\mathrm{i})^{-n-1}\bigg|_{z=\mathrm{i}}$$

$$=(-1)^n(n+1)(n+2)\cdots(2n)(2\mathrm{i})^{-2n-1}\cdot\frac{1}{n!}$$

$$=\frac{1}{\mathrm{i}}\cdot\frac{(n+1)(n+2)\cdots(2n)}{n!2^{2n+1}}$$

故

$$I = 2\pi \mathrm{i}\mathrm{Res}(f(z),\mathrm{i}) = \frac{(2n-1)!!}{(2n)!!}\pi$$

5.2.3 计算$\int_{-\infty}^{+\infty} f(x)\mathrm{e}^{\mathrm{i}\alpha x}\mathrm{d}x(\alpha > 0)$型积分

这种类型积分的处理方法和 5.2.2 小节中所用方法相同. 为了便于后面定理证明过程中的积分估计，先介绍如下约当(Jordan) 引理.

引理 5.1(约当引理)　设函数 $f(z)$ 在 $R_0 \leqslant |z| < \infty, \mathrm{Im}\ z \geqslant 0$ 上连续，且 $\lim\limits_{\substack{z\to\infty \\ \mathrm{Im}\ z\geqslant 0}} f(z)=0$，$\alpha$ 为正数，则

$$\lim_{R\to+\infty}\int_{\Gamma_R} \mathrm{e}^{\mathrm{i}\alpha z} f(z)\mathrm{d}z = 0$$

其中 $\Gamma_R: z=R\mathrm{e}^{\mathrm{i}\theta}, 0\leqslant\theta\leqslant\pi, R>R_0$，如图 5 - 3 所示.

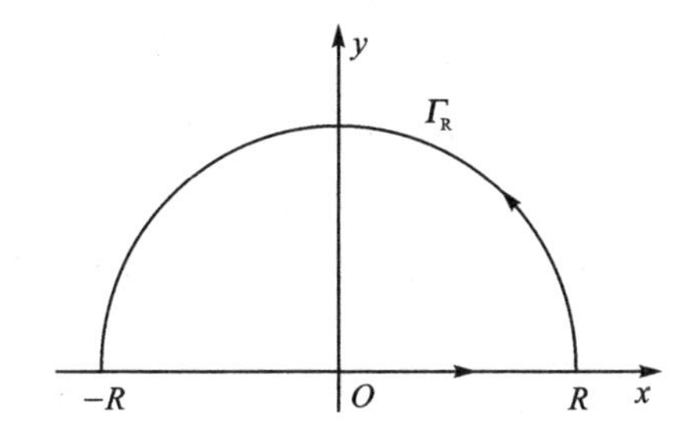

图 5 - 3　约当引理的图形

证　设

$$M(R) = \max_{z\in\Gamma_R} |f(z)|$$

则

$$\left|\int_{\Gamma_R} \mathrm{e}^{\mathrm{i}\alpha z} f(z)\mathrm{d}z\right| \leqslant M(R)\int_0^{\pi} \mathrm{e}^{-\alpha R\sin\theta} R\,\mathrm{d}\theta$$

$$= M(R)\left(\int_0^{\frac{\pi}{2}} \mathrm{e}^{-\alpha R\sin\theta} R\,\mathrm{d}\theta + \int_{\frac{\pi}{2}}^{\pi} \mathrm{e}^{-\alpha R\sin\theta} R\,\mathrm{d}\theta\right)$$

$$= 2M(R)\int_0^{\frac{\pi}{2}} \mathrm{e}^{-\alpha R\sin\theta} R\,\mathrm{d}\theta$$

由于当 $0\leqslant\theta\leqslant\frac{\pi}{2}$时，$\sin\theta \geqslant \frac{2}{\pi}\theta$，所以

$$\left|\int_{\Gamma_R} \mathrm{e}^{\mathrm{i}\alpha z} f(z)\mathrm{d}z\right| \leqslant 2M(R)R\int_0^{\frac{\pi}{2}} \mathrm{e}^{-\frac{2\alpha R}{\pi}\theta}\mathrm{d}\theta = \frac{\pi}{\alpha}M(R)(1-\mathrm{e}^{-\alpha R})$$

由条件 $\lim\limits_{R\to+\infty} M(R)=0$，所以

$$\lim_{R\to+\infty}\int_{\Gamma_R} \mathrm{e}^{\mathrm{i}\alpha z} f(z)\mathrm{d}z = 0$$

定理 5.5 设函数 $f(z)$ 在 $\mathrm{Im}\, z>0$ 上除去孤立奇点 $z_1,z_2,\cdots,z_n$ 外解析，在 $\mathrm{Im}\, z\geqslant 0$ 上除去这些点外连续，若存在正数 M,r 以及 α，使当 $|z|\geqslant r$ 且 $\mathrm{Im}\, z\geqslant 0$ 时，有 $|f(z)|\leqslant\dfrac{M}{|z|}$，则

$$\int_{-\infty}^{+\infty}\mathrm{e}^{\mathrm{i}\alpha x}f(x)\mathrm{d}x=2\pi\mathrm{i}\sum_{k=1}^{n}\mathrm{Res}(\mathrm{e}^{\mathrm{i}\alpha z}f(z),z_k)\tag{5.12}$$

证 取与图 5-2 相同的积分曲线 $\Gamma_R\cup[-R,R]$，当 $R(R>r)$ 充分大时，这条曲线的内部包含 $z_1,z_2,\cdots,z_n$. 由留数定理

$$\int_{-R}^{R}\mathrm{e}^{\mathrm{i}\alpha x}f(x)\mathrm{d}x+\int_{\Gamma_R}\mathrm{e}^{\mathrm{i}\alpha z}f(z)\mathrm{d}z=2\pi\mathrm{i}\sum_{k=1}^{n}\mathrm{Res}(\mathrm{e}^{\mathrm{i}\alpha z}f(z),z_k)$$

令 $R\to+\infty$，应用约当引理

$$\lim_{R\to+\infty}\int_{\Gamma_R}\mathrm{e}^{\mathrm{i}\alpha z}f(z)\mathrm{d}z=0$$

由此即知定理成立.

若定理 5.5 中 $f(z)=\dfrac{P(z)}{Q(z)}$ 为实系数有理函数，$Q(z)$ 在实轴上不等于零，且 $Q(z)$ 的次数至少比 $P(z)$ 的次数高一次，则公式(5.12) 同样成立. 在定理 5.5 中，若 $f(z)$ 在实轴上取实值，分出实部和虚部，则有如下公式

$$\int_{-\infty}^{+\infty}f(x)\cos\alpha x\,\mathrm{d}x=-2\pi\,\mathrm{Im}\left[\sum_{k=1}^{n}\mathrm{Res}(\mathrm{e}^{\mathrm{i}\alpha z}f(z),z_k)\right]\tag{5.13}$$

$$\int_{-\infty}^{+\infty}f(x)\sin\alpha x\,\mathrm{d}x=2\pi\,\mathrm{Re}\left[\sum_{k=1}^{n}\mathrm{Res}(\mathrm{e}^{\mathrm{i}\alpha z}f(z),z_k)\right]\tag{5.14}$$

例 5.13 计算积分

$$I=\int_{0}^{+\infty}\frac{\cos\alpha x}{1+x^2}\mathrm{d}x\ (\alpha>0)$$

解 设 $f(z)=\dfrac{1}{1+z^2}$，它满足定理 5.5 的条件，且在上半平面上仅有一个一阶极点 $z=\mathrm{i}$，由公式(5.13)得

$$\begin{aligned}I&=\frac{1}{2}(-2\pi)\mathrm{Im}\left[\mathrm{Res}\left(\mathrm{e}^{\mathrm{i}\alpha z}\frac{1}{1+z^2},\mathrm{i}\right)\right]\\&=-\pi\cdot\mathrm{Im}\left[\mathrm{e}^{\mathrm{i}\alpha z}\left.\frac{1}{(1+z^2)'}\right|_{z=\mathrm{i}}\right]\\&=\frac{\pi}{2}\mathrm{e}^{-\alpha}\end{aligned}$$

例 5.14 计算积分

$$I=\int_{-\infty}^{+\infty}\frac{x\sin mx}{(x^2+a^2)^2}\mathrm{d}x\ (m>0,a>0)$$

解 设 $f(z)=\dfrac{z}{(z^2+a^2)^2}$，则 $f(z)$ 满足定理 5.5 的条件，它在上半平面上仅

有一个二阶极点 $z=a\mathrm{i}$，由公式(5.14)得

$$I=2\pi\mathrm{Re}\left[\mathrm{Res}\left(\mathrm{e}^{\mathrm{i}mz}\frac{z}{(z^2+a^2)^2},a\mathrm{i}\right)\right]$$

$$=2\pi\ \mathrm{Re}\left[\left(\frac{z\mathrm{e}^{\mathrm{i}mz}}{(z+a\mathrm{i})^2}\right)'\bigg|_{z=a\mathrm{i}}\right]$$

$$=2\pi\cdot\frac{m\mathrm{e}^{-ma}}{4a}=\frac{m\pi}{2a}\mathrm{e}^{-ma}$$

5.2.4　积分路径上有奇点的情形

引理 5.2　设 $f(z)$以 z_0 为一阶极点，则

$$\lim_{\varepsilon\to 0}\int_{C_\varepsilon}f(z)\mathrm{d}z=\mathrm{i}(\theta_2-\theta_1)\mathrm{Res}(f(z),z_0)$$

这里 $C_\varepsilon:z=z_0+\varepsilon\mathrm{e}^{\mathrm{i}\theta},\theta_1\leqslant\theta\leqslant\theta_2$，取 $\varepsilon>0$ 充分小，$\theta_1<\theta_2$ 是两个正数(见图 5-4).

证　设 $f(z)$在 z_0 的去心邻域内的罗朗展式为

$$f(z)=\frac{c_{-1}}{z-z_0}+h(z)$$

其中，$h(z)$在 z_0 点解析，$c_{-1}=\mathrm{Res}(f(z),z_0)$，于是

$$\int_{C_\varepsilon}f(z)\mathrm{d}z=c_{-1}\int_{C_\varepsilon}\frac{\mathrm{d}z}{z-z_0}+\int_{C_\varepsilon}h(z)\mathrm{d}z$$

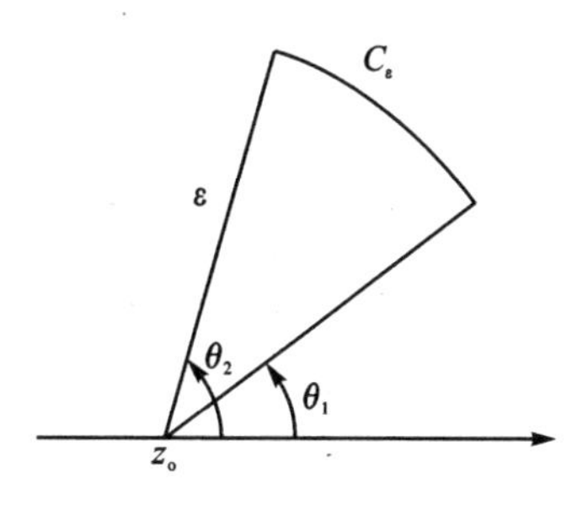

图 5-4　引理 5.2 的图形

而

$$\int_{C_\varepsilon}\frac{\mathrm{d}z}{z-z_0}=\int_{\theta_1}^{\theta_2}\frac{\varepsilon\mathrm{i}\mathrm{e}^{\mathrm{i}\theta}}{\varepsilon\,\mathrm{e}^{\mathrm{i}\theta}}\mathrm{d}\theta=\mathrm{i}(\theta_2-\theta_1)$$

又 $h(z)$在 z_0解析，因此在 z_0 的邻域内有界，即存在正数 M，使$|h(z)|\leqslant M$，于是

$$\left|\int_{C_\varepsilon}h(z)\mathrm{d}z\right|\leqslant M\int_{C_\varepsilon}|\,\mathrm{d}\theta\,|=M\varepsilon(\theta_2-\theta_1)$$

令 $\varepsilon\to 0$，可得到

$$\lim_{\varepsilon\to 0}\int_{C_\varepsilon}f(z)\mathrm{d}z=\mathrm{i}(\theta_2-\theta_1)\mathrm{Res}(f(z),z_0)$$

下面的定理对函数 $f(z)$在实轴上只有有限多个一阶极点的情形进行了讨论.

定理 5.6　设函数 $f(z)$ 适合以下条件：

(1) 在 $\mathrm{Im}\,z>0$ 内，仅以 $z_1,z_2,\cdots,z_n$ 为孤立奇点；

(2) 在 $\mathrm{Im}\,z=0$ 上，除去 $z=x_1,x_2,\cdots,x_m$ 为一阶极点外处处解析；

(3) 在 $\mathrm{Im}\,z\geqslant 0$ 上，有$\lim\limits_{z\to\infty}f(z)\mathrm{d}z=0$.

则

$$\int_{-\infty}^{+\infty} e^{i\alpha x} f(x) dx = 2\pi i \left[\sum_{k=1}^{n} \text{Res}(e^{i\alpha z} f(z), z_k) + \frac{1}{2} \sum_{k=1}^{m} \text{Res}(e^{i\alpha z} f(z), x_k) \right] \tag{5.15}$$

其中,$\alpha>0$ 为常数.

证 如图 5-5 所示,构造闭曲线

$$C = \Gamma_R \cup C_{\varepsilon_1} \cup \cdots \cup C_{\varepsilon_m} \cup \gamma$$

其中,$\Gamma_R: z=Re^{i\theta}(0\leqslant\theta\leqslant\pi)$,$C_{\varepsilon_i}(1\leqslant i\leqslant m)$是以 x_i 为圆心,ε 为半径的上半圆周,γ 是$[-R,R]$上除去各个小圆的直径后余下的直线段之和. 这里 R 充分大,$\varepsilon>0$ 充分小,使 $z_1,z_2,\cdots,z_n$ 全部包含在 Γ_R 的内部.

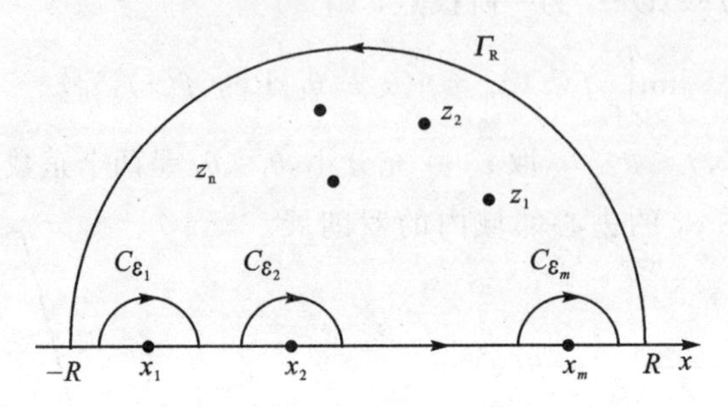

图 5-5 定理 5.6 的图形

由留数定理得

$$\int_C f(z) e^{i\alpha z} dz = 2\pi i \sum_{k=1}^{n} \text{Res}(e^{i\alpha z} f(z), z_k) \tag{5.16}$$

而

$$\int_C f(z) e^{i\alpha z} dz = \left(\int_{\Gamma_R} + \int_{C_{\varepsilon_1}} + \cdots + \int_{C_{\varepsilon_m}} + \int_{\gamma} \right) f(z) e^{i\alpha z} dz$$

由引理 5.1,

$$\lim_{R\to\infty} \int_{\Gamma_R} f(z) e^{i\alpha z} dz = 0$$

由引理 5.2,

$$\lim_{\varepsilon\to 0} \int_{C_{\varepsilon_k}} f(z) e^{i\alpha z} dz = -i\pi \text{Res}(e^{i\alpha z} f(z), x_k) \ (k=1,2,\cdots,m)$$

当 $\varepsilon\to 0, R\to\infty$ 时,

$$\int_C f(x) e^{i\alpha x} dx \to \int_{-\infty}^{+\infty} f(x) e^{i\alpha x} dx$$

于是当 $\varepsilon\to 0, R\to\infty$ 时,由式(5.16)可知式(5.15)成立.

例 5.15 计算积分 $I=\int_0^{+\infty} \frac{\sin x}{x} dx$.

解 因为 $I=\int_0^{+\infty} \frac{\sin x}{x} dx = \frac{1}{2}\int_{-\infty}^{+\infty} \frac{\sin x}{x} dx$,由式(5.15) 得

$$\int_{-\infty}^{+\infty} \frac{e^{ix}}{x} dx = \pi i \operatorname{Res}\left(\frac{e^{iz}}{z}, 0\right) = \pi i$$

所以

$$I = \frac{1}{2}\int_{-\infty}^{+\infty} \frac{\sin x}{x} dx = \frac{\pi}{2}$$

5.2.5　一些其他类型的积分

例 5.16　计算弗雷聂尔(Fresnel)积分

$$\int_0^{+\infty} \cos x^2 dx,\ \int_0^{+\infty} \sin x^2 dx$$

解　考虑辅助函数 $f(z)=e^{iz^2}$，取积分路线如图 5-6 所示，由柯西积分定理

$$\left(\int_{\mathrm{I}} + \int_{\Gamma_R} + \int_{\mathrm{II}}\right) f(z) dz = 0$$

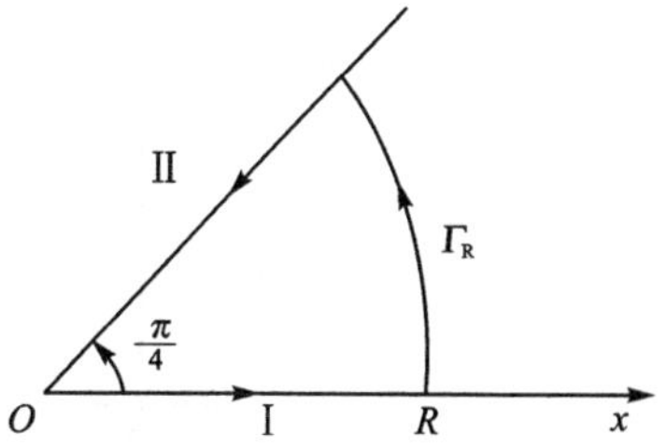

图 5-6　例 5.16 的图形

在 Γ_R 上，$z=Re^{i\theta}$，$0\leqslant\theta\leqslant\frac{\pi}{4}$，所以

$$\begin{aligned}\left|\int_{\Gamma_R} f(z) dz\right| &\leqslant R\int_0^{\frac{\pi}{4}} \left|e^{iR^2(\cos 2\theta + i\sin 2\theta)}\right| d\theta \\ &= R\int_0^{\frac{\pi}{4}} e^{-R^2\sin 2\theta} d\theta \\ &\leqslant R\int_0^{\frac{\pi}{4}} e^{-\frac{4R^2}{\pi}\theta} d\theta \\ &= \frac{\pi}{4R}(1-e^{-R^2}) \to 0 \quad (R\to+\infty)\end{aligned}$$

在 I 上，$z=x$，所以

$$\int_{\mathrm{I}} f(z) dz = \int_0^R e^{ix^2} dx \to \int_0^{\infty} e^{ix^2} dx\ (R\to+\infty)$$

在 II 上，$z=xe^{\frac{\pi}{4}i}$，所以

$$\int_{\mathrm{II}} f(z) dz = -\int_0^R e^{ix^2 e^{\frac{\pi}{2}i}} \cdot e^{\frac{\pi}{4}i} dx \to -e^{\frac{\pi}{4}i}\int_0^{\infty} e^{-ix^2} dx\ (R\to+\infty)$$

于是，当 $R\to+\infty$ 时，有

$$\int_0^{+\infty} e^{ix^2} dx - e^{\frac{\pi}{4}i}\int_0^{+\infty} e^{-ix^2} dx = 0$$

即

$$\int_0^{+\infty} \cos x^2 dx + i\int_0^{+\infty} \sin x^2 dx = (1+i)\frac{1}{2}\sqrt{\frac{\pi}{2}}$$

所以

$$\int_0^{+\infty} \cos x^2 dx = \int_0^{+\infty} \sin x^2 dx = \frac{1}{2}\sqrt{\frac{\pi}{2}}$$

例 5.17 计算泊松(Poisson)积分

$$\int_0^{+\infty} e^{-x^2}\cos 2x\mathrm{d}x$$

解 设函数 $f(z)=e^{-z^2}$，考虑如图 5-7 所示积分路径 C_R，因 $f(z)$ 在 C_R 及其内部解析，由柯西积分定理得

$$\int_{-R}^{R} e^{-x^2}\mathrm{d}x+\int_{\mathrm{I}} f(z)\mathrm{d}z+\int_{\mathrm{II}} f(z)\mathrm{d}z+\int_{\mathrm{III}} f(z)\mathrm{d}z=0$$

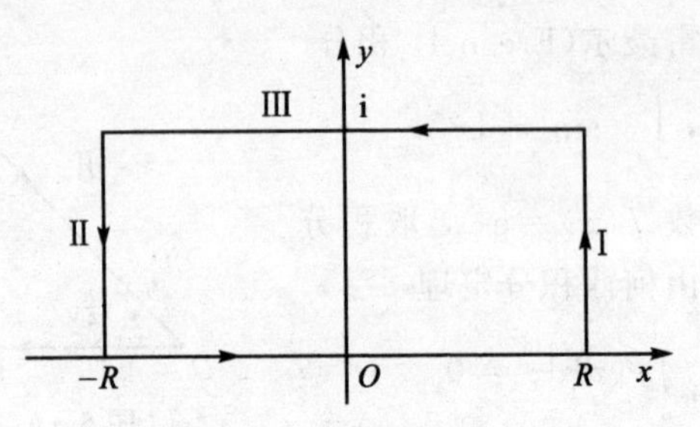

图 5-7　例 5.17 的图形

在 I 上，$z=R+\mathrm{i}y, 0\leqslant y\leqslant 1, z^2=R^2-y^2+2\mathrm{i}Ry$，则

$$\left|\int_{\mathrm{I}} f(z)\mathrm{d}z\right|\leqslant\int_{\mathrm{I}}|f(z)||\mathrm{d}z|\leqslant e^{-R^2+1}\int_{\mathrm{I}}|\mathrm{d}z|=e^{-R^2+1}\to 0\ (R\to+\infty)$$

同理，有

$$\int_{\mathrm{II}} f(z)\mathrm{d}z\to 0\ (R\to+\infty)$$

在 III 上，$z=x+\mathrm{i}y, -R\leqslant x\leqslant R$，则

$$\int_{\mathrm{III}} f(z)\mathrm{d}z=-\int_{-R}^{R} e^{-x^2+1}\cdot e^{-2\mathrm{i}x}\mathrm{d}x\to-\int_{-\infty}^{+\infty} e^{-x^2+1}\cdot e^{-2\mathrm{i}x}\mathrm{d}x\ (R\to+\infty)$$

所以

$$\int_{-\infty}^{+\infty} e^{-x^2}\mathrm{d}x-e\int_{-\infty}^{+\infty} e^{-x^2}\cdot e^{-2\mathrm{i}x}\mathrm{d}x=0$$

即

$$\int_{-\infty}^{+\infty} e^{-x^2}\cdot e^{-2\mathrm{i}x}\mathrm{d}x=e^{-1}\int_{-\infty}^{+\infty} e^{-x^2}\mathrm{d}x=e^{-1}\sqrt{\pi}$$

故

$$\int_0^{+\infty} e^{-x^2}\cos 2x\mathrm{d}x=\frac{\sqrt{\pi}}{2}e^{-1}$$

一般地，有

$$\int_0^{+\infty} e^{-ax^2}\cos 2bx\,\mathrm{d}x=\frac{1}{2}\sqrt{\frac{\pi}{a}}e^{-\frac{b^2}{a}}\quad(a>0)$$

关于用多值函数计算积分的例子，请读者参见参考文献[1].

5.3　辐角原理和儒歇定理

本节介绍留数定理的另一个重要应用，由它可导出辐角原理和儒歇定理，后者不仅是用来估计解析函数在一个区域内零点(或极点)个数的有力工具，而且对于解析函数的理论研究也有重要意义.

5.3.1　对数留数定理

先介绍下面的引理.

引理 5.3　若 z_0 是函数 $f(z)$的 n 阶零点，则 z_0 为$\dfrac{f'(z)}{f(z)}$的一阶极点，且

$$\mathrm{Res}\left(\frac{f'(z)}{f(z)},z_0\right)=n$$

若 z_1 是函数 $f(z)$的 m 阶极点，则 z_1 为$\dfrac{f'(z)}{f(z)}$的一阶极点，且

$$\mathrm{Res}\left(\frac{f'(z)}{f(z)},z_1\right)=-m$$

证　由于 z_0 是函数 $f(z)$的 n 阶零点，所以在 z_0 的邻域内有

$$f(z)=(z-z_0)^n\varphi(z)$$

其中，$\varphi(z)$在 z_0 的邻域内解析，且 $\varphi(z_0)\neq 0$. 于是当 $z\neq z_0$ 时，

$$\frac{f'(z)}{f(z)}=\frac{n}{z-z_0}+\frac{\varphi'(z)}{\varphi(z)}$$

由于 $\varphi(z_0)\neq 0$，所以$\dfrac{\varphi'(z)}{\varphi(z)}$在 z_0解析，从而 z_0 是$\dfrac{f'(z)}{f(z)}$的一阶极点，且

$$\mathrm{Res}\left(\frac{f'(z)}{f(z)},z_0\right)=n$$

若 z_1 是函数 $f(z)$的 m 阶极点，则在 z_1 的某去心邻域内有

$$f(z)=\frac{\psi(z)}{(z-z_0)^m}$$

其中，$\psi(z)$在 z_1 的某一邻域内解析，且 $\psi(z_1)\neq 0$，由此可得

$$\frac{f'(z)}{f(z)}=\frac{-m}{z-z_1}+\frac{\psi'(z)}{\psi(z)}$$

这时$\dfrac{\psi'(z)}{\psi(z)}$在 z_1解析，从而 z_1 是$\dfrac{f'(z)}{f(z)}$的一阶极点，且

$$\mathrm{Res}\left(\frac{f'(z)}{f(z)},z_1\right)=-m$$

我们称积分 $\dfrac{1}{2\pi\mathrm{i}}\displaystyle\int_C\frac{f'(z)}{f(z)}\mathrm{d}z$ 为 $f(z)$ 的对数留数，这是因为 $\dfrac{f'(z)}{f(z)}=\dfrac{\mathrm{d}}{\mathrm{d}z}[\mathrm{Ln}\,f(z)]$之故. 下面要介绍的定理称为对数留数定理，它给出了计算解析函数

零点个数的一个有效方法.

定理 5.7 设函数 $f(z)$在简单闭曲线 C 上解析且不为零，在 C 的内部除去有限个极点外解析，则

$$\frac{1}{2\pi i}\int_C \frac{f'(z)}{f(z)}dz = N - P \tag{5.17}$$

其中,C 取正向,N 和 P 分别表示 f 在 C 内零点及极点的个数，而且每个 k 阶零(极) 点算作 k 个一阶零(极) 点.

证 设 $a_1,a_2,\cdots,a_l$ 为 $f(z)$在 C 内的零点,其阶数分别为 $n_1,n_2,\cdots,n_l$;又设 $b_1,b_2,\cdots,b_s$ 为 $f(z)$在 C 内的极点,其阶数分别为 $m_1,m_2,\cdots,m_s$. 由引理 5.3 知

$$\begin{aligned}\frac{1}{2\pi i}\int_C \frac{f'(z)}{f(z)}dz &= \sum_{k=1}^{l}\mathrm{Res}\left(\frac{f'(z)}{f(z)},a_k\right)+\sum_{k=1}^{s}\mathrm{Res}\left(\frac{f'(z)}{f(z)},b_k\right)\\ &= \sum_{k=1}^{l}n_k-\sum_{k=1}^{s}m_k = N-P\end{aligned}$$

5.3.2 辐角原理

现在解释式(5.17) 中积分的几何意义. 映射 $w=f(z)$ 把简单闭曲线 $C:z=z(t)(\alpha\leqslant t\leqslant\beta)$映为 w 平面上一条连续封闭曲线 $\Gamma:w=\Gamma(t)=f(z(t))(\alpha\leqslant t\leqslant\beta)$. 当 $z\in C$ 时,$f(z)\neq 0$, 所以曲线 Γ 不通过原点 $w=0$. 在一般情况下,曲线 Γ 比较复杂，它可以有重点，也可以按正向绕 $w=0$ 几周,也可以按负向绕 $w=0$ 几周,如图 5-8 所示.

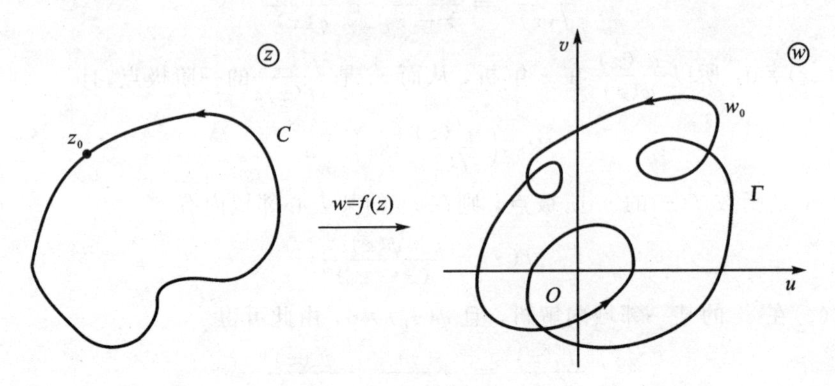

图 5-8 辐角原理的图形

若 C 为光滑曲线，由积分计算公式可得

$$\frac{1}{2\pi i}\int_C \frac{f'(z)}{f(z)}dz = \frac{1}{2\pi i}\int_\Gamma \frac{dw}{w}$$

上式右端被积函数的原函数 $\mathrm{Ln}\, w$ 在全平面上除去 $w=0$ 外是多值函数. 对于 $w_0\in\Gamma$, 取定 $\mathrm{Ln}\, w$ 在 w_0 的值，由于 $\mathrm{Ln}\, w=\ln|w|+i\,\mathrm{Arg}\, w$, 从而辐角 $\mathrm{Arg}\, w$ 在 w_0 处的值也就确定了下来. 当 w 沿着 Γ 运行时,$\mathrm{Ln}\, w$ 或 $\mathrm{Arg}\, w$ 连续改变. 当 w 从 w_0 出

发，按 Γ 确定的方向绕 Γ 一周又回到 w_0 时，$\text{Ln}\, w$ 的实部 $\ln|w|$ 回到出发时的值，而辐角 $\text{Arg}\, w$ 可能发生了变化，把它沿 Γ 一周后的改变量记作 $\Delta_\Gamma \text{Arg}\, w$. 它是 2π 的整数倍，并且这个整数表示 Γ 绕原点的周数和方向，所以

$$\frac{1}{2\pi i}\int_\Gamma \frac{dw}{w} = \frac{1}{2\pi i}\Delta_\Gamma \text{Ln}\, w = \frac{1}{2\pi}\Delta_\Gamma \text{Arg}\, w$$

这里 $\Delta_\Gamma \text{Ln}\, w$ 表示 $\text{Ln}\, w$ 绕 Γ 一周后的改变量.

回到变量 z，得

$$\frac{1}{2\pi i}\int_C \frac{f'(z)}{f(z)}dz = \frac{1}{2\pi}\Delta_C \text{Arg}\, f(z)$$

由式(5.17)得

$$N - P = \frac{1}{2\pi}\Delta_C \text{Arg}\, f(z)$$

于是定理 5.7 可如下叙述.

定理 5.8(辐角原理)　在定理 5.7 的条件下，函数 $f(z)$在 D 内的零点个数与极点个数之差，等于当 z 沿着 C 的正向绕行一周后 $\text{Arg}\, f(z)$的改变量除以 2π，即

$$N - P = \frac{1}{2\pi}\Delta_C \text{Arg}\, f(z) \tag{5.18}$$

特别地，若 $f(z)$在 D 内解析，则

$$N = \frac{1}{2\pi}\Delta_C \text{Arg}\, f(z)$$

若 $f(z)$在 D 无零点，则

$$P = -\frac{1}{2\pi}\Delta_C \text{Arg}\, f(z)$$

5.3.3　儒歇定理

利用辐角原理可以讨论函数在某一区域内的零点个数或极点个数，而在具体应用时，下面的定理更为方便.

定理 5.9(儒歇定理)　设函数 $f(z)$与 $g(z)$在简单闭曲线 C 上及 C 内解析，且在 C 上满足条件

$$|g(z)| < |f(z)| \tag{5.19}$$

则 $f(z)$和 $f(z)+g(z)$在 C 内有相同个数的零点.

证　由式(5.19) 知 $f(z)$与 $F(z)=f(z)+g(z)$在 C 上无零点，用 N_f，N_F 分别表示 $f(z)$和 $F(z)$在 C 内的零点个数，要证 $N_F - N_f = 0$，由辐角原理得

$$N_f = \frac{1}{2\pi i}\int_C \frac{f'(z)}{f(z)}dz, \quad N_F = \frac{1}{2\pi i}\int_C \frac{F'(z)}{F(z)}dz$$

所以

$$N_F - N_f = \frac{1}{2\pi i}\int_C \left[\frac{F'(z)}{F(z)} - \frac{f'(z)}{f(z)}\right]dz$$

$$=\frac{1}{2\pi i}\int_C \frac{(F/f)'}{F/f}dz=\frac{1}{2\pi}\Delta_C \text{Arg}\,\frac{F(z)}{f(z)}$$

由式(5.19)，当 $z\in C$ 时，

$$\text{Re}\,\frac{F(z)}{f(z)}=1+\text{Re}\,\frac{g(z)}{f(z)}\geqslant 1-\left|\frac{g(z)}{f(z)}\right|>0$$

这意味着映射 $w=\dfrac{F(z)}{f(z)}$ 的像点总落在右半 w 平面上,所以 C 的像曲线不可能绕原点 $w=0$，故

$$N_F-N_f=\frac{1}{2\pi}\Delta_C \text{Arg}\,\frac{F(z)}{f(z)}=0$$

下面介绍儒歇定理的一些应用.

例 5.18 应用儒歇定理证明代数基本定理:n 次代数方程

$$P(z)=a_0z^n+a_1z^{n-1}+\cdots+a_{n-1}z+a_n=0\ (a_0\neq 0)$$

有且仅有 n 个根.

证 设 $f(z)=a_0z^n, g(z)=a_1z^{n-1}+\cdots+a_{n-1}z+a_n$. 因为

$$\lim_{n\to\infty}\frac{g(z)}{f(z)}=0$$

从而存在 $R>0$，当 $|z|\geqslant R$ 时，

$$|g(z)|<|f(z)|$$

由儒歇定理,$f(z)$ 与 $P(z)=f(z)+g(z)$ 在 $|z|<R$ 内有相同个数的零点. 而 $f(z)=a_0z^n$ 有 n 个零点，故 $P(z)$ 在 $|z|<R$ 内有 n 个零点. 当 $|z|\geqslant R$ 时,$|P(z)|=|f(z)+g(z)|\geqslant|f(z)|-|g(z)|>0$，这时 $P(z)$ 无零点,所以 $P(z)=0$ 有且仅有 n 个根.

例 5.19 求方程 $z^4-6z+3=0$ 在圆 $|z|<1$ 内与圆环 $1<|z|<2$ 内根的个数.

解 (1) 令 $f(z)=-6z, g(z)=z^4+3$. 当 $|z|=1$ 时，

$$|f(z)|=|-6z|=6>4\geqslant|z^4+3|=|g(z)|$$

由儒歇定理，函数 $f(z)=-6z$ 与 $f(z)+g(z)=z^4-6z+3$ 在 $|z|<1$ 内有相同个数的零点. 由于 $f(z)$ 在 $|z|<1$ 内仅以 $z=0$ 为一阶零点,从而 z^4-6z+3 在 $|z|<1$ 内也只有一个零点.

(2) 令 $f(z)=z^4, g(z)=-6z+3$，当 $|z|=2$ 时，

$$|f(z)|=|z^4|=16>15\geqslant|-6z+3|=|g(z)|$$

由儒歇定理知 z^4-6z+3 在 $|z|<2$ 内有 4 个零点.

由于 z^4-6z+3 在 $|z|<1$ 内只有一个零点，且在 $|z|=1$ 上,$z^4-6z+3\neq 0$,故在圆环 $1<|z|<2$ 内，函数 z^4-6z+3 有 3 个零点.

本章提要:

(1) 留数的概念,留数定理,留数的计算方法,应用留数定理计算围线积分;

（2）应用留数定理计算实积分；

（3）辐角原理和儒歇定理.

基本要求：

（1）理解留数的概念和留数定理，能够熟练掌握留数的计算方法，掌握应用留数定理计算围线积分的方法.

（2）掌握应用留数计算一些实积分和广义积分的方法.

（3）了解辐角原理和儒歇定理.

习题 5

1. 求下列函数在其孤立奇点(包括无穷远点)处的留数.

（1）$\dfrac{z}{(z-1)(z-2)^2}$；　　（2）$\dfrac{z}{(z-a)^m(z-b)}$ $(a\neq b)$；

（3）$e^{\frac{1}{1-z}}$；　　（4）$\sin\dfrac{1}{z}$；

（5）$\dfrac{z^{2n}}{(z+1)^n}$（n 为正整数）；　　（6）$\dfrac{1}{(e^z-1)^2}$.

2. 利用留数定理计算下列积分，其中 C 为正向圆周.

（1）$\int_C \dfrac{1}{z\sin z}dz$，其中 C：$|z|=1$；

（2）$\int_C z e^{\frac{1}{z}} dz$，其中 C：$|z|=1$；

（3）$\int_C \dfrac{z}{(z-1)^2(z^2+1)}dz$，其中 C：$|z-1|=\sqrt{3}$；

（4）$\int_C \dfrac{dz}{(z-a)^n(z-b)^n}$（$n$ 为正整数，且 $|a|<|b|$，$|a|\neq 1$，$|b|\neq 1$），其中 C：$|z|=1$；

（5）$\int_C \dfrac{e^{\sin z}}{z^2(z^2+1)}dz$，其中 C：$|z|=2$；

（6）$\int_C \tan z dz$，其中 C：$|z|=3$；

（7）$\int_C \dfrac{1-\cos z}{z^m}dz$（$m$ 为整数），其中 C：$|z|=\dfrac{3}{2}$.

3. 计算下列积分.

（1）$\int_0^{2\pi} \dfrac{d\theta}{1+a\cos\theta}$，$a$ 为实数，且 $|a|<1$；

（2）$\int_0^{\pi} \dfrac{\sin^2 x}{a+b\cos x}dx$，$a>b>0$；

(3) $\int_{-\infty}^{+\infty} \frac{dx}{(1+x^2)^2}$;

(4) $\int_{0}^{+\infty} \frac{x^2}{1+x^4}dx$;

(5) $\int_{-\infty}^{+\infty} \frac{\cos x}{x^2+4x+5}dx$;

(6) $\int_{-\infty}^{+\infty} \frac{x\sin x}{1+x^2}dx$.

4. 计算下列积分.

(1) $\int_{0}^{+\infty} \frac{\sin x}{x(x^2+a^2)}dx, a>0$;

(2) $\int_{0}^{+\infty} \frac{\sin x}{x(1+x^2)^2}dx$.

5. 求下列方程在 $|z|<1$ 内根的个数.

(1) $z^7-8z^4-z^3+3z^2+z-1=0$;

(2) $e^z=az^n(a>e)$, n 为正整数.

6. 求多项式 $2z^5-6z^2+z+1$ 在圆环 $1<|z|<2$ 内的零点个数.

7. 证明：方程 $ze^{\lambda-z}=1(\lambda>1)$ 在单位圆内只有一个解，且这个解是正实数.

第6章　保形映射

函数 $w=f(z)$ 在几何上可以看成是 z 平面上的一个点集到 w 平面上的一个点集的映射或变换. 本章研究解析函数的映射性质. 一个在区域 D 内不为常数的解析函数 $w=f(z)$,可以把区域 D 映射成 w 平面上的一个区域 G;反之,若给定了两个不为全平面的单连通区域 D 和 G,在一定条件下,必定存在一个解析函数把 D 互为单值地映射成 G. 这样,就可以把比较复杂的区域上所研究的一些问题,转化到比较简单的区域上来研究. 这种方法,在解决流体力学、电学、磁学等实际问题中有着重要的应用.

本章主要介绍保形映射的概念、分式线性映射,一些初等函数的映射等有关内容.

6.1　保形映射的概念

6.1.1　导数的几何意义

设 $w=f(z)$ 在区域 D 内连续,$z_0\in D$,且 $f'(z_0)\neq 0$. 下面讨论 $f'(z_0)$ 的辐角与模的几何意义.

假定 C 是区域 D 内任意一条通过点 z_0 的有向连续曲线,其方程为

$$z=z(t)\ (\alpha\leqslant t\leqslant\beta)\quad z_0=z(t_0)$$

若 $z'(t)$ 存在且 $z'(t_0)\neq 0$,则在 C 上点 z_0 处有切线,它的倾角为 $\psi=\mathrm{Arg}\ z'(t_0)$[见图 6-1(a)]. 经过映射 $w=f(z)$,C 的像曲线 Γ 为通过点 $w_0=f(z_0)$ 的连续曲线,其参数方程为

$$w=f(z)=f[z(t)]\ (\alpha\leqslant t\leqslant\beta)$$

$$w_0=w(t_0)$$

由于 $w'(t_0)=f'(z_0)z'(t_0)\neq 0$,则曲线 Γ 在点 w_0 处有切线,其倾角 Ψ[图 6-1(b)]为

$$\Psi=\mathrm{Arg}\ w'(t_0)=\mathrm{Arg}\ f'(z_0)+\mathrm{Arg}\ z'(t_0)$$

即

$$\Psi=\psi+\mathrm{Arg}\ f'(z_0)$$

所以

$$\mathrm{Arg}\ f'(z_0)=\Psi-\psi \tag{6.1}$$

式(6.1)表明像曲线 Γ 在 $w_0=f(z_0)$ 处的切线方向,可由原像曲线 C 在 z_0 处的切线方向旋转一个角度 $\mathrm{Arg}f'(z_0)$ 得到. $\mathrm{Arg}f'(z_0)$ 称为映射 $w_0=f(z_0)$ 在点 z_0 的旋转

角. 这就是导数辐角的几何意义. 旋转角 $\mathrm{Arg}f'(z_0)$的大小与方向只与 z_0 有关，而与曲线 C 的选择无关. 这一性质称为旋转角的不变性.

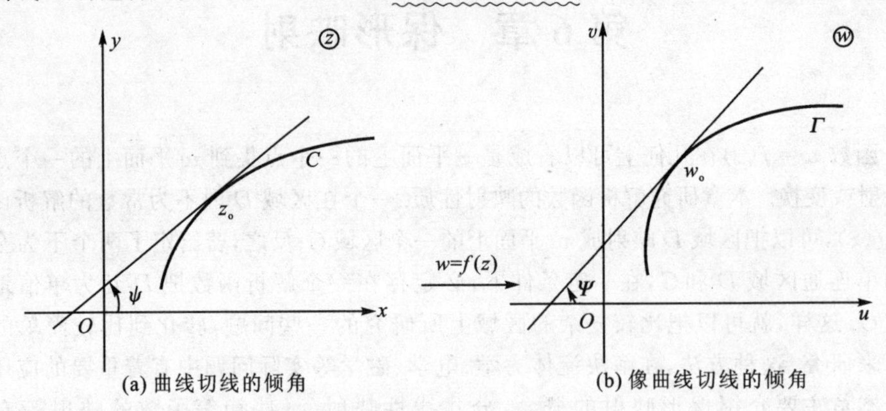

(a) 曲线切线的倾角　　(b) 像曲线切线的倾角

图 6-1　倾　角

如果 C_1,C_2 为任意两条相交于 z_0点的有向连续曲线,它们在 z_0 处的切线倾角分别为 ψ_1,ψ_2[见图 6-2(a)];在映射 $w=f(z)$之下,曲线 C_1 与 C_2 分别变为 w 平面上通过点 $w_0=f(z_0)$的两条连续曲线 Γ_1 与 Γ_2,它们在 w_0 处的切线倾角分别为 Ψ_1 和 Ψ_2[见图 6-2(b)].

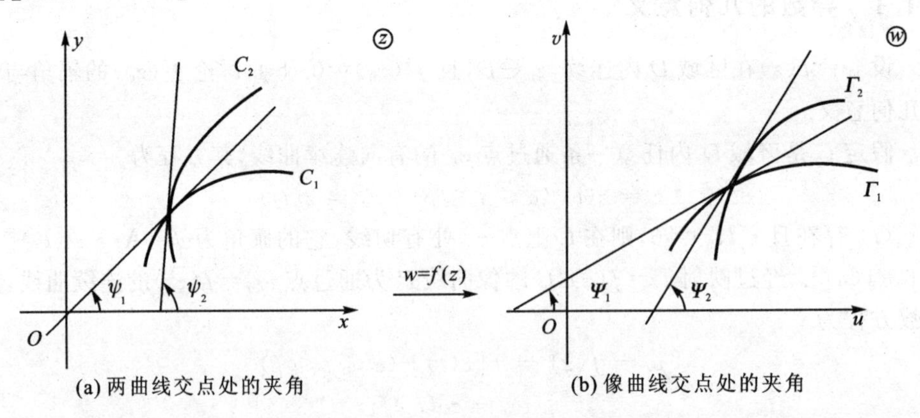

(a) 两曲线交点处的夹角　　(b) 像曲线交点处的夹角

图 6-2　夹　角

由公式(6.1)得到

$$\mathrm{Arg}\ f'(z_0)=\Psi_1-\psi_1,\quad \mathrm{Arg}\ f'(z_0)=\Psi_2-\psi_2$$

从而

$$\Psi_1-\psi_1=\Psi_2-\psi_2$$

即

$$\Psi_2-\Psi_1=\psi_2-\psi_1 \tag{6.2}$$

这里 $\psi_2-\psi_1$表示曲线 C_1,C_2 在 z_0 处切线之间的夹角,亦为曲线 C_1,C_2 在 z_0 处的夹角. 同理 $\Psi_2-\Psi_1$ 表示曲线 Γ_1,Γ_2 在 $w_0=f(z_0)$处的夹角. 式(6.2) 表示,若

$f'(z_0)\neq 0$，在变换前后，两条曲线之间的夹角，其大小和方向都保持不变. 把映射的这种性质称为保角性.

下面说明$|f'(z_0)|$的几何意义. 由前面假设，有

$$|f'(z_0)|=\lim_{z\to z_0}\frac{|f(z)-f(z_0)|}{|z-z_0|}\neq 0 \tag{6.3}$$

这表示模$|f'(z_0)|$是曲线Γ上从$w_0=f(z_0)$出发的无穷小的弦长与曲线C上从z_0出发对应的无穷小弦长之比的极限，它不依赖于曲线C和Γ. 我们称$|f'(z_0)|$为映射$w=f(z)$在$z=z_0$处的伸缩率，此即为导数模的几何意义. 伸缩率$|f'(z_0)|$只与点z_0有关，而与过z_0的曲线C的形状与方向无关. 这一性质通常称为伸缩率的不变性.

6.1.2 单叶解析函数的映射性质

引理 6.1 若函数$w=f(z)$在区域D内解析，$w_0=f(z_0)$，$z_0\in D$是$f(z)-w_0$的m阶零点，则对充分小的$\rho>0$，存在$\delta>0$，使得对于$0<|w-w_0|<\delta$内每一值A，函数$f(z)-A$在$|z-z_0|<\rho$内恰有m个不同的零点.

证 因为z_0是$f(z)-w_0$的m阶零点，由零点的孤立性，必有正数$\rho>0$，使得在属于D的闭圆$|z-z_0|\leqslant\rho$上，$f(z)-w_0$与$f'(z)$除去z_0外没有其他零点. 因而在$|z-z_0|=\rho$上，必存在$\delta>0$，使$|f(z)-w_0|\geqslant\delta$. 对于$0<|w-w_0|<\delta$内任意值$A$，当$|z-z_0|=\rho$时

$$0<|A-w_0|<|f(z)-w_0|$$

由儒歇定理，函数$f(z)-A=f(z)-w_0+w_0-A$与$f(z)-w_0$在$|z-z_0|<\rho$内有相同个数的零点，故$f(z)-A$在$|z-z_0|<\rho$内有m个零点. 其次，由于在$0<|z-z_0|<\rho$内$f'(z)\neq 0$，所以这m个零点是简单零点.

应用引理 6.1，可以证明下面关于解析函数保域性的一个重要结论.

定理 6.1 若函数$w=f(z)$在区域D内解析且不恒为常数，则D的像$G=f(D)$也是区域.

证 按区域的定义，要证$G=f(D)$为一个连通开集. 须首先证明G是一个开集，即要证G内任一点w_0是G的内点. 设$z_0\in D$，$f(z_0)=w_0$. 由引理 6.1，必有w_0的一个邻域$|w-w_0|<\delta$，使得对于其中的任一复数w_1，存在$z_1\in D$，使$f(z_1)=w_1$. 因此，$\{|w-w_0|<\delta\}\subset G$，即$w_0$是$G$的内点. 其次，证明$G$是连通的. 设$w_1,w_2$为$G$内任意两点，必有$z_1,z_2\in D$，使$w_1=f(z_1)$，$w_2=f(z_2)$. 由于$D$是连通的，可取含于$D$内的折线$\gamma: z=z(t)\,(\alpha\leqslant t\leqslant\beta)$，连接$z_1$和$z_2$，这里$z_1=z(\alpha)$，$z_2=z(\beta)$. 由于$f(z)$在$D$内解析，它把$\gamma$映射成$G$内的一条连接$w_1$与$w_2$的按段光滑曲线$\Gamma: w=f(z(t))$，$\alpha\leqslant t\leqslant\beta$. 这说明$G$是连通的.

定义 6.1 若函数$w=f(z)$在区域D内解析，并且对D内任意不同两点，函数所取的值不同，则称$f(z)$为区域D内的单叶解析函数，简称单叶函数.

例如,函数 $w=z+a$(a 为一复常数),$w=bz$(b 为一非零复常数)都是 z 平面上的单叶解析函数.

定理 6.2 设 $w=f(z)$ 在区域 D 内单叶解析,则在 D 内,$f'(z)\neq 0$.

证 若不然,设在 D 内某点 z_0 处,$f'(z_0)=0$,由引理 6.1 可得与函数的单叶性矛盾的结论.

定理 6.2 的逆不一定成立. 例如指数函数 $w=e^z$,对于任意 z,$\frac{dw}{dz}=e^z\neq 0$,但是对于 $z_1=z$,$z_2=z+2\pi i$,有 $e^{z_1}=e^{z_2}$. 但容易证明,如果函数 $w=f(z)$ 在点 z_0 处解析,$f'(z_0)\neq 0$,则 $f(z)$ 在 z_0 的一个邻域内单叶.

如果 $w=f(z)$ 在区域 D 内单叶解析,由定理 6.1,它把区域 D 一一对应地映射成区域 $G=f(D)$,于是 $w=f(z)$ 有一个在 G 内确定的反函数 $z=f^{-1}(w)$. 我们容易证明. 如下结论.

定理 6.3 设 $w=f(z)$ 在区域 D 内单叶解析,$G=f(D)$,则在 G 内必存在单叶解析的反函数 $z=f^{-1}(w)$,且

$$\frac{dz}{dw}=\frac{1}{f'(z)}$$

6.1.3 保形映射的概念

由 6.1.1 小节可以知道,解析函数在其导数不等于零的点具有保角性和伸缩率的不变性,单叶函数在其定义域内都具有这样的性质.

定义 6.2 在区域 D 内的一个单叶解析函数 $w=f(z)$ 所实现的映射称为区域 D 内的保形映射.

设 $w=f(z)$ 是区域 D 内的一个保形映射. 对于任意一点 $z_0\in D$,$w=f(z)$ 有如下展式:

$$f(z)=f(z_0)+f'(z_0)(z-z_0)+o(|z-z_0|)\quad(z\to z_0)$$

由于 $f'(z_0)\neq 0$,故在忽略高阶无穷小量之后,上式变成一个非退化的线性映射

$$w=f(z_0)+f'(z_0)(z-z_0)$$

它是平移、旋转和相似映射的复合. 因此,它保持图形的形状不变. 这样,保形映射在定义域 D 内任意一个点附近,它的一阶近似所形成的映射保持图形的形状不变.

在一些实际问题和理论问题的研究中,常常需要将一个给定的区域保形映射为一个指定的区域,从而在后一区域上对问题展开讨论. 由前面的讨论,我们知道,在一个区域内的单叶解析函数可以实现区域之间的保形映射. 反之,对于扩充复平面任意给定的两个单连通区域 D 和 G,是否存在一个 D 内的单叶解析函数,把 D 保形映射成 G 呢? 若这种映射存在,它是否唯一? 由于保形映射的逆映射以及保形映射的复合都是保形映射,从而这个问题可简化为,对于扩充复平面上任一单连通区域 D,能否可以保形映射成单位圆? 在什么条件下,这种映射还是唯一的?

对于上述简化问题，有两种极端情况是否定的：D 是扩充复平面或者 D 是扩充复平面除去一点（不妨设所除去的点是∞，如果除去的是有限点 a，则只需作一个变换 $z=\frac{1}{\zeta-a}$ 即可）. 不论是哪一种情形，如果存在这样的解析函数 $w=f(z)$，把上述区域映射为单位圆 $|w|<1$，则 $f(z)$ 为 z 平面上的有界整函数. 由刘维尔定理，$f(z)$ 必恒为常数，它就不可能实现我们要求的映射，除去这两种极端情形外，问题的答案是肯定的，这就是 Riemann 提出的如下基本定理.

定理 6.4　(Riemann, 1851)设 D 是 z 平面上的任何单连通区域，它的边界不止一点，$z_0\in D$. 那么有一个，并且只有一个在区域 D 内的单叶解析函数 $w=f(z)$，满足 $f(z_0)=0, f'(z_0)>0$，把 D 保形映射为 $|w|<1$.

Riemann 定理在复变函数的理论和应用上都有极其重要的意义. 首先，在理论上，它是近代复变函数几何理论的基础；其次，在较复杂的区域内，要研究保形映射下的某些不变量，只需在较简单的区域内进行研究，然后应用保形映射就可以得到所需要的结果. 不但如此，在保形映射下，有些物理量的若干性质保持不变. 因此，保形映射对于解决某些理论问题及实际问题起着重要的作用.

Riemann 存在唯一性定理讨论的是区域之间的保形映射，并未涉及区域的边界之间的对应情况. 一般说来，一个区域的边界可能出现很复杂的情况. 下面给出的是仅限于简单闭曲线所围区域的边界对应定理.

定理 6.5(边界对应定理)　设单连通区域 D 和 G 的边界分别为简单闭曲线 C 和 Γ. 若函数 $w=f(z)$在 D 内解析，在 C 上连续，使 C 一一对应地映射成 Γ，且当点 z 沿着 C 的正向移动时，对应点 w 也沿着 Γ 的正向移动，则 $w=f(z)$ 将 D 一一对应地保形映射成 G.

关于这两个定理的证明，有兴趣的读者可参考文献[1]或[6].

6.2　分式线性映射

形如

$$w=L(z)=\frac{az+b}{cz+d}\ (ad-bc\neq 0) \tag{6.4}$$

的映射称为分式线性映射. 其中 a,b,c,d 为复常数. 它是保形映射中一类比较简单而又重要的映射，在研究一些特殊区域的映射时，往往起到很重要的作用. 在分式线性映射中，条件 $ad-bc\neq 0$ 是必要的；否则有 $\frac{\mathrm{d}w}{\mathrm{d}z}=\frac{ad-bc}{(cz+d)^2}=0$，这时 $w=L(z)$ 为一常映射，它将 z 平面映射为 w 平面上的一个点.

由式(6.4)解出 z,得 $z=\dfrac{-dw+b}{cw-a}$,$(-d)(-a)-bc\neq 0$,因此分式线性映射的逆映射也为分式线性映射.

容易验证两个分式线性映射的复合仍为分式线性映射.

6.2.1 分式线性映射的分解

若 $c\neq 0$,则

$$w=L(z)=\frac{az+b}{cz+d}=\frac{a\left(z+\dfrac{d}{c}\right)-\dfrac{ad}{c}+b}{c\left(z+\dfrac{d}{c}\right)}=\frac{a}{c}+\frac{bc-ad}{c^2}\frac{1}{z+\dfrac{d}{c}}$$

若 $c=0$,则

$$w=L(z)=\frac{a}{d}z+\frac{b}{d}$$

一般,分式线性映射可分解为下列四类简单映射的复合:

$$w=z+b,\quad w=e^{i\theta}z,\quad w=rz,\quad w=\frac{1}{z}$$

其中,b 为复数,θ 为实数,r 为正实数.

因此,对分式线性映射(6.4)的讨论,可以转化成对以上四类简单类型映射的讨论.

(1) $w=z+b$,这是平移映射.在这类映射下,点 z 沿向量 b 的方向平移到点 w,移动距离为$|b|$(见图 6-3).

(2) $w=e^{i\theta}z$,这是旋转映射,在这类映射下,有

$$|w|=|z|,\quad \operatorname{Arg} w=\operatorname{Arg} z+\theta$$

这类映射在保持向量 z 的长度不变的情况下,辐角旋转一个角度 θ(见图 6-4).

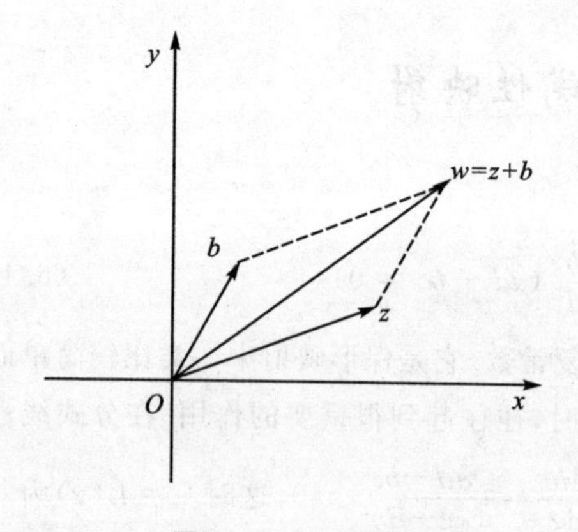

图 6-3 平移映射

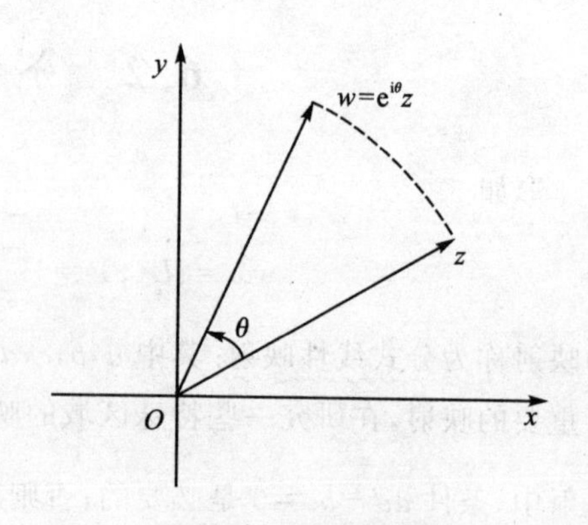

图 6-4 旋转映射

(3) $w=rz(r>0)$，在这类映射下，$|w|=r|z|$，$\text{Arg }w=\text{Arg }z$. 这类映射保持向量的方向不变，其长度放大了 r 倍(见图 6－5)，该映射称为相似映射.

(4) $w=\dfrac{1}{z}$，这类映射称为反演映射，它是以下两个映射的复合，

$$z_1=\frac{1}{\bar{z}},\quad w=\bar{z}_1$$

为了研究这类映射，先介绍一下关于圆的对称点的概念.

定义 6.3　对于给定的圆周 $C:|z-z_0|=R$，如果 z_1 与 z_2 在通过圆心 z_0 的同一条射线上，并且

$$|z_1-z_0|\cdot|z_2-z_0|=R^2$$

则称 z_1 和 z_2 关于圆周 C 为对称点. 规定圆心 z_0 与∞ 点关于圆周 C 为对称点.

对于给定的直线 L，若点 z_1,z_2 的连续与 L 垂直，并且被 L 平分，则称 z_1 与 z_2 关于直线 L 为对称点.

对于 $z_1=\dfrac{1}{\bar{z}}$，$z=re^{i\theta}$，$z_1=r_1e^{i\theta_1}$，则 $r_1=\dfrac{1}{r}$，$\theta_1=\theta$，$|z_1|\cdot|z|=1$. 因此 z_1 与 z 是关于单位圆周 $C:|z|=1$ 的对称点，而 z_1 和 $\omega=\dfrac{1}{z}$是关于实轴的对称点. 因此要从 z 作出$\dfrac{1}{z}$，应首先做出 z 关于单位圆周的对称点 z_1，然后再做出 z_1关于实轴的对称点，就是所求的点 ω(见图 6－6).

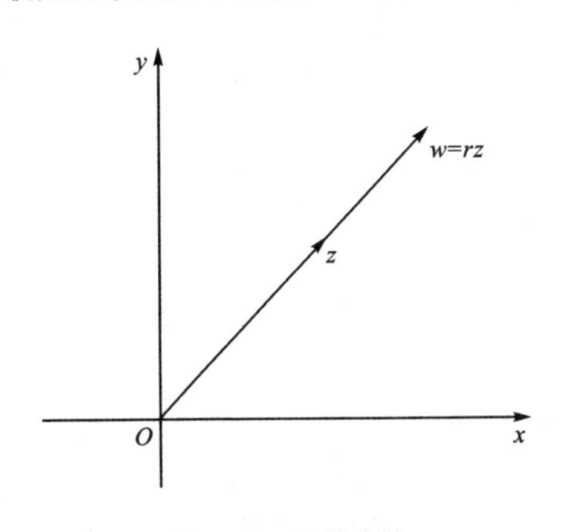

图 6－5　相似映射

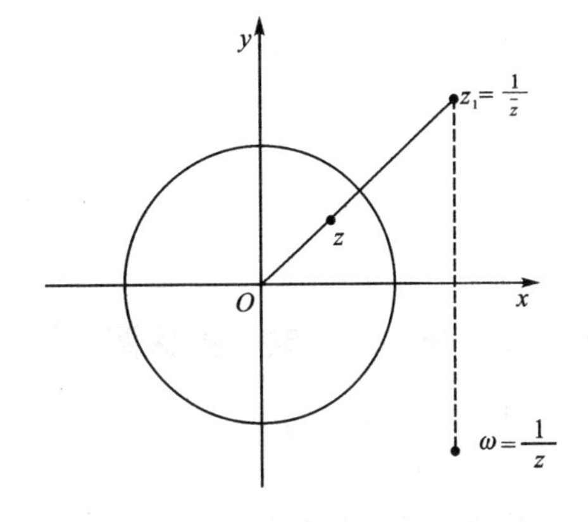

图 6－6　关于圆周的对称点

由于分式线性映射可以分解成上述四类简单的映射，从而讨论分式线性映射的性质，只需考虑这四类映射的性质即可.

6.2.2　分式线性映射的保形性

为了讨论分式线性映射的保形性，先把保形映射的概念扩充到无穷远点及其邻

域. 如果 $t=\dfrac{1}{f(z)}$ 把 $z=z_0$ 及其一个邻域保形映射成 $t=0$ 及其一个邻域,那么就说 $w=f(z)$ 把 $z=z_0$ 及其一个邻域保形映射成 $w=\infty$ 及其一个邻域;如果 $t=f^{-1}\left(\dfrac{1}{\zeta}\right)$ 把 $\zeta=0$ 及其一个邻域保形映射成 $t=0$ 及其一个邻域,就说 $w=f(z)$ 把 $z=\infty$ 及其一个邻域保形映射成 $w=\infty$ 及其一个邻域.

(1),(2),(3) 类映射的复合为整线性映射 $w=az+b(a\neq 0)$,是扩充 z 平面到扩充 w 平面上的一个一一对应映射,且 $w'=a\neq 0$,所以当 $z\neq\infty$ 时,它是保形映射.

在 $z=\infty$ 处,它的像点为 ∞. 令 $\zeta=\dfrac{1}{z}$,$\eta=\dfrac{1}{w}$,则 $w=az+b$ 变为 $\eta=\dfrac{1}{az+b}=\dfrac{\zeta}{a+b\zeta}$. 由于 $\left.\dfrac{\mathrm{d}\eta}{\mathrm{d}\zeta}\right|_{\zeta=0}=\dfrac{1}{a}\neq 0$,所以这个映射在 $\zeta=0$ 处是保形的. 于是整线性映射在扩充复平面上是保形的.

对于映射 $w=\dfrac{1}{z}$ 来说,当 $z=0$ 时,$w=\infty$;当 $z=\infty$ 时,$w=0$. 所以它在扩充复平面上是一一对应的. 又当 $z\neq 0$ 和 $z\neq w$ 时,$w'=-\dfrac{1}{z^2}\neq 0$,因此 $w=\dfrac{1}{z}$ 在除去 $z=0$ 和 ∞ 外是保形的.

在 $z=0$ 处,其像点是 $w=\infty$,令 $w_1=\dfrac{1}{w}$,则 $w=\infty$ 变为 $w_1=0$. 于是由 $w=\dfrac{1}{z}$ 知,$w_1=z$,而 $w_1{}'=1\neq 0$,所以 $w=\dfrac{1}{z}$ 在 $z=0$ 处是保形的,同理它在 $z=\infty$ 处也是保形的.

由此,我们得到了下述结果:

定理 6.6 分式线性映射 $w=\dfrac{az+b}{cz+d}(ad-bc\neq 0)$ 是扩充复平面到扩充复平面上的保形映射.

6.2.3 分式线性映射的保圆性

我们约定,在扩充复平面上,任一条直线可以看成是半径为 ∞ 的圆周. 下面研究分式线性映射的保圆性.

定理 6.7(保圆性定理) 在扩充复平面上,分式线性映射把圆周映射成圆周.

证 分式线性映射可分解为平移、旋转、相似、反演四种简单映射的复合,显然在前三种映射下,扩充复平面上圆周的像仍为复平面上的圆周. 现在只需证明 $w=\dfrac{1}{z}$ 也把圆周映射成圆周即可.

设复平面上圆的方程为

$$Az\bar{z}+B\bar{z}+\bar{B}z+C=0 \tag{6.5}$$

其中，A,C 为实常数，B 为复常数，且 $B\bar{B}-AC>0$. 当 $A=0$ 时，式(6.5)为直线方程. 通过反演映射 $w=\dfrac{1}{z}$，式(6.5) 变为

$$Cw\bar{w}+Bw+\bar{B}\bar{w}+A=0$$

这仍为圆的方程.

在分式线性映射下，若给定的圆周或直线上有一点变为∞ 点，则它就被映射成直线，否则映射成半径为有限的圆周.

设分式线性映射式(6.4) 把扩充 z 平面上的圆周 C 映为扩充 w 平面上的圆周 Γ，于是 C 及 Γ 分别把这两个扩充复平面分成两个没有公共点的区域 D_1,D_2 和 G_1，G_2. 那么映射(6.4) 把 D_1 映射为 G_1,G_2中的哪一个区域呢？这可以通过 D_1中的任一点的映像来决定.

6.2.4　分式线性映射的保对称点性

引理 6.2　扩充 z 平面上不同两点 z_1 及 z_2关于圆周 C 对称的充分必要条件是：通过 z_1 及 z_2 的任何圆周都与 C 正交.

证　当 C 是直线，或者 C 是半径为有限的圆周，而 z_1,z_2 中有一个是无穷远点时，引理的正确性是明显的. 现在考虑圆 C：$|z-z_0|=R(0<R<+\infty)$，而 z_1,z_2 都是有限点的情形.

必要性. 设 z_1 及 z_2关于圆周 C 为对称点(见图 6 - 7)，则过 z_1 与 z_2 的直线 L 必然与圆周 C 正交. 过 z_1,z_2 作一圆周 Γ(半径为有限)，过 z_0 作 Γ 的切线，切点为 z'，由切割线定理得 $|z'-z_0|^2=|z_1-z_0|\ |z_2-z_0|=R^2$，从而 $|z'-z_0|=R$，即 $z'\in C$. 而圆周 Γ 的切线 z_0z' 正好是圆周 C 的半径，因此 Γ 与 C 正交.

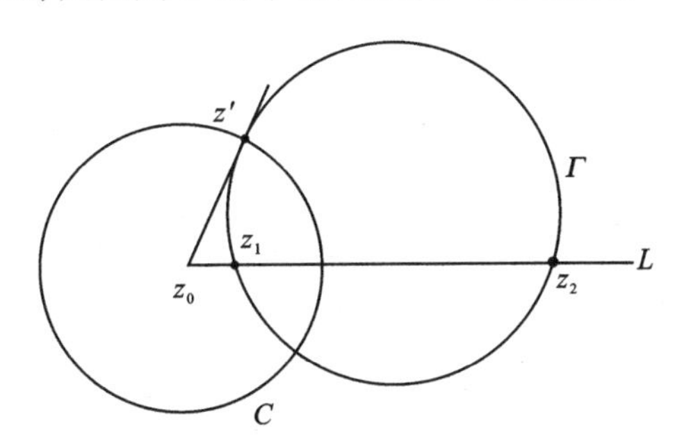

图 6 - 7　z_1 与 z_2 关于圆周 C 对称

充分性. 过点 z_1,z_2 作圆周 Γ(半径为有限)，设 Γ 与 C 交于一点 z' (见图 6 - 7)，且 Γ 与 C 正交，连接点 z_0,z'，则直线 z_0z' 必为圆周 Γ 的切线，所以 z_1,z_2 必在直线 z_0z'的同一侧. 又连接点 z_1,z_2，则直线 z_1z_2 也应与圆周 C 正交，故直线 z_1z_2 必过 C 的圆心 z_0，且点 z_1,z_2 在过点 z_0 的一条射线上. 再由切割线定理，得

$$|z_2-z_0|\ |z_1-z_0|=R^2$$

这就证明了点 z_1, z_2 是关于圆周 C 的对称点.

定理 6.8(保对称点定理) 若 z_1, z_2 两点关于圆周 C 对称,则经分式线性映射 $w=L(z)$ 后,像点 $w_1=L(z_1), w_2=L(z_2)$ 关于像圆周 $\Gamma=L(C)$ 对称.

证 由分式线性映射的保圆性,过 w_1, w_2 两点的任意圆周 Γ' 在 $w=L(z)$ 映射下的原像 C' 必为过 z_1, z_2 两点的圆周. 由引理 6.2,圆周 C' 必与 C 正交. 再由 $w=L(z)$ 的保形性知,Γ' 必与 Γ 正交. 再由引理 6.2 知,w_1, w_2 两点关于圆周 Γ 对称.

6.2.5 分式线性映射的保交比性

定义 6.4 设 z_1, z_2, z_3, z_4 是扩充复平面上有顺序的四个互异点,称

$$\frac{z_4-z_1}{z_4-z_2}:\frac{z_3-z_1}{z_3-z_2} \tag{6.6}$$

为它们的交比,记作 (z_1, z_2, z_3, z_4).

若这四个点中有一个为 ∞,则应将式(6.6)中包含此点的分子或分母由 1 来代替. 例如

$$(\infty, z_2, z_3, z_4)=\frac{1}{z_4-z_2}:\frac{1}{z_3-z_2}$$

定理 6.9(交比不变性定理) 在分式线性映射下,四点的交比不变.

证 显然,平移、旋转和相似映射都保持交比不变. 现在证明反演映射 $w=\frac{1}{z}$ 也保持交比不变.

设 $w_i=z_i, i=1,2,3,4$, 则

$$\frac{w_4-w_1}{w_4-w_2}:\frac{w_3-w_1}{w_3-w_2}=\frac{\frac{1}{z_4}-\frac{1}{z_1}}{\frac{1}{z_4}-\frac{1}{z_2}}:\frac{\frac{1}{z_3}-\frac{1}{z_1}}{\frac{1}{z_3}-\frac{1}{z_2}}=\frac{z_4-z_1}{z_4-z_2}:\frac{z_3-z_1}{z_3-z_2}$$

故

$$(w_1, w_2, w_3, w_4)=(z_1, z_2, z_3, z_4)$$

在分式线性映射(6.4)中,有 a, b, c, d 四个参数,但用这四个参数中一个非零参数去除分子和分母,就只有三个参数了. 因此,只要知道三个点 z_1, z_2, z_3 的对应点 w_1, w_2, w_3,就可以决定这三个参数,从而分式线性映射就可唯一确定. 由交比不变性定理,可得如下结果:

定理 6.10 把扩充复平面上三个互异点 z_1, z_2, z_3 映射为扩充复平面上三个互异点 w_1, w_2, w_3 的分式线性映射,$w=L(z)$ 由下式

$$(w_1, w_2, w_3, w)=(z_1, z_2, z_3, z) \tag{6.7}$$

唯一确定.

例 6.1 求将 $\infty, 1, 0$ 三点分别映射为 $2, 0, \infty$ 三点的分式线性映射.

解 由式(6.7)得

$$(2,0,\infty,w)=(\infty,1,0,z)$$

即

$$\frac{w-2}{w}=\frac{1}{z-1}:\frac{1}{-1}$$

所求映射为

$$w=\frac{2z-2}{z}$$

6.2.6　两个重要的分式线性映射

1. 将上半平面 Im $z>0$ 映射为单位圆 $|w|<1$ 的分式线性映射

设 $w=L(z)$ 是这个分式线性映射，则它把上半平面上某点 a 映射为单位圆的圆心，即 $L(a)=0$. 又由分式线性映射的保对称点性，它把 $\bar{a}$ 映射为∞，即 $L(\bar{a})=\infty$，于是

$$w=L(z)=k\,\frac{z-a}{z-\bar{a}}$$

由分式线性映射的保圆性，它把实轴映射成单位圆周 $|w|=1$. 所以若取 $z=x$（实数），则由

$$|w|=|L(x)|=\left|k\,\frac{x-a}{x-\bar{a}}\right|=|k|=1$$

得

$$k=\mathrm{e}^{\mathrm{i}\theta}$$

θ 为实数. 于是所求的分式线性映射具有如下形式

$$w=L(z)=\mathrm{e}^{\mathrm{i}\theta}\,\frac{z-a}{z-\bar{a}}\quad(\theta\text{ 为实数},\ \mathrm{Im}\,a>0)\tag{6.8}$$

反之，将 $z=x$ 代入式(6.8)，有 $|w|=1$，即 $L(z)$ 把实轴映射为单位圆周，同时把上半平面上的点 $z=a$ 映射为 $w=0$. 因此式(6.8)必将 Im $z>0$ 映射成 $|w|<1$.

例 6.2　求将单位圆 $|z|<1$ 映射为上半平面的分式线性映射 $w=f(z)$，且使 $f(0)=\mathrm{i}$，$f(1)=0$.

解　先求 $w=f(z)$ 的逆映射 $z=g(w)$，它把上半平面 Im $w>0$ 映射到单位圆 $|z|<1$，并且使 $g(\mathrm{i})=0$，$g(0)=1$. 由式(6.8)得

$$z=g(w)=\mathrm{e}^{\mathrm{i}\theta}\,\frac{w-\mathrm{i}}{w+\mathrm{i}}$$

又 $g(0)=1$，所以 $\mathrm{e}^{\mathrm{i}\theta}=-1$. 这时

$$z=-\frac{w-\mathrm{i}}{w+\mathrm{i}}$$

由上式解出 w，得

$$w=f(z)=\mathrm{i}\,\frac{1-z}{1+z}$$

即为所求映射.

例 6.3 求将上半平面 $\mathrm{Im}\,z>0$ 映射为圆 $|w-w_0|<R$ 的分式线性映射 $w=L(z)$，且使 $L(\mathrm{i})=w_0$，$L'(\mathrm{i})>0$.

解 作映射 $\zeta=\dfrac{w-w_0}{R}$，它把圆 $|w-w_0|<R$ 变成单位圆 $|\zeta|<1$.

其次，作上半平面 $\mathrm{Im}\,z>0$ 到单位圆 $|\zeta|<1$ 的分式线性映射，使 $z=\mathrm{i}$ 变成 $\zeta=0$，于是

$$\zeta=\mathrm{e}^{\mathrm{i}\theta}\frac{z-\mathrm{i}}{z+\mathrm{i}}$$

复合前面的映射，有

$$\frac{w-w_0}{R}=\mathrm{e}^{\mathrm{i}\theta}\frac{z-\mathrm{i}}{z+\mathrm{i}}$$

再由条件 $L'(\mathrm{i})>0$，可得 $\mathrm{e}^{\mathrm{i}\theta}=\mathrm{i}$，故所得映射为

$$w=\mathrm{i}R\frac{z-\mathrm{i}}{z+\mathrm{i}}+w_0$$

2. 将单位圆 $|z|<1$ 映射为单位圆 $|w|<1$ 的分式线性映射

设 $w=L(z)$ 是这个分式线性映射，则它把圆周 $|z|=1$ 映射成圆周 $|w|=1$，同时把 $|z|<1$ 内某点 $z=a$ 映射为 $w=0$. 由分式线性映射的保对称点性，点 $z=a$ 关于单位圆周 $|z|=1$ 的对称点 $z=\dfrac{1}{\bar{a}}$ 映射成 $L\left(\dfrac{1}{\bar{a}}\right)=\infty$. 从而所求分式线性映射应具有如下形式

$$w=L(z)=k\frac{z-a}{z-\dfrac{1}{\bar{a}}}=-\bar{a}k\frac{z-a}{1-\bar{a}z}=k_1\frac{z-a}{1-\bar{a}z}$$

其中 $k_1=-\bar{a}k$.

由于 $L(z)$ 把圆周 $|z|=1$ 映射为圆周 $|w|=1$，所以取 $z=1$，有 $|L(1)|=1$，即

$$1=\left|k_1\frac{1-a}{1-\bar{a}}\right|=|k_1|$$

因此 $k_1=\mathrm{e}^{\mathrm{i}\theta}$，这里 θ 为任意实数. 于是有

$$w=L(z)=\mathrm{e}^{\mathrm{i}\theta}\frac{z-a}{1-\bar{a}z}\ (|a|<1,\theta\text{ 为实数})\tag{6.9}$$

反之，不难验证这就是所求的分式线性映射. 显然这个映射将 $|z|>1$ 映射为 $|w|>1$.

例 6.4 求将单位圆 $|z|<1$ 映射为单位圆 $|w|<1$ 的分式线性映射 $w=L(z)$，且满足条件 $L(0)=\dfrac{1}{2}$，$L'(0)>0$.

解 由式(6.9)，所求映射为

$$w=L(z)=\mathrm{e}^{\mathrm{i}\theta}\frac{z-a}{1-\bar{a}z}$$

其中$|a|<1$,θ为实数.

因为$L(0)=\frac{1}{2}$,所以$a=-\frac{1}{2}e^{-i\theta}$. 又由$L'(0)>0$得

$$L'(0)=e^{i\theta}\frac{1-|a|^2}{(1-\bar{a}z)^2}\bigg|_{z=0}=e^{i\theta}(1-|a|^2)>0$$

因为$1-|a|^2>0$,故$e^{i\theta}>0$,得$\theta=0$. 这时$e^{i\theta}=1$,$a=-\frac{1}{2}$,代入所求映射,得

$$w=L(z)=\frac{2z+1}{z+2}$$

6.3 一些初等函数的映射

6.3.1 幂函数与根式函数

幂函数$w=z^n$(n为大于1的自然数)是复平面上的单值函数,在复平面上处处可微,且除去原点外导数不为零.

令$z=re^{i\theta}$,$w=\rho e^{i\varphi}$,于是通过$w=z^n$,得$\rho=r^n$,$\varphi=n\theta$. 因此在映射$w=z^n$下,把z平面上的圆周$|z|=r(r>0)$映射成w平面上的圆周$|w|=r^n$;特别,把单位圆周$|z|=1$映射成单位圆周$|w|=1$. 把z平面上由原点出发的射线$\theta=\theta_0$映射成w平面上由原点出发的射线$\varphi=n\theta_0$;把正实轴$\theta=0$映射成正实轴$\varphi=0$;把角形域$0<\theta<\theta_0\left(<\frac{2\pi}{n}\right)$映射成角形域$0<\varphi<n\theta_0$(见图6-8). 特别是,它把角形域$0<\theta<\frac{2\pi}{n}$映射成$w$平面上不含正实轴的区域$0<\varphi<2\pi$. 因此,函数$w=z^n$($n$为大于1的自然数)是角形域$0<\theta<\theta_0\left(<\frac{2\pi}{n}\right)$到角形域$0<\varphi<n\theta_0$的保形映射.

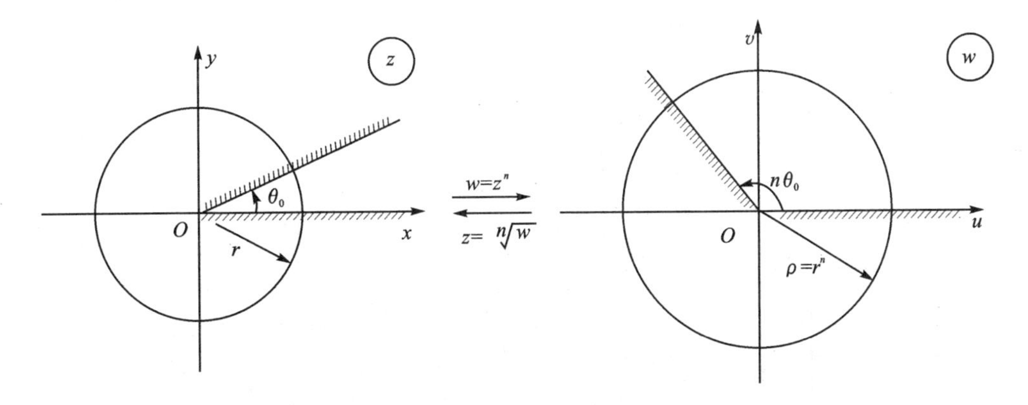

图 6-8 幂函数的映射

幂函数$w=z^n$所构成的映射的特点是:把以原点为顶点的角形域仍映射成以原点为顶点的角形域,且把张角变成了原来的n倍. 因此要把角形域映射成角形域,通

常要用到幂函数.

作为 $w=z^n$ 的逆映射 $z=\sqrt[n]{w}$(这里$\sqrt[n]{w}$看作是取定这个 n 值函数的一个单值解析分支),它将 w 平面上的角形域 $0<\varphi<\varphi_0$($<2\pi$) 保形映射成 z 平面上的角形域 $0<\theta<\varphi_0/n$,特别是将 w 平面上不含正实轴的区域 $0<\varphi<2\pi$ 映射为角形域 $0<\theta<\dfrac{2\pi}{n}$. 因而把角形域映射成角形域且把张角缩小到原来的$\dfrac{1}{n}$的映射,要用到根式函数.

6.3.2 指数函数与对数函数

由 2.4.1 小节知,指数函数 $w=e^z$ 在全平面上解析,在任一点的导数 $\dfrac{dw}{dz}=e^z\neq 0$,它以 $2\pi i$ 为基本周期. 为了研究它的映射性质,需要先了解它的单叶性区域.

设 z_1,z_2,使得 $e^{z_1}=e^{z_2}$,于是 $e^{z_1-z_2}=1$,所以得

$$z_1-z_2=2k\pi i \quad (k=0,\pm 1,\pm 2,\cdots)$$

所以,不包含两点之差为 $2k\pi i(k\neq 0)$的区域为 e^z 的单叶性区域. 为简单起见,我们取平行于实轴的带形域 D_k:

$$2k\pi<y<(2k+1)\pi \quad (k=0,\pm 1,\pm 2,\cdots)$$

作为为 e^z 的单叶性区域.

由于 e^z 的周期性,我们只要在带形域 D_0:$0<y<2\pi$ 中考察 e^z 的映射性质即可.

设 $z=x+iy(0<y<2\pi)$,令 $w=e^z=\rho\, e^{i\varphi}$,则

$$\rho=e^x,\quad \varphi=y$$

显然,e^z把线段 $x=x_0(0<y<2\pi)$映射成 w 平面上去掉点 $w=e^{x_0}$ 的圆周$|w|=\rho=e^{x_0}$,把直线 $y=h(0<h<2\pi)$映射成 w 平面上从原点出发幅角为 $\varphi=h$ 的射线;当直线 $y=0$ 从实轴平行移动到 $y=h(0<h<2\pi)$时,函数 $w=e^z$把带形域 $0<y<h$ 映射成角形域 $0<\arg w<h$. 特别是,$w=e^z$把带形域 $0<y<2\pi$ 保形映射成 w 平面上除去正实轴的区域 $0<\arg w<2\pi$(见图 6-9).

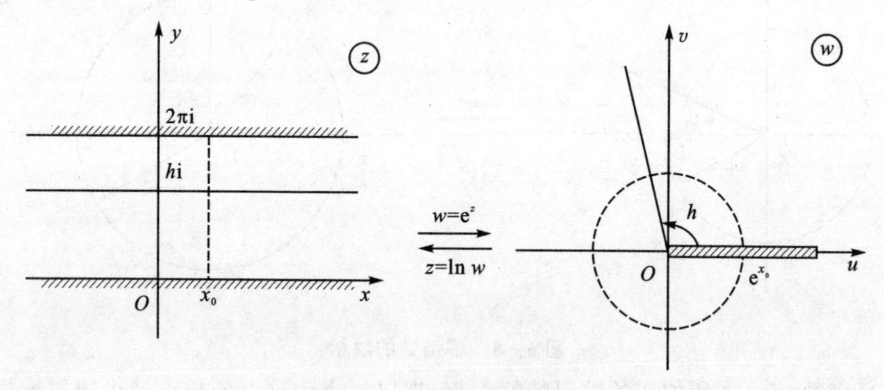

图 6-9 指数函数的映射

作为 $w=\mathrm{e}^z$ 的逆映射 $z=\ln w$（这里 $\ln w$ 是取定 $\mathrm{Ln}\, w$ 的一个单值解析分支），它将 w 平面上的角形域 $0<\arg w<h$ 保形映射成 z 平面上的带形域 $0<y<h$．特别是，它将 w 平面上除去正实轴的区域 $0<\arg w<2\pi$ 保形映射成 z 平面上的带形区域 $0<y<2\pi$（见图 6－9）．

6.3.3＊　儒可夫斯基函数

函数

$$w=\frac{1}{2}\left(z+\frac{a^2}{z}\right)\quad (a>0) \tag{6.10}$$

称为儒可夫斯基（Жуковскни）函数．它在除去 $z=0$ 外的复平面上处处解析，$z=0$ 是它的一个极点．

由于 $\dfrac{\mathrm{d}w}{\mathrm{d}z}=\dfrac{1}{2}\left(1-\dfrac{a^2}{z^2}\right)$，因此这个映射除去 $z=0$ 和 $z=\pm a$ 外，是处处保形的．

由式(6.10) 容易得到

$$w-a=\frac{z^2-2az+a^2}{2z}=\frac{(z-a)^2}{2z}$$

$$w+a=\frac{z^2+2az+a^2}{2z}=\frac{(z+a)^2}{2z}$$

所以有

$$\frac{w-a}{w+a}=\left(\frac{z-a}{z+a}\right)^2$$

为讨论儒可夫斯基函数的映射性质，我们分别讨论下面的一些映射．

(1) 映射 $w_1=\dfrac{z-a}{z+a}$．它把 $z=a$ 和 $z=-a$ 分别映射成 $w_1=0$ 与 $w_1=\infty$，从而把通过 $z=a$，$z=-a$ 的圆周 C 映射成通过点 $w_1=0$，倾角为 α 的直线．当 z 取实数时，w_1 也为实数．这时，因为 $\dfrac{\mathrm{d}w_1}{\mathrm{d}z}=\dfrac{2a}{(z+a)^2}>0$，所以当 z 点沿实轴由 $z=a$ 向右移动时，点 w_1 也沿实轴由 $w_1=0$ 向右移动．因此这个映射把圆周 C 的外部区域映射成包含正实轴的 w_1 半平面，同时由保角性，这个半平面的边界直线的倾角等于 C 在 $z=a$ 处的切线倾角 α（见图 6－10）．

(2) 映射 $w_2=w_1{}^2$．它把这个 w_1 半平面映射成沿射线 $\arg w_2=2\alpha$ 割开的 w_2 的平面（见图 6－10）．

(3) 映射 $w_2=\dfrac{w-a}{w+a}$．它把上述割开的 w_2 平面映射成连接 $w=a$ 与 $w=-a$ 的圆弧割开的 w 平面（见图 6－10）．

以上三个映射在所讨论的区域内都是一一对应的映射．把这三个映射复合起来，有

$$\frac{w-a}{w+a}=\left(\frac{z-a}{z+a}\right)^2$$

解出 w，即

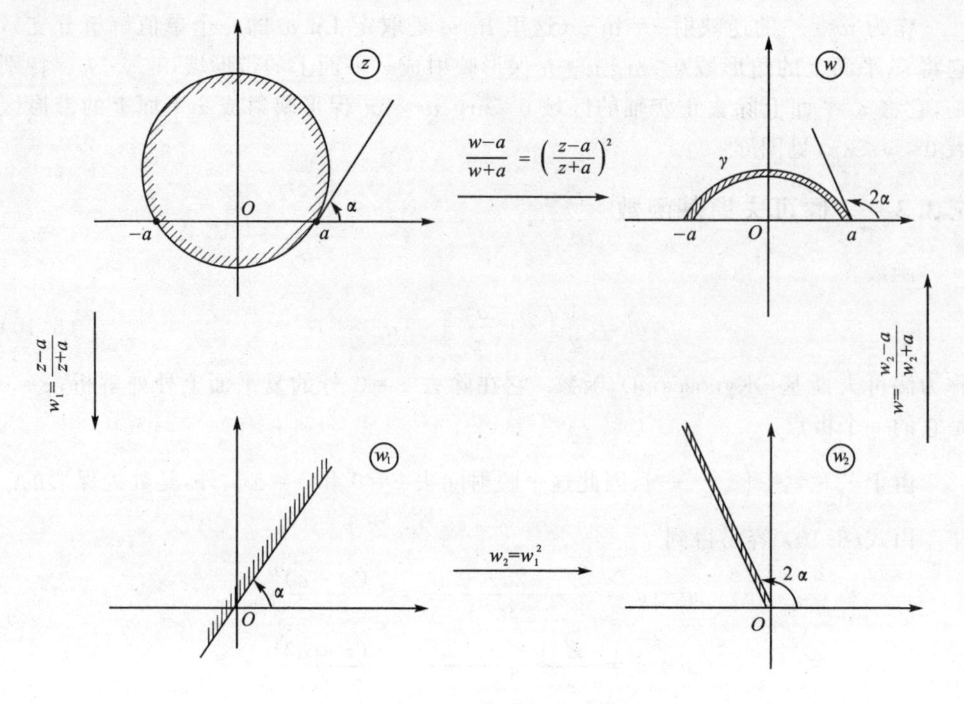

图 6-10　儒可夫斯基函数

$$w=\frac{1}{2}\left(z+\frac{a^2}{z}\right)$$

因此有以下结论：

映射 $w=\frac{1}{2}\left(z+\frac{a^2}{z}\right)$ 将一个通过 $z=a$ 与 $z=-a$ 的圆周 C 的外部区域一一对应地保形映射成除去一个连接点 $w=a$ 与 $w=-a$ 的圆弧 γ 的平面(见图 6-10). 特别是,当 C 为圆周 $|z|=a$ 时,γ 将蜕化为线段 $-a\leqslant \operatorname{Re} w\leqslant a$.

如果我们在 z 平面上围绕圆周 C 作与 C 相切于点 a 的圆周 C',则通过儒可夫斯基函数 $w=\frac{1}{2}\left(z+\frac{a^2}{z}\right)$,$C'$的外部被映射成 w 平面上包含圆弧 γ 在内的某一闭曲线

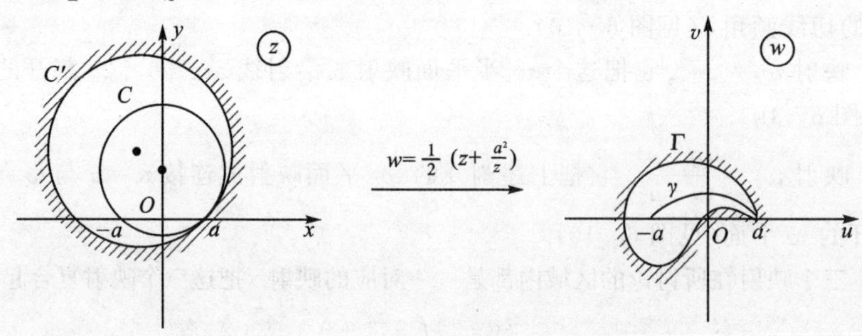

图 6-11　映射 $w=\frac{1}{2}\left(z+\frac{a^2}{2}\right)$

Γ 的外部，且这条闭曲线在点 a 处有一尖点．它的形状就好像飞机机翼横截面的边界曲线(见图 6－11)．儒可夫斯基就是以这个结果为基础，提出了求各种机翼截面的方法．因此儒可夫斯基函数又称为机翼剖面函数．

6.3.4　复合映射举例

例 6.5　试求一映射，将区域 $D=\{z \mid |z|<1, \operatorname{Im} z>0\}$ 映射成上半平面 $\operatorname{Im} w>0$．

解　先由映射 $w_1=\dfrac{z+1}{z-1}$ 将区域 D 映射为 w_1 平面上顶点在原点的角域，它将 $z=-1$ 和 $z=1$ 分别映射为 $w_1=0$ 和 $w_1=\infty$，将上半圆周 $\overset{\frown}{AB}$ 与线段 AB 分别映射为自原点出发的两条射线，其张角为 $\dfrac{\pi}{2}$．为了确定角域的位置，在线段 AB 上取 $z=0$，它在 w_1 平面上的像点为 $w_1(0)=-1$；在 $\overset{\frown}{AB}$ 上取 $z=\mathrm{i}$，它在 w_1 平面上的像点为 $w_1(\mathrm{i})=-\mathrm{i}$．于是线段 AB 的像曲线是 w_1 平面上的负实轴，$\overset{\frown}{AB}$ 的像曲线是 w_1 平面上的负虚轴．再由分式线性映射的保形性，即知 $w_1=\dfrac{z+1}{z-1}$ 把 z 平面上的区域 D 映射为 w_1 平面上的第三象限 D_1，再利用映射 $w=w_1{}^2$ 将 D_1 映射为 w 平面上的上半平面(见图 6－12)，故所求映射为

$$w=\left(\frac{z+1}{z-1}\right)^2$$

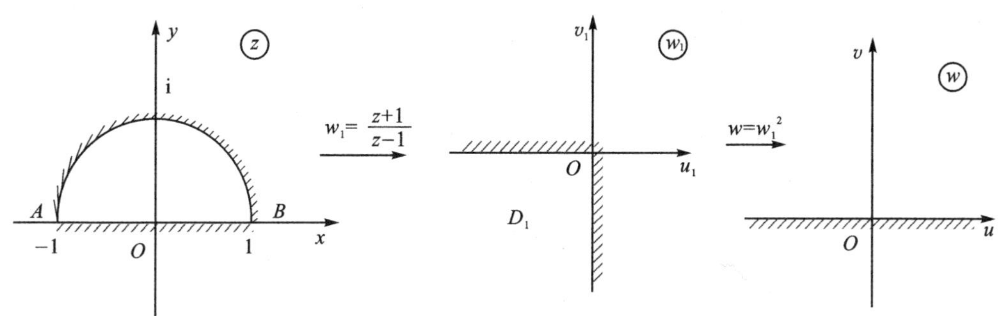

图 6－12　例 6.5 的图形

例 6.6　求把图 6－13(a) 中由弧 C_1 与 C_2 所围成的交角为 α 的月牙形域，保形映射成角形域 $\varphi_0<\arg w<\varphi_0+\alpha$ 的映射．

解　先求出把 C_1，C_2 的交点 i 与 $-$i 分别映射成 w_1 平面中的 0 点与 ∞ 点，并使月牙形域保形映射成角形域 $0<\arg w_1<\alpha$ [见图 6－13 (b)] 的映射．它具有如下形式

$$w_1=k\,\frac{z-\mathrm{i}}{z+\mathrm{i}}$$

其中，k 为待定常数．为了确定 k，我们规定当 $z=1$ 时，$w_1=1$，于是得到 $k=\mathrm{i}$，故映射

$$w_1 = \mathrm{i}\,\frac{z-\mathrm{i}}{z+\mathrm{i}}$$

把弧 C_1 变成正实轴,弧 C_2 变成从原点出发倾角为 α 的射线.

再求出角形域 $0<\arg w_1<\alpha$ 保形映射成角形域 $\varphi_0<\arg w<\varphi_0+\alpha$ 的映射,它显然为

$$w = w_1 \mathrm{e}^{\mathrm{i}\varphi_0}$$

最后,把以上映射复合起来,得到所求映射为

$$w = \mathrm{i}\mathrm{e}^{\mathrm{i}\varphi_0}\ \frac{z-\mathrm{i}}{z+\mathrm{i}}$$

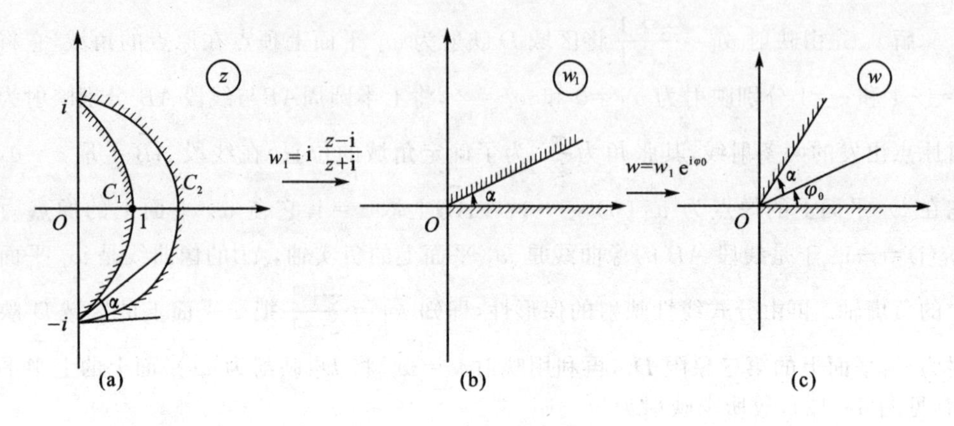

图 6-13 例 6.6 的图形

例 6.7 求把带形域 D:$a<\mathrm{Re}\ z<b$ 映射成单位圆 $|w|<1$ 的保形映射.

解 如图 6-14 所示,先作映射

$$w_1 = \frac{\pi \mathrm{i}}{b-a}(z-a)$$

把带形域 D 映射为带形域 D_1:$0<\mathrm{Im}\ w_1<\pi$. 再用映射

$$w_2 = \mathrm{e}^{w_1}$$

把带形域 D_1 映射为上半平面 $\mathrm{Im}\ w_2>0$. 最后通过映射

$$w = \frac{w_2-\mathrm{i}}{w_2+\mathrm{i}}$$

把 $\mathrm{Im}\ w_2>0$ 映射为 $|w|<1$. 因此所求映射为

$$w = \frac{\mathrm{e}^{\frac{\pi \mathrm{i}}{b-a}(z-a)}-\mathrm{i}}{\mathrm{e}^{\frac{\pi \mathrm{i}}{b-a}(z-a)}+\mathrm{i}}$$

例 6.8 求把有割线段 $0\leqslant \mathrm{Im}\ z\leqslant h$,$\mathrm{Re}\ z=0$ 的上半平面映射为上半平面的映射.

解 先作映射 $w_1=z^2$,它把 z 平面上的这个区域映射为 w_1 平面上除去实轴上有割线 $h^2\leqslant \mathrm{Re}\ w_1<+\infty$ 的区域(见图 6-15).

其次作平移映射 $w_2=w_1+h^2$,可得到去掉正实轴的 w_2 平面. 然后通过映射 $w=\sqrt{w_2}$,便得到上半 w 平面.

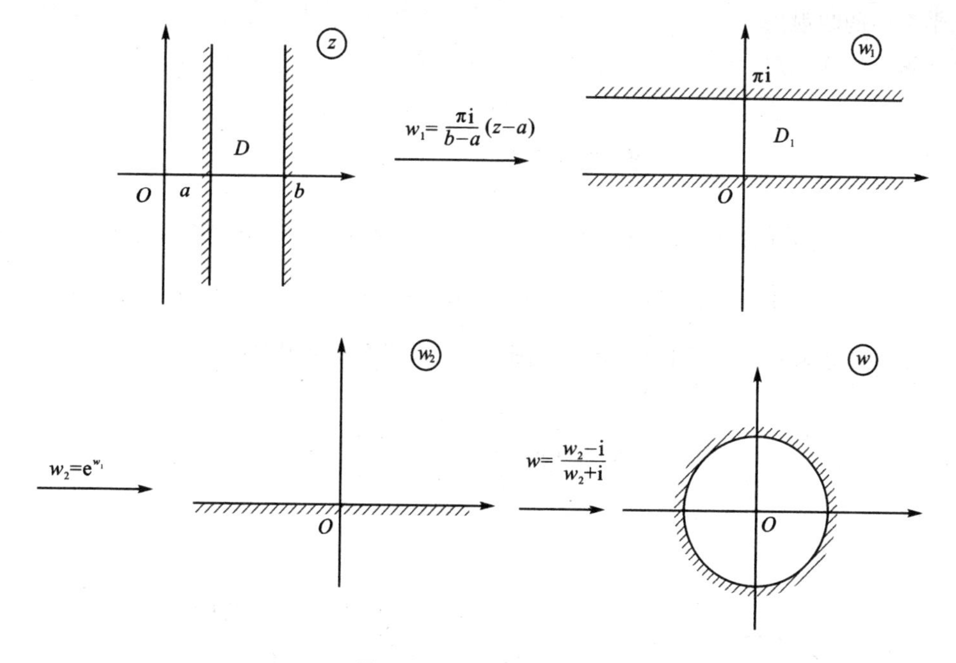

图 6－14　例 6.7 的图形

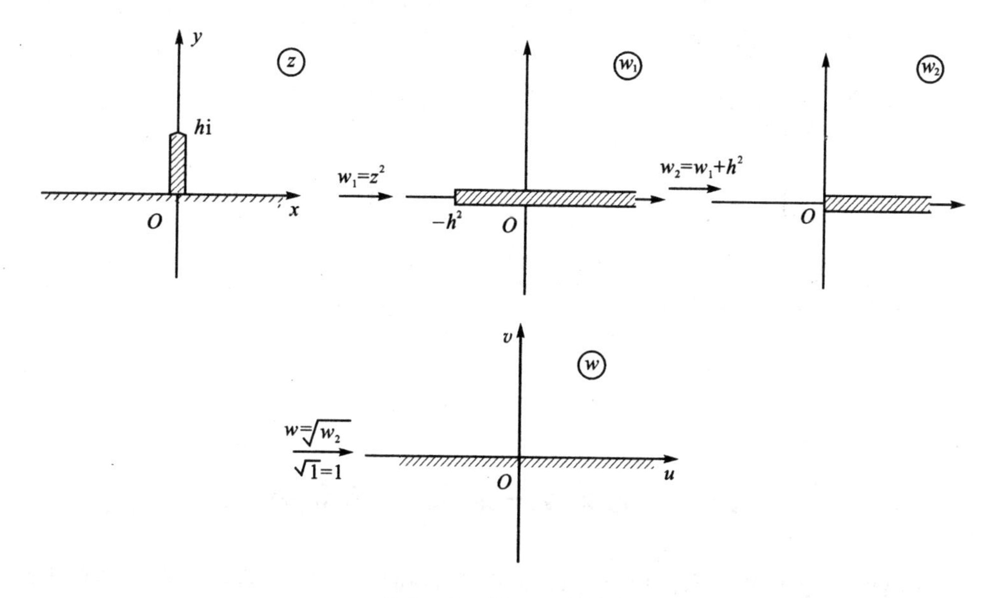

图 6－15　例 6.8 的图形

把以上映射复合起来，即得所求映射为

$$w = \sqrt{z^2 + h^2}$$

例 6.9　求将单位圆 $|z|<1$ 内去掉正实轴上线段 $\frac{1}{2} \leqslant \mathrm{Re}\, z \leqslant 1$ 的区域 D 映射成

上半平面的映射.

解 先作映射

$$w_1 = \frac{z - \frac{1}{2}}{1 - \frac{1}{2}z} = \frac{2z-1}{2-z}$$

把 D 映射成单位圆内去掉线段 $0 \leqslant \mathrm{Re}\, w_1 \leqslant 1$ 的区域 D_1. 然后作根式映射 $w_2 = \sqrt{w_1}$ ($\sqrt{1}=1$),它把 D_1 映射成上半单位圆 D_2. 由例 6.6,再作映射 $w=\left(\frac{w_2+1}{w_2-1}\right)^2$,可把 D_2 映射成上半平面 $\mathrm{Im}\, w>0$(见图 6-16),复合这些映射,得

$$w = \left(\frac{\sqrt{\frac{2z-1}{2-z}}+1}{\sqrt{\frac{2z-1}{2-z}}-1}\right)^2$$

即为所求映射.

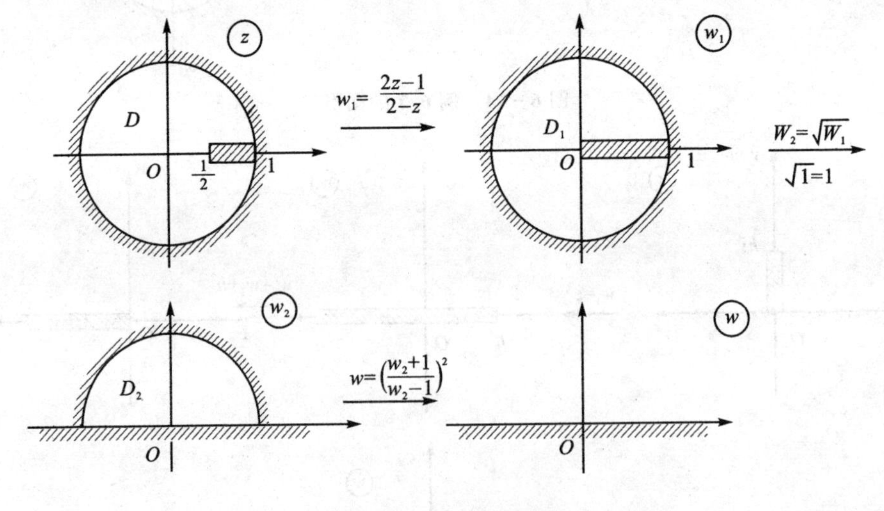

图 6-16 例 6.9 的图形

6.4* 施瓦兹-克里斯托菲公式

在热传导、流体力学和静电学等许多实际问题的研究中,常常需要把上半平面映射到一个多角形区域,这就是保形映射理论中上半平面到多角形区域的保形映射问题. 在一般情况下,这个问题已不能用前面讨论过的初等函数来解决,而需要利用下面给出的施瓦兹-克里斯托菲(Schwarz-Christoffel) 公式.

设 G 为 w 平面上的一个多角形区域,其顶点按逆时针方向依次为 $w_1, w_2, \cdots, w_n$,在顶点 w_k 处的多角形 G 的夹角为 $\alpha_k \pi (0<\alpha_k \leqslant 2, 1 \leqslant k \leqslant n)$,显然

$$\sum_{k=1}^{n}\alpha_k = n-2$$

由 Riemann 定理，存在函数 $w=f(z)$ 把上半平面 $\text{Im}\, z>0$ 保形映射成区域 G，并将 z 平面实轴上的 n 个点

$$-\infty < x_1 < x_2 < \cdots < x_n < \infty$$

依次映为 G 的顶点 $w_1, w_2, \ldots, w_n$（见图 6－17）. 为简便起见，下面对施瓦兹-克里斯托菲公式不作严格推导，只说明它的合理性.

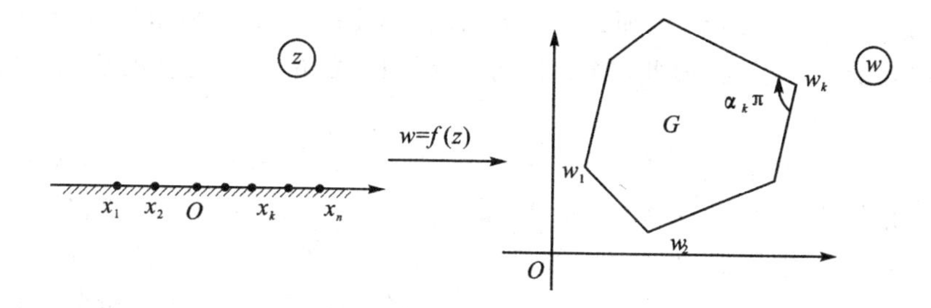

图 6－17　上半平面到多角形区域 G 内的映射

我们知道，幂函数

$$w = z^n$$

把以 $z=0$ 为顶点、张角为 $\alpha\left(0<\alpha<\dfrac{2\pi}{n}\right)$ 的角形域映射成以 $w=0$ 为顶点、张角为 $n\alpha$ 的角形域. 因此，映射

$$w - w_k = (z-x_k)^{\alpha_k} \quad (0<\alpha_k\leqslant 2) \tag{6.11}$$

把 x 轴上的点 x_k 映射成 w 平面上的点 w_k，z 平面的上半平面映射成 w 平面上顶点在 w_k、张角为 $w_k\pi$ 的角形域.

由此可见，通过映射(6.11) 就可以把经过实轴上的点 x_k 的直线段映射成 w 平面上点 w_k 处交角为 $\alpha_k\pi$ 的两条线段. 因此，如果一个映射同时将 x 轴上的几条线段映射成 w 平面上相交在不同位置不同角度的线段，那么它就可以将整个 x 轴映射成 w 平面上的多角形.

由式(6.11)，可得

$$\frac{\mathrm{d}w}{\mathrm{d}z} = \alpha_k(z-x_k)^{\alpha_k-1}$$

由此启发我们，把上半 z 平面映射成多角形内部区域的映射 $w=f(z)$ 应满足如下微分方程

$$\frac{\mathrm{d}w}{\mathrm{d}z} = A(z-x_1)^{\alpha_k-1}(z-x_2)^{\alpha_2-1}\cdots(z-x_n)^{\alpha_n-1} \tag{6.12}$$

其中，A 为常数.

下面说明式(6.12) 给出的变换确实能够将上半 z 平面映射成多角形区域. 由式(6.12)，我们有

$$dw = A(z-x_1)^{\alpha_k-1}(z-x_2)^{\alpha_2-1}\cdots(z-x_n)^{\alpha_n-1}dz$$

两边取辐角,得

$$\arg dw = \arg A + (\alpha_k - 1)\arg(z-x_1) + (\alpha_2-1)\arg(z-x_2) + \cdots + (\alpha_n - 1)\arg(z-x_n) + \arg dz \tag{6.13}$$

现在,我们观察当点 z 沿着实轴从 x_1 的左边依次经过点 $x_1, x_2, \cdots, x_n$ 时,像点 w 的轨迹. 设 x_k 的像点是 $w_k(1 \leqslant k \leqslant n)$,当 z 没有达到 x_1 以前,由于 $z-x_1, z-x_2, \cdots, z-x_n$ 全是负数,其辐角均为 π,此时 $dz=dx$,$\arg dz=0$. 因此,当 z 向 x_1 移动时,式(6.13)的右端的各项都不变,所以 $\arg dw$ 保持不变. 但 dw 的辐角只有当 w 沿着直线移动时才能保持不变,因此,当 z 移向 x_1 时,由式(6.12) 定义的点 w 的轨迹是线段.

当 z 经过 x_1 到达 x_1 的右侧时,$z-x_1$ 为正实数,$\arg(z-x_1)$ 突然减少了 π,其他各项的辐角保持不变,所以这时 $\arg dw$ 减少了 $(\alpha_1-1)\pi=\alpha_1\pi-\pi$,即它增加了 $\pi-\alpha_1\pi$. 当 z 沿着 x 轴从 x_1 的右边向 x_2 移动时,$\arg dw$ 保持这个新值不变,故 w 的轨迹是连接 x_1 的像点 w_1 与 x_2 的像点 w_2 的一条线段,它与前一线段相交于 w_1,且具有夹角 $\alpha_1\pi$(见图 6-18).

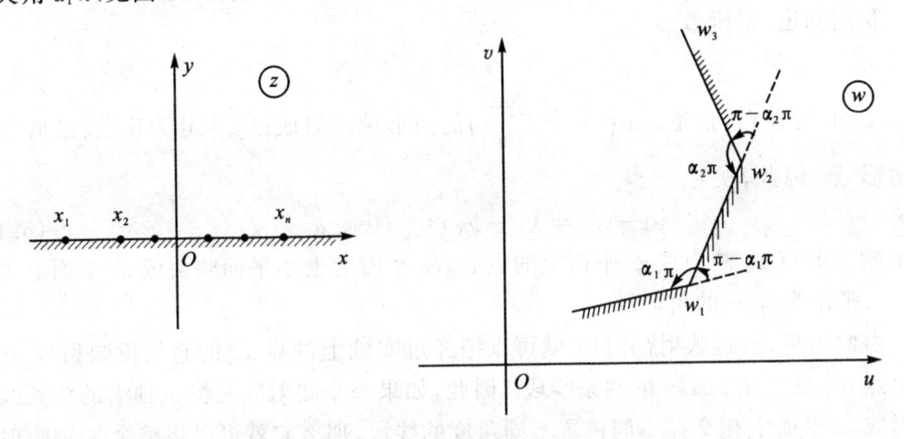

图 6-18 多角形映射的过程

当 z 沿着 x 轴移向 x_2 的右侧时,由式(6.13) 知,$\arg dw$ 将突然增加 $\pi-\alpha_2\pi$. 当 z 在 x_2 右侧向 x_3 移动时,像点 w 就沿着连接 w_2 与 x_3 的像点 w_3 的直线段向 w_3 移动,它与线段 w_1, w_2 的夹角为 $\alpha_2\pi$(见图 6-19). 按照这种方法,当 z 在 z 平面上沿着整个实轴从 $-\infty$ 变动到 $+\infty$ 时,$\arg dw$ 总共改变了

$$\sum_{k=1}^{n}(\pi - \alpha_k\pi) = 2\pi$$

相应的点 w 也回到了出发点. 再从边界的走向(区域在左) 可知,上半平面与多角形的内部区域对应.

对式(6.12) 两端积分,得

$$w=A\int(z-x_1)^{\alpha_1-1}(z-x_2)^{\alpha_2-1}\cdots(z-x_n)^{\alpha_n-1}\mathrm{d}z+B$$

其中,A,B为任意常数. 于是我们有如下定理.

定理6.11　设$w=f(z)$把上半平面$\mathrm{Im}\ z>0$保形映射到有界多角形区域G,G在其顶点w_k处的内角为$\alpha_k\pi(0<\alpha_k\leqslant 2,k=1,2,\cdots,n)$,并且实轴上对应于多角形顶点的那些点$x_k(-\infty<x_1<x_2<\cdots<x_n<+\infty)$都是已知的,则有

$$f(z)=A\int_{z_0}^{z}(z-x_1)^{\alpha_1-1}(z-x_2)^{\alpha_2-1}\cdots(z-x_n)^{\alpha_n-1}\mathrm{d}z+B \tag{6.14}$$

其中,$z_0(\mathrm{Im}\ z_0>0)$是任意选定的点;A,B是复常数;积分号下的各个多值函数可取主值. 式(6.14)称为施瓦兹-克里斯托菲公式.

在式(6.14)中,假定对应于多角形G的顶点的那些点x_k都是已知的,但在具体问题中,知道的却是多角形的顶点,而不知道x_k. 一般来讲,在这些x_k中,有三个点可以任意确定,而那些x_k以及常数A,B,就必须由问题的具体条件来确定(常数z_0也可以任意选定). 后面将通过具体的例子来说明怎样确定这些点和常数.

下面研究在某些特殊情况下式(6.14)的形式.

(1) 多角形有一个顶点是∞点的像,不妨设$x_n=\infty$,这时式(6.14)还可以化简. 作分式线性映射

$$\zeta=x_n'-\frac{1}{z}$$

这里x_n'是任意实常数. 这个映射把上半平面$\mathrm{Im}\ z>0$变为上半平面$\mathrm{Im}\ \zeta>0$,并且把点$x_1,x_2,\cdots,x_n$分别映射成有限点$x_1',x_2',\cdots,x_n'$,将$\mathrm{Im}\ \zeta>0$映射为多角形内部的函数为

$$\begin{aligned}w&=A'\int_{\zeta_0}^{\zeta}(\zeta-x_1')^{\alpha_1-1}(\zeta-x_2')^{\alpha_2-1}\cdots(\zeta-x_n')^{\alpha_n-1}\mathrm{d}\zeta+B\\&=A'\int_{z_0}^{z}\left(x_n'-x_1'-\frac{1}{z}\right)^{\alpha_1-1}\left(x_n'-x_2'-\frac{1}{z}\right)^{\alpha_2-1}\cdots\left(-\frac{1}{z}\right)^{\alpha_n-1}\frac{1}{z^2}\mathrm{d}z+B\\&=A'\int_{z_0}^{z}[(x_n'-x_1')z-1]^{\alpha_1-1}[(x_n'-x_2')z-1]^{\alpha_2-1}\cdots\\&\quad(-1)^{\alpha_n-1}\frac{\mathrm{d}z}{z^{\alpha_1+\alpha_2+\cdots+\alpha_n-n+2}}+B\end{aligned}$$

由于$\alpha_1+\alpha_2+\cdots+\alpha_n=n-2$,$x_k=\dfrac{1}{x_n'-x_k'}(k=1,2,\cdots,n-1)$,所以

$$w=A\int_{z_0}^{z}(z-x_1)^{\alpha_1-1}(z-x_2)^{\alpha_2-1}\cdots(z-x_{n-1})^{\alpha_{n-1}-1}\mathrm{d}z+B$$

这说明,若某个点x_k为∞,在式(6.14)中相应的因子可以去掉. 因此,在使用式(6.14)时,预先指定某点x_h为∞是有好处的.

(2) 多角形有一个或几个顶点在∞处,其夹角不为零的情形,只要把顶点在∞处的那两条直线之间的夹角规定为这两条直线在有限点处的夹角乘以-1,

则式(6.14)仍成立.

设多角形G有一个顶点$w_k=\infty$(见图6-19).在射线$w_{k-1}w_k$和$w_{k+1}w_k$上各取一点w_k'和w_k'',并用直线连接之,得到有$n+1$个顶点的通常的多角形区域G'.对G'应用式(6.14)得到上半平面到G'的映射函数

$$w=A\int_{z_0}^{z}(z-z_1)^{\alpha_1-1}\cdots(z-x_k')^{\alpha_k'-1}(z-x_k'')^{\alpha_k''-1}\cdots(z-x_n)^{\alpha_n-1}\mathrm{d}z+B \tag{6.15}$$

式中,x'_k,x_k''分别是顶点w_k',w_k''在实轴上的对应点.

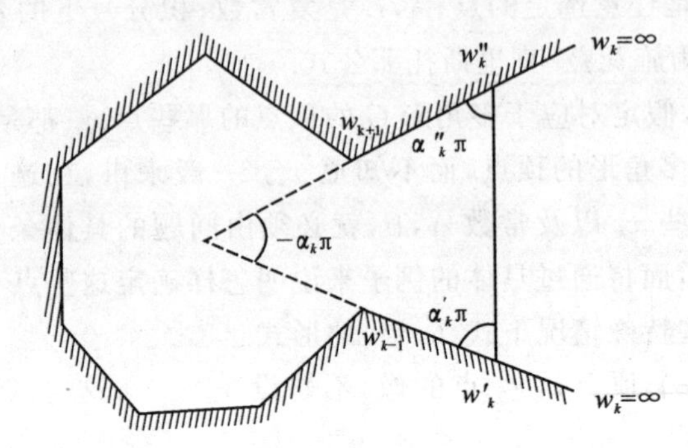

图6-19 多角形G中顶点$w_k=\infty$的情形

令w_k',w_k''分别沿着射线$w_{k-1}w_k$,$w_{k+1}w_k$趋于∞,并且使线段$w_k'w_k''$在移动中始终保持与原来的位置平行,这时x'_k和x_k''都趋于与w_k对应的点x_k,于是式(6.15)中的因子

$$(z-x_k')^{\alpha_k'-1}(z-x_k'')^{\alpha_k''-1}\rightarrow(z-x_k)^{\alpha_k'+\alpha_k''-2}$$

记$\alpha_k=\alpha_k'+\alpha_k''-1$,则$\alpha_k\pi$正好是两射线$w_{k-1}w_k$与$w_{k+1}w_k$在有限点交角的相反数,这时$\alpha_k'+\alpha_k''-2=\alpha_k-1$,从而式(6.15)可化为

$$w=A\int_{z_0}^{z}(z-z_1)^{\alpha_1-1}(z-x_2)^{\alpha_2-1}\cdots(z-x_n)^{\alpha_n-1}\mathrm{d}z+B$$

下面给出几个具体的例子.

例6.10 求一保形映射,把上半平面$\mathrm{Im}\,z>0$映射为w平面上边长为$2a$的等边三角形$A_1A_2A_3$的内区域(见图6-20).

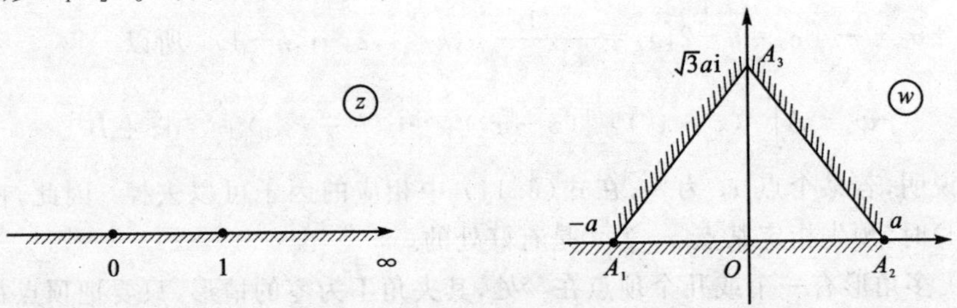

图6-20 例6.10的图形

解　选择 z 平面上的三个点 $0,1,\infty$ 为 A_1,A_2,A_3 的对应点，由式(6.14)，所求的映射为

$$w = A\int_0^z z^{-\frac{2}{3}}(z-1)^{-\frac{2}{3}}\mathrm{d}z + B = A_1\int_0^z z^{-\frac{2}{3}}(1-z)^{-\frac{2}{3}}\mathrm{d}z + B$$

其中 $A_1=(-1)^{-\frac{2}{3}}A$. 设当 z 在 $(0,1)$ 上时，积分号下的每一个根式都取主值. 由 $w(0)=-a$ 可得 $B=-a$. 又由 $w(1)=a$，得

$$a = A_1\int_0^1 x^{-\frac{2}{3}}(1-x)^{-\frac{2}{3}}\mathrm{d}x - a$$

所以

$$A_1 = 2a\left[\int_0^1 x^{-\frac{2}{3}}(1-x)^{-\frac{2}{3}}\mathrm{d}x\right]^{-1}$$

故

$$w = \frac{2a}{\int_0^1 x^{-\frac{2}{3}}(1-x)^{-\frac{2}{3}}\mathrm{d}x}\int_0^z z^{-\frac{2}{3}}(1-z)^{-\frac{2}{3}}\mathrm{d}z - a$$

例 6.11　求把上半平面 $\mathrm{Im}\, z>0$ 保形映射为 w 平面上半带形区域 $\mathrm{Im}\, w>0$，$-\frac{\pi}{2}<\mathrm{Re}\, w<\frac{\pi}{2}$ 的保形映射.

解　如图 6-21 所示，把 z 平面上 $-1,1,\infty$ 三点分别映射成 w 平面上 $A_1,A_2,A_3(\infty)$ 三点，半带形域可看作是顶点移向无穷远点的三角形的极限情形. 由式(6.14)得

$$w = A\int_{-1}^z (z+1)^{-\frac{1}{2}}(z-1)^{-\frac{1}{2}}\mathrm{d}z + B = A_1\int_{-1}^z \frac{\mathrm{d}z}{\sqrt{1-z^2}} + B$$

其中根式取主值.

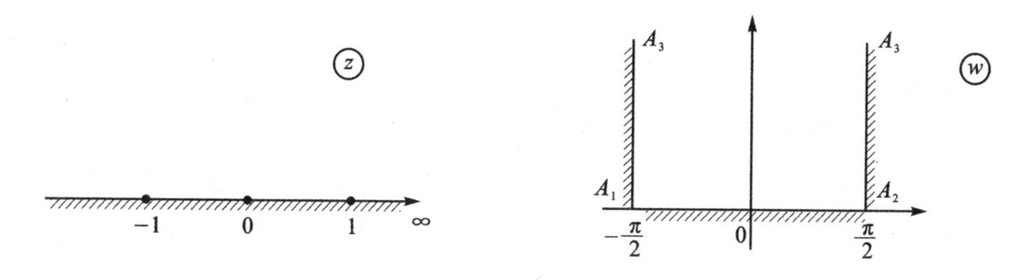

图 6-21　例 6.11 的图形

由 $z=-1$ 对应 $w=-\frac{\pi}{2}$，可见 $B=-\frac{\pi}{2}$；又由 $z=1$ 对应 $w=\frac{\pi}{2}$，则有

$$\frac{\pi}{2} = A_1\int_{-1}^1 \frac{\mathrm{d}z}{\sqrt{1-z^2}} - \frac{\pi}{2} = A_1\pi - \frac{\pi}{2}$$

于是 $A_1=1$. 因此

$$w = \int_{-1}^z \frac{\mathrm{d}z}{\sqrt{1-z^2}} - \frac{\pi}{2} = \arcsin z$$

即为所求映射.

本章提要:

(1) 解析函数的导数和模的几何意义,单叶函数的映射性质,保形映射的概念;

(2) 分式线性映射的保形性、保圆性、保对称点性和保交比性,上半平面到单位圆、单位圆到单位圆之间的分式线性映射;

(3) 幂函数与根式函数、指数函数与对数函数的映射性质.

基本要求:

(1) 理解导数的几何意义,单叶函数的映射性质和保形映射的概念.

(2) 掌握分式线性映射的保形性、保圆性、保对称点性和保交比性等重要性质,理解上半平面到单位圆、单位圆到单位圆之间的分式线性映射.

(3) 了解幂函数与根式函数、指数函数与对数函数等初等函数的映射性质;能够利用初等函数构成的映射与分式线性映射,求一些简单区域之间的保形映射.

习题6

1. 求下列映射在给定点处的伸缩率和旋转角,并且说明它们将 z 平面上哪一部分放大,哪一部分缩小?

(1) $w=\frac{1}{z}, z=1+\mathrm{i}$;

(2) $w=\mathrm{e}^z, z=\frac{\pi}{2}\mathrm{i}$;

(3) $w=z^2+4z, z=-1+\mathrm{i}$.

2. 试说明 $w=z^2+1$ 在什么样的区域上是一个保形映射.

3. 下列区域在指定的映射下映成什么区域?

(1) $\operatorname{Re} z>0, w=\mathrm{i}z+\mathrm{i}$;

(2) $\operatorname{Im} z>0, w=(1+\mathrm{i})z$;

(3) $0<\operatorname{Im} z<\frac{1}{2}, w=\frac{1}{z}$;

(4) $\operatorname{Re} z>0, 0<\operatorname{Im} z<1, w=\frac{\mathrm{i}}{z}$.

4. 下列各题中,给出了三对对应点 $z_1\leftrightarrow w_1, z_2\leftrightarrow w_2, z_3\leftrightarrow w_3$ 的具体数值. 试写出相应的分式线性映射,并指出它们把通过 z_1, z_2, z_3 的圆周的内部或直线左侧(顺着 z_1, z_2, z_3 的方向观察)分别映成什么区域.

(1) $2\leftrightarrow -1, \mathrm{i}\leftrightarrow \mathrm{i}, -2\leftrightarrow 1$;

(2) $1\leftrightarrow \infty, \mathrm{i}\leftrightarrow -1, -1\leftrightarrow 0$;

(3) $\infty\leftrightarrow 0, \mathrm{i}\leftrightarrow \mathrm{i}, 0\leftrightarrow \infty$;

(4) $\infty\leftrightarrow 0, 0\leftrightarrow 1, 1\leftrightarrow \infty$.

5. 如果分式线性映射 $w=\frac{az+b}{cz+d}$ 将单位圆周 $|z|=1$ 映射成直线,那么它的系

数应满足什么条件?

6. 如果分式线性映射 $w=\dfrac{az+b}{cz+d}$ 将上半平面 $\mathrm{Im}\,z>0$ 映成上半平面 $\mathrm{Im}\,w>0$，那么它的系数应满足什么条件?

7. 求分式线性映射 $w=f(z)$，它将 $\mathrm{Im}\,z>0$ 映射为 $|w|<1$，且满足条件

$$f(\mathrm{i})=0,\quad \arg f'(\mathrm{i})=\frac{\pi}{2}$$

8. 求把上半平面 $\mathrm{Im}\,z>0$ 映射成 $|w|<R$ 的分式线性映射 $w=f(z)$，它使 $f(\mathrm{i})=0, f'(\mathrm{i})=1$，并计算 R 的值.

9. 试求分式线性映射 $w=f(z)$，它将 $|z|<1$ 映射为 $|w-1|<1$ 且满足条件 $f(0)=\dfrac{1}{2}, f(1)=0$.

10. 求将 $|z|<R$ 映射为 $|w|<1$ 的分式线性映射.

11. 求将 $|z|<\rho$ 映射为 $|w|<R$ 且将 $z=a(|a|<\rho)$ 映射为 $w=0$ 的分式线性映射.

12. 试求分式线性映射 $w=f(z)$，它将 $|z|<1$ 映射为 $|w|<1$，且满足条件 $f\left(\dfrac{1}{2}\right)=0, \arg f'\left(\dfrac{1}{2}\right)=0$.

13. 函数 $w=\dfrac{z+a}{z-a}$ 把图 6-22 所示的月牙形区域映射为怎样的区域?

14. 求函数 $w=f(z)$，它把第一象限 $0<\arg z<\dfrac{\pi}{2}$ 映射成单位圆 $|w|<1$，且满足条件 $f(1+\mathrm{i})=0, f(0)=1$.

15. 求函数 $w=f(z)$，它把下列各区域保形映射成上半平面.

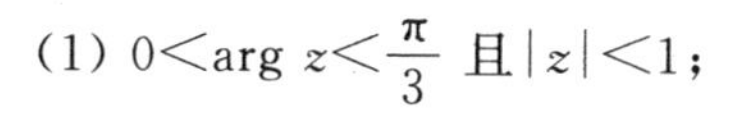

(1) $0<\arg z<\dfrac{\pi}{3}$ 且 $|z|<1$;

(2) $|z-1|<2$ 且 $|z+1|<2$;

(3) $|z|<2$ 且 $|z-1|>1$.

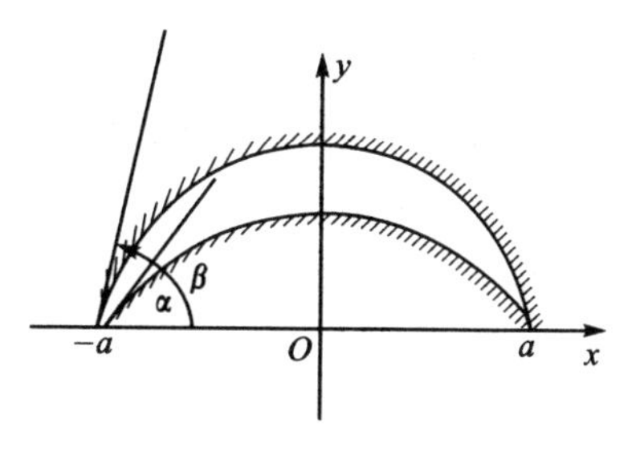

图 6-22　13 题的图形

16. 试作如下保形映射:

(1) 把带形域 $\pi<\mathrm{Im}\,z<2\pi$ 映射为上半平面;

(2) 把复平面上除去 $1+\mathrm{i}$ 到 $2+2\mathrm{i}$ 的割线后剩下的区域映射为上半平面.

17. (Schwarz 引理) 设函数 $w=f(z)$ 在 $|z|<1$ 内解析且满足条件 $f(0)=0$，$|f(z)|<1(|z|<1)$，则

(1) 当 $|z|<1$ 时，$|f(z)|\leqslant|z|$;

(2) 如果有一点 z_0，$0<|z_0|<1$，满足 $|f(z_0)|=|z_0|$，则 $f(z)=\mathrm{e}^{\mathrm{i}\theta}z$，$\theta$ 为实数.

18. 设在$|z|<1$内,$f(z)$解析且$|f(z)|<1$,又$f(a)=0$,其中$|a|<1$. 证明:在$|z|<1$内,有不等式

$$|f(z)|\leqslant\left|\frac{z-a}{1-\bar{a}z}\right|$$

19. * 求图6-23中所示区域到上半平面的保形映射,并使A点对应于$x=-1$,(0,0)点对应于$x=1$.

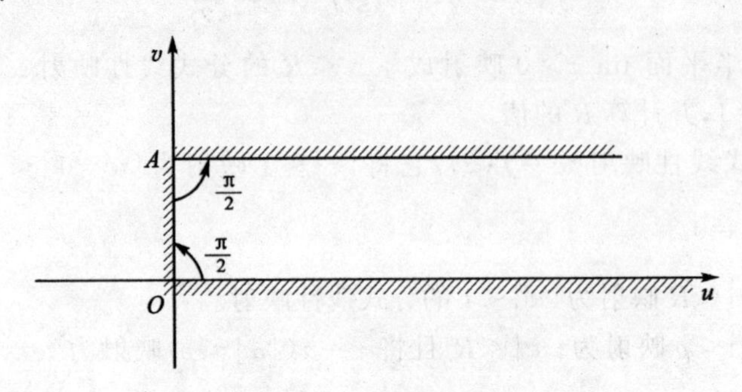

图6-23　19题的图形

第 7 章　傅里叶变换

数学中常常使用变换的方法把一些复杂的问题转化为简单问题来处理. 例如对数变换、旋转变换等. 18 世纪,微积分学中,人们通过微分、积分运算求解物体的运动方程. 到了 19 世纪, 英国著名的无线电工程师海维赛德(Heaviside)为了求解电工学、物理学领域中的线性微分方程,逐步形成了一种所谓的符号法, 后来就演变成了今天的积分变换法. 所谓积分变换,就是把函数类$\mathbb{A}$ 中的函数 $f(t)$, 通过含有参变量 α 的积分

$$F(\alpha)=\int_a^b f(t)k(t,\alpha)\mathrm{d}t$$

变成另一类函数$\mathbb{B}$ 中 $F(\alpha)$的变换, 其中 $k(t,\alpha)$ 称为积分变换的核.选取不同的积分域和积分核, 可以得到不同的积分变换. 积分变换的理论和方法不仅用于数学的许多分支, 而且在工程技术的许多领域中都有广泛应用.

傅里叶级数和傅里叶变换的特点是可将任意函数分解为基本形式的叠加, 将时域内问题转化到频域来考虑,以方便我们对特定问题的研究.

傅里叶变换简称傅氏变换. 在本章中将给出傅里叶变换以及广义傅里叶变换的概念及性质,最后介绍傅里叶变换的应用.

7.1　傅里叶变换的概念

7.1.1　傅里叶级数(有限傅里叶变换)

通过微积分的学习我们知道,一个以 T 为周期的实函数 $f_T(t)$, 如果在 $\left[-\frac{T}{2},\frac{T}{2}\right]$上满足狄利克雷条件:

(1) 连续或只有有限个第一类间断点;

(2) 只有有限个极值点;

则在 $f_T(t)$的连续点处

$$f_T(t)=\frac{a_0}{2}+\sum_{n=1}^{\infty}(a_n\cos n\omega t+b_n\sin n\omega t) \tag{7.1}$$

其中

$$\omega=\frac{2\pi}{T},\quad a_0=\frac{2}{T}\int_{-\frac{T}{2}}^{\frac{T}{2}}f_T(t)\mathrm{d}t$$

$$a_n=\frac{2}{T}\int_{-\frac{T}{2}}^{\frac{T}{2}}f_T(t)\cos n\omega t\,\mathrm{d}t\quad(n=1,2,3,\cdots)$$

$$b_n=\frac{2}{T}\int_{-\frac{T}{2}}^{\frac{T}{2}}f_T(t)\sin n\omega t\,\mathrm{d}t\quad(n=1,2,3,\cdots)$$

因为$Ae^{\mathrm{i}\omega t}$这种形式的函数作为输入函数具有如下优点：

(1) 记号的紧凑性. 一个实表达式，例如$a\cos(\omega t+\pi)+b\sin(\omega t+\pi)$,可以简单表示为$\mathrm{Re}(Ae^{\mathrm{i}\omega t})$；

(2) $Ae^{\mathrm{i}\omega t}$的导数等于$Ae^{\mathrm{i}\omega t}$乘以$\mathrm{i}\omega$，即在某种意义上用代数运算代替了微分；

(3) 以$Ae^{\mathrm{i}\omega t}$为输入的系统稳态响应与输入具有相同的形式，

因此，为方便起见，常将傅里叶级数改写为复指数形式，即形如$Ae^{\mathrm{i}\omega t}$的函数的叠加.

由欧拉公式$e^{\mathrm{i}\theta}=\cos\theta+\mathrm{i}\sin\theta$知，

$$\begin{aligned}f_T(t)&=\frac{a_0}{2}+\sum_{n=1}^{\infty}[a_n\cos n\omega t+b_n\sin n\omega t]\\&=\frac{a_0}{2}+\sum_{n=1}^{\infty}\left[\frac{a_n}{2}(e^{\mathrm{i}n\omega t}+e^{-\mathrm{i}n\omega t})-\frac{\mathrm{i}b_n}{2}(e^{\mathrm{i}n\omega t}-e^{-\mathrm{i}n\omega t})\right]\\&=\frac{a_0}{2}+\sum_{n=1}^{\infty}\left(\frac{a_n-\mathrm{i}b_n}{2}e^{\mathrm{i}n\omega t}+\frac{a_n+\mathrm{i}b_n}{2}e^{-\mathrm{i}n\omega t}\right)\end{aligned}$$

令$c_0=\frac{a_0}{2},c_n=\frac{a_n-\mathrm{i}b_n}{2},c_{-n}=\frac{a_n+\mathrm{i}b_n}{2}$，则得到傅里叶级数的复指数形式：

$$f_T(t)=\sum_{n=-\infty}^{+\infty}c_ne^{\mathrm{i}n\omega t}\tag{7.2}$$

其中$c_n=\frac{1}{T}\int_{-\frac{T}{2}}^{\frac{T}{2}}f_T(t)e^{-\mathrm{i}n\omega t}\mathrm{d}t(n=0,\pm1,\pm2,\cdots)$.

注意，这里系数c_n的公式可以推广为

$$c_n=\frac{1}{T}\int_T f_T(t)e^{-\mathrm{i}n\omega t}\mathrm{d}t$$

即$c_n=\frac{1}{T}\int_{-\frac{T}{2}}^{\frac{T}{2}}f_T(t)e^{-\mathrm{i}n\omega t}\mathrm{d}t=\frac{1}{T}\int_0^T f_T(t)e^{-\mathrm{i}n\omega t}\mathrm{d}t=\frac{1}{T}\int_{t_0}^{t_0+T}f_T(t)e^{-\mathrm{i}n\omega t}\mathrm{d}t$.

例 7.1 求图 7-1 所示以 2π 为周期的函数

$$f_{2\pi}(t)=\begin{cases}-1, & -\pi\leqslant t<0\\1, & 0\leqslant t<\pi\end{cases}$$

的傅里叶级数.

解 注意到$\omega=\frac{2\pi}{T}=1$,由公式(7.2)有

$$c_n=\frac{1}{2\pi}\int_{-\pi}^{\pi}f(t)e^{-\mathrm{i}n\omega t}\mathrm{d}t=\frac{1}{2\pi}\int_{-\pi}^{0}(-1)e^{-\mathrm{i}nt}\mathrm{d}t+\frac{1}{2\pi}\int_0^{\pi}e^{-\mathrm{i}nt}\mathrm{d}t$$

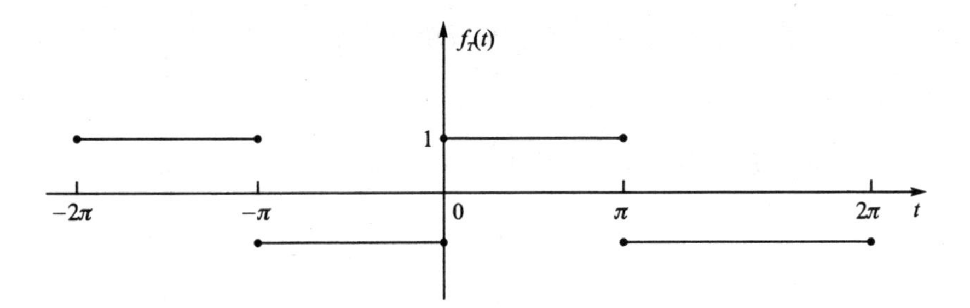

图7-1 例7.1的图形

$$=\begin{cases}0, & n=0\\ \dfrac{\mathrm{i}[(-1)^n-1]}{\pi n}, & n\neq 0\end{cases}$$

所以 $f_{2\pi}(t)$的傅里叶级数的复指数形式为

$$f_{2\pi}(t)=\frac{\mathrm{i}}{\pi}\sum_{n=-\infty}^{+\infty}\left[\frac{(-1)^n-1}{n}\right]\mathrm{e}^{\mathrm{i}nt}$$

在傅里叶级数展开式(7.1)中，将同频率项加以合并，得

$$f_T(t)=\frac{A_0}{2}+\sum_{n=1}^{\infty}A_n\sin(n\omega t+\theta_n)$$

这里 $A_0=a_0$, $A_n=\sqrt{a_n{}^2+b_n{}^2}$ $(n=1,2,\cdots)$.

而在复指数形式中，第 n 次谐波为

$$c_n\mathrm{e}^{\mathrm{i}n\omega t}+c_{-n}\mathrm{e}^{-\mathrm{i}n\omega t}$$

其中，$c_n=\dfrac{a_n-\mathrm{i}b_n}{2}$, $c_{-n}=\dfrac{a_n+\mathrm{i}b_n}{2}$. 则

$$|c_n|=|c_{-n}|=\frac{1}{2}\sqrt{a_n{}^2+b_n{}^2}$$

即

$$A_n=2|c_n|\ (n=0,1,2,\cdots)$$

它反映了各次谐波随频率变化的分布情况，因此称 A_n 为周期函数 $f_T(t)$的振幅频谱. 由于 $n=0,1,2,\cdots$，所以频谱 A_n 的图形不连续，称之为离散频谱.

例 7.2 求以 T 为周期的函数(见图 7-2)

$$f_\tau(t)=\begin{cases}0, & -\dfrac{T}{2}\leqslant t<-\dfrac{\tau}{2}\\ E, & -\dfrac{\tau}{2}\leqslant t\leqslant\dfrac{\tau}{2}\\ 0, & \dfrac{\tau}{2}<t\leqslant\dfrac{T}{2}\end{cases}$$

的振幅频谱.

解 由 $\omega=\dfrac{2\pi}{T}$知，当 $n=0$ 时，

$$c_0 = \frac{1}{T}\int_{-\frac{T}{2}}^{\frac{T}{2}} f_T(t)\,\mathrm{d}t = \frac{E\tau}{T}$$

当 $n\neq 0$ 时,

$$c_n = \frac{1}{T}\int_{-\frac{T}{2}}^{\frac{T}{2}} \mathrm{e}^{-\mathrm{i}n\omega t}\,\mathrm{d}t = \frac{1}{T}\int_{-\frac{\tau}{2}}^{\frac{\tau}{2}} E\mathrm{e}^{-\mathrm{i}n\omega t}\,\mathrm{d}t$$

$$= -\frac{E}{\mathrm{i}Tn\omega}\mathrm{e}^{-\mathrm{i}n\omega t}\Big|_{-\frac{\tau}{2}}^{\frac{\tau}{2}} = \frac{E}{n\pi}\sin\frac{n\pi\tau}{T}$$

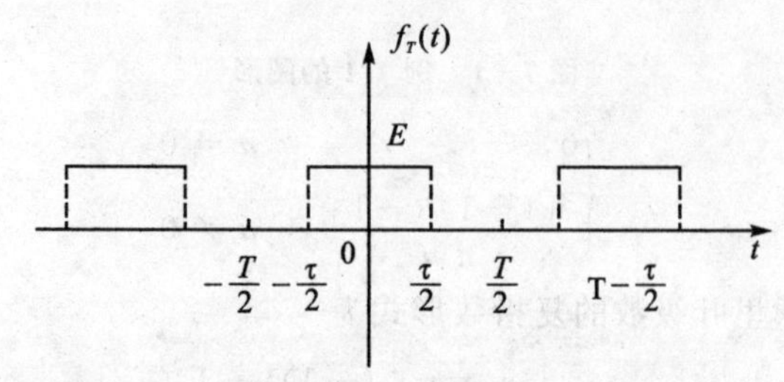

图 7-2　例 7.2 的图形

所以 $f_T(t)$ 的傅里叶级数的复指数形式为

$$f_T(t) = \frac{E\tau}{T} + \sum_{\substack{n=-\infty \\ n\neq 0}}^{+\infty} \frac{E}{n\pi}\sin\frac{n\pi\tau}{T}\mathrm{e}^{\mathrm{i}n\omega t} \quad (n=\pm 1,\pm 2,\cdots)$$

它的振幅频谱为

$$A_0 = 2\mid c_0 \mid = \frac{2E\tau}{T}$$

$$A_n = 2\mid c_n \mid = \frac{2E}{n\pi}\left|\sin\frac{n\pi\tau}{T}\right| \quad (n=1,2,\cdots)$$

可根据 T 的取值作出相应的频谱图,如 $T=4\tau$ 时,其图形如图 7-3 所示.

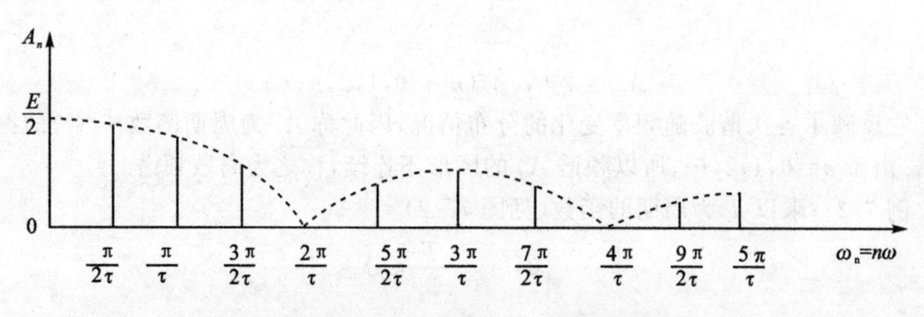

图 7-3　$T=4\tau$ 时, $f_T(t)$ 的频谱图

7.1.2　傅里叶变换的定义

现在讨论非周期函数的展开问题. 对于任意一个非周期函数 $f(t)$,作周期为 T 的函数 $f_T(t)$,使得它在 $\left[-\frac{T}{2},\frac{T}{2}\right]$ 之内与 $f(t)$ 相等,而在 $\left[-\frac{T}{2},\frac{T}{2}\right]$ 之外按周

期 T 向左、向右延拓到整个实轴上，则当 T 越大时，$f_T(t)$与 $f(t)$相等范围也越大，当 $T \to +\infty$时，周期函数 $f_T(t)$ 便可转化为 $f(t)$，即

$$\lim_{T \to +\infty} f_T(t) = f(t)$$

由式(7.2)有

$$f(t) = \lim_{T \to +\infty} f_T(t) = \lim_{T \to +\infty} \sum_{n=-\infty}^{+\infty} \left[\frac{1}{T}\int_{-\frac{T}{2}}^{\frac{T}{2}} f_T(\tau) \mathrm{e}^{-\mathrm{i}n\omega\tau} \mathrm{d}\tau\right] \mathrm{e}^{\mathrm{i}n\omega t}$$

当 n 取一切正整数时，$\omega_n = n\omega$ 所对应的点分布在整个数轴上. 将相邻两点间距离记为 $\Delta\omega_n$，即 $\Delta\omega_n = \omega_n - \omega_{n-1} = \omega = \dfrac{2\pi}{T}$，则

$$f(t) = \frac{1}{2\pi} \lim_{\Delta\omega_n \to 0} \sum_{n=-\infty}^{+\infty} \left[\int_{-\frac{T}{2}}^{\frac{T}{2}} f_T(\tau) \mathrm{e}^{-\mathrm{i}\omega_n\tau} \mathrm{d}\tau\right] \cdot \mathrm{e}^{\mathrm{i}\omega_n t} \Delta\omega_n$$

这是一个和式极限，在下面定理的条件下，可以用傅里叶积分公式(简称傅氏积分公式)来表示.

定理 7.1(傅里叶积分定理)　如果定义在$(-\infty, +\infty)$上的函数 $f(t)$ 满足下列条件：

(1) $f(t)$在任一有限区间上满足狄利克雷条件；

(2) $f(t)$ 在$(-\infty, +\infty)$ 上绝对可积$\left(\text{即}\int_{-\infty}^{+\infty} |f(t)| dt \text{ 收敛}\right)$；

则有傅里叶积分公式收敛，且

$$\frac{1}{2\pi}\int_{-\infty}^{+\infty}\left[\int_{-\infty}^{+\infty} f(\tau)\mathrm{e}^{-\mathrm{i}\omega\tau}\mathrm{d}\tau\right]\mathrm{e}^{\mathrm{i}\omega t}\mathrm{d}\omega = \begin{cases} f(t), & \text{当 } t \text{ 是 } f(t) \text{ 的连续点时} \\ \dfrac{f(t+0)+f(t-0)}{2}, & \text{当 } t \text{ 是 } f(t) \text{ 的间断点时} \end{cases} \tag{7.3}$$

若令

$$F(\omega) = \int_{-\infty}^{+\infty} f(t)\mathrm{e}^{-\mathrm{i}\omega t}\mathrm{d}t \tag{7.4}$$

则有

$$f(t) = \frac{1}{2\pi}\int_{-\infty}^{+\infty} F(\omega)\mathrm{e}^{\mathrm{i}\omega t}\mathrm{d}\omega \tag{7.5}$$

由上面两式可以看出，$f(t)$ 与 $F(\omega)$ 可以通过类似的积分运算相互表达. 式(7.4)称为 $f(t)$的傅里叶变换，函数 $F(\omega)$ 称为 $f(t)$的傅里叶变换的像函数，记为 $F(\omega) = \mathscr{F}[f(t)]$. 式(7.5)称为 $F(\omega)$的傅里叶逆变换，函数 $f(t)$ 称为 $F(\omega)$的像原函数，记为 $f(t) = \mathscr{F}^{-1}[F(\omega)]$. 可见，像函数 $F(\omega)$与像原函数 $f(t)$ 构成了一对傅里叶变换对.

在频谱分析中，$F(\omega)$ 又称为 $f(t)$的频谱函数，而频谱函数的模$|F(\omega)|$ 称为 $f(t)$的振幅频谱. 由于 ω 是连续变化的，所以称之为连续频谱.

例 7.3　求矩形脉冲函数

$$f(t)=\begin{cases}1, & |t|\leqslant\delta\\0, & |t|>\delta\end{cases}\quad(\delta>0)$$

的傅里叶变换,并验证$\int_0^{+\infty}\frac{\sin x}{x}\mathrm{d}x=\frac{\pi}{2}$.

解 由式(7.4)有

$$F(\omega)=\mathscr{F}[f(t)]=\int_{-\infty}^{+\infty}f(t)\mathrm{e}^{-\mathrm{i}\omega t}\mathrm{d}t=\int_{-\delta}^{\delta}\mathrm{e}^{-\mathrm{i}\omega t}\mathrm{d}t$$

$$=-\frac{1}{\mathrm{i}\omega}\mathrm{e}^{-\mathrm{i}\omega t}\Big|_{-\delta}^{\delta}=2\frac{\sin\delta\omega}{\omega}$$

再由式(7.3)可知在连续点处

$$f(t)=\frac{1}{2\pi}\int_{-\infty}^{+\infty}\frac{2\sin\delta\omega}{\omega}\mathrm{e}^{\mathrm{i}\omega t}\mathrm{d}\omega$$

$$=\frac{1}{2\pi}\int_{-\infty}^{+\infty}\frac{2\sin\delta\omega}{\omega}\cos\omega t\,\mathrm{d}\omega+\frac{\mathrm{i}}{2\pi}\int_{-\infty}^{+\infty}\frac{2\sin\delta\omega}{\omega}\sin\omega t\,\mathrm{d}\omega$$

$$=\frac{2}{\pi}\int_0^{+\infty}\frac{\sin\delta\omega}{\omega}\cos\omega t\,\mathrm{d}\omega$$

由傅里叶积分定理知

$$\frac{2}{\pi}\int_0^{+\infty}\frac{\sin\delta\omega}{\omega}\cos\omega t\,\mathrm{d}\omega=\begin{cases}1, & |t|<\delta\\\frac{1}{2}, & |t|=\delta\\0, & |t|>\delta\end{cases}$$

上式令 $t=0$ 可得$\int_0^{+\infty}\frac{\sin x}{x}\mathrm{d}x=\frac{\pi}{2}$.

例 7.4 求指数衰减函数

$$f(t)=\begin{cases}0, & t<0\\\mathrm{e}^{-\beta t}, & t\geqslant 0,\quad \beta>0\end{cases}$$

的傅里叶变换,并作出 $f(t)$的频谱图.

解 由式(7.4)有

$$F(\omega)=\mathscr{F}[f(t)]=\int_{-\infty}^{+\infty}f(t)\mathrm{e}^{-\mathrm{i}\omega t}\mathrm{d}t=\int_0^{+\infty}\mathrm{e}^{-(\beta+\mathrm{i}\omega)t}\mathrm{d}t$$

$$=-\frac{1}{\beta+\mathrm{i}\omega}\mathrm{e}^{-(\beta+\mathrm{i}\omega)t}\Big|_0^{+\infty}=\frac{1}{\beta+\mathrm{i}\omega}$$

所以$|F(\omega)|=\frac{1}{\sqrt{\beta^2+\omega^2}}$,其图形如图 7-4 所示.

例 7.5 求函数 $F(\omega)=\frac{1}{1+\omega^2}$的傅里叶逆变换.

解 因为 $F(\omega)=\frac{1}{1+\omega^2}=\frac{1}{2}\left[\frac{1}{1+\mathrm{i}\omega}+\frac{1}{1-\mathrm{i}\omega}\right]$,并且容易验证

$$\mathscr{F}\left[\begin{cases}\mathrm{e}^{-t}, & t\geqslant 0\\0, & t<0\end{cases}\right]=\frac{1}{1+\mathrm{i}\omega},\quad \mathscr{F}\left[\begin{cases}0, & t\geqslant 0\\\mathrm{e}^{t}, & t<0\end{cases}\right]=\frac{1}{1-\mathrm{i}\omega}$$

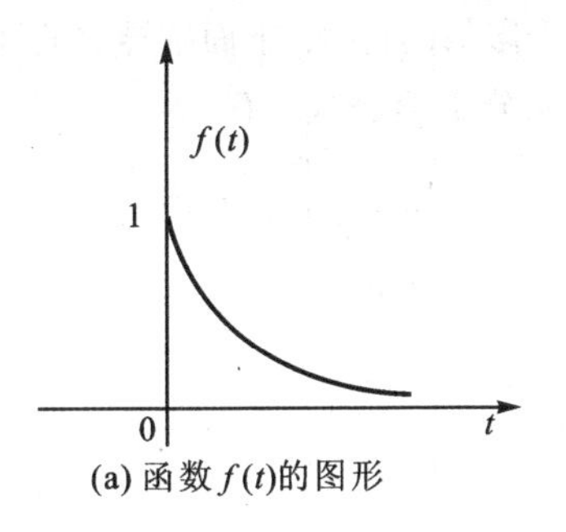

(a) 函数 $f(t)$ 的图形

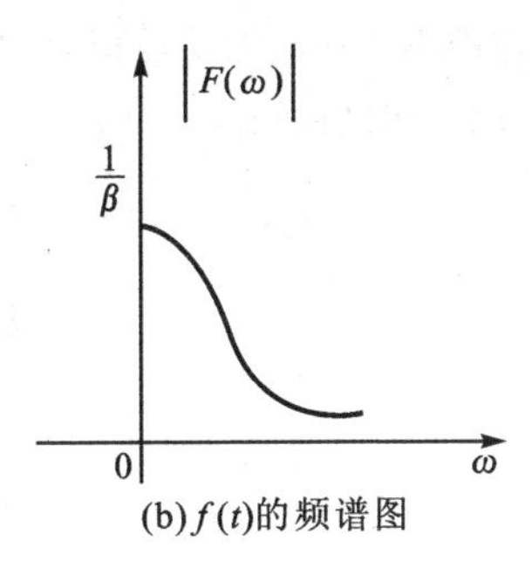

(b) $f(t)$ 的频谱图

图 7－4　例 7.4 的图形

因此 $\mathscr{F}^{-1}\left[\frac{1}{1+\omega^2}\right]=\frac{1}{2}e^{-|t|}$.

7.2　广义傅里叶变换

傅里叶积分定理的要求较严格，许多常见函数，例如常函数、正弦函数、余弦函数等，因为不满足傅里叶积分定理的条件，它们的傅里叶变换都不存在，这样就限制了傅里叶变换的应用. 因此我们要考虑广义傅里叶变换. 广义傅里叶变换公式与古典傅里叶变换公式相同，但积分按主值意义并不存在，这时可以通过引入单位脉冲函数即 δ 函数，将其用 δ 函数表示出来. 因此本节所涉及的广义傅里叶变换是指 δ 函数及其相关函数的傅里叶变换及逆变换.

首先介绍 δ 函数. 在工程中，许多物理现象具有一种脉冲特征，它们不是在某一段时间间隔内出现，而是在某一瞬间或某一点才出现.

例 7.6　在电流为零的电路中从时刻 t_0 到 $t_0+\varepsilon$ 通入一个单位电量的直冲脉流，记其电流强度为 $\delta_\varepsilon(t-t_0)$，即

$$\delta_\varepsilon(t-t_0)=\begin{cases}\frac{1}{\varepsilon}, & t_0<t<t_0+\varepsilon\\ 0, & \text{其他}\end{cases}$$

考虑其极限 $\lim\limits_{\varepsilon\to 0}\delta_\varepsilon(t-t_0)$. 在电路分析中，这个极限状态电流被视为在瞬时 t_0 通入单位电量产生的电流，称它为作用在瞬时 t_0 的单位脉冲电流. 工程技术上称此极限为单位脉冲函数，即 δ 函数. 此极限不是以前定义的普通函数列的极限，δ 函数也不是一个普通函数，而是一个广义函数. 在广义函数论中，δ 函数定义为某基本函数空间上的连续线性泛函. 为方便起见，我们仅把 δ 函数看作是函数序列的弱极限.

定义 7.1　如果对于任意的无穷次可微函数 $f(t)$，都有

$$\int_{-\infty}^{+\infty}f(t)\delta(t)\,dt=\lim_{\varepsilon\to 0}\int_{-\infty}^{+\infty}f(t)\delta_\varepsilon(t)\,dt$$

则称 $\delta_\varepsilon(t)$ 的弱极限是 δ 函数. 记为 $\lim\limits_{\varepsilon\to 0}\delta_\varepsilon(t)=\delta(t)$.

上式左端不是一般的反常积分，它只是右端极限值的记号. 下面推导它的计算公式：由于 $f(t)$在区间$[t_0, t_0+\varepsilon]$上连续，根据积分中值公式，有

$$\begin{aligned}\int_{-\infty}^{+\infty}\delta_\varepsilon(t)f(t)\mathrm{d}t &= \lim_{\varepsilon\to 0}\int_0^\varepsilon \frac{1}{\varepsilon}f(t)\mathrm{d}t = \lim_{\varepsilon\to 0}\frac{1}{\varepsilon}\int_0^\varepsilon f(t)\mathrm{d}t \\ &= \lim_{\varepsilon\to 0}f(\theta\varepsilon)\ (0<\theta<1)\end{aligned}$$

因此

$$\int_{-\infty}^{+\infty}\delta(t)f(t)\mathrm{d}t = f(0) \tag{7.6}$$

从上面证明可知，当 $f(t)$为连续函数时，上式也成立. 更一般地，有

$$\int_{-\infty}^{+\infty}\delta(t-t_0)f(t)\mathrm{d}t = f(t_0)$$

上式也称为δ函数的筛选性质. 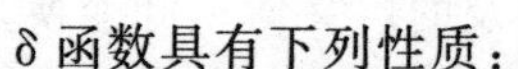 从此公式知，任何一个连续函数 $f(t)$与δ函数的作用都对应一个确定的数$f(t_0)$，这一运算性质使得δ函数在近代物理和工程技术上有着广泛的应用.

在图形上，曲线 $\delta_\varepsilon(t)$与 t 轴围成的面积恒为1，因此称单位1为$\delta(t)$的脉冲面积，也称为δ函数的强度. 在工程上常用一个长度为1的有向线段表示δ函数(见图7-5).

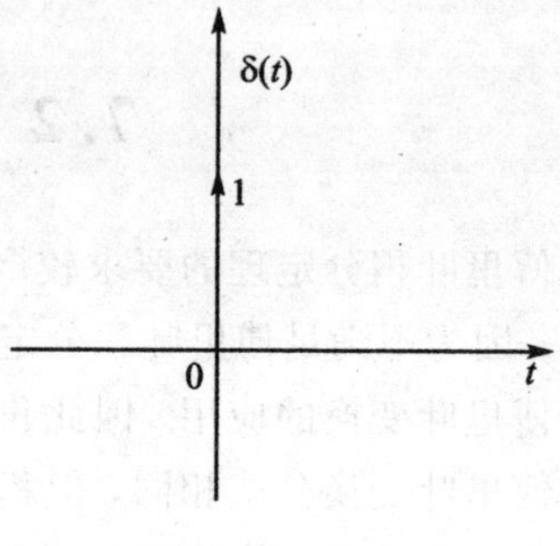

图7-5　δ函数

δ函数具有下列性质：

性质1　δ函数为偶函数，即 $\delta(t)=\delta(-t)$.

性质2　设 $u(t)$为单位阶跃函数，即

$$u(t)=\begin{cases}1, & t>0\\ 0, & t<0\end{cases}$$

则有

$$\int_{-\infty}^{t}\delta(\tau)\mathrm{d}\tau = u(t),\quad u'(t)=\delta(t)$$

性质3　对任意有连续导数的函数 $f(t)$，都有

$$\int_{-\infty}^{+\infty}\delta'(t)f(t)\mathrm{d}t = -f'(0)$$

一般地，对任意的具有 n 阶连续导数的函数 $f(t)$，有

$$\int_{-\infty}^{+\infty}\delta^{(n)}(t)f(t)\mathrm{d}t = (-1)^n f^{(n)}(0)$$

证明略.

一些常见函数的傅里叶变换.

由傅里叶变换与傅里叶逆变换的定义，利用δ函数的筛选性质，容易求出

$$\mathscr{F}[\delta(t)] = \int_{-\infty}^{+\infty}\delta(t)\mathrm{e}^{-\mathrm{i}\omega t}\mathrm{d}t = 1$$

$$\mathscr{F}^{-1}[2\pi\delta(\omega)] = \int_{-\infty}^{+\infty} \delta(\omega) e^{i\omega t} d\omega = 1$$

由此可知 $\delta(t)$与 1，1 与 $2\pi\delta(\omega)$分别构成傅里叶变换对，所以有

$$\int_{-\infty}^{+\infty} e^{i\omega t} d\omega = 2\pi\delta(t)$$

$$\int_{-\infty}^{+\infty} e^{-i\omega t} dt = 2\pi\delta(\omega)$$

进而有

$$\int_{-\infty}^{+\infty} e^{i\omega (t\pm t_0)} d\omega = 2\pi\delta(t \pm t_0)$$

$$\int_{-\infty}^{+\infty} e^{-i(\omega\pm\omega_0)t} dt = 2\pi\delta(\omega \pm \omega_0)$$

即 $\delta(t\pm t_0)$与 $e^{\pm i\omega t_0}$，$e^{\pm i\omega_0 t}$与 $2\pi\delta(\omega\pm\omega_0)$ 也构成傅里叶变换对. 需要注意的是，以上积分是按定义 7.1 确定的积分，这时函数的傅里叶变换是广义傅里叶变换. 利用这一思想，可以给出一些非绝对可积的常见函数的傅里叶变换.

例 7.7　求正弦函数 $f(t)=\sin \omega_0 t$ 的傅里叶变换.

解　由傅里叶变换定义，有

$$\begin{aligned}
F(\omega) = \mathscr{F}[f(t)] &= \int_{-\infty}^{+\infty} \sin \omega_0 t e^{-i\omega t} dt \\
&= \int_{-\infty}^{+\infty} \frac{e^{i\omega_0 t} - e^{-i\omega_0 t}}{2i} \cdot e^{-i\omega t} dt \\
&= \frac{1}{2i}\int_{-\infty}^{+\infty} [e^{-i(\omega-\omega_0)t} - e^{-i(\omega+\omega_0)t}] dt \\
&= \frac{1}{2i}[2\pi\delta(\omega-\omega_0) - 2\pi\delta(\omega+\omega_0)] \\
&= i\pi[\delta(\omega+\omega_0) - \delta(\omega-\omega_0)]
\end{aligned}$$

例 7.8　证明单位阶跃函数 $u(t)$的傅里叶变换为$\frac{1}{i\omega}+\pi\delta(\omega)$.

证　由傅里叶逆变换定义，有

$$\begin{aligned}
f(t) &= \frac{1}{2\pi}\int_{-\infty}^{+\infty} \left[\frac{1}{i\omega} + \pi\delta(\omega)\right] e^{i\omega t} d\omega \\
&= \frac{1}{2}\int_{-\infty}^{+\infty} \delta(\omega) e^{i\omega t} d\omega + \frac{1}{2\pi}\int_{-\infty}^{+\infty} \frac{1}{i\omega} e^{i\omega t} d\omega \\
&= \frac{1}{2} + \frac{1}{\pi}\int_{0}^{+\infty} \frac{\sin \omega t}{\omega} d\omega
\end{aligned}$$

由例 7.3 知 $\int_{0}^{+\infty} \frac{\sin x}{x} dx = \frac{\pi}{2}$，所以

$$f(t) = u(t) = \begin{cases} 0, & t < 0 \\ 1, & t > 0 \end{cases}$$

$u(t)$ 还可以用来表示分段连续函数，从而简化运算. 例如，分段函数

$$f(t)=\begin{cases}0, & |t|>3 \\ h, & 1<|t|<3 \\ 2h, & |t|<1\end{cases}$$

可以表示为 $f(t)=h[u(t+3)-u(t-3)+u(t+1)-u(t-1)]$的形式.

7.3 傅里叶变换的性质及应用

7.3.1 傅里叶变换的基本性质

在下面的叙述中,为方便起见,假定这里需要进行傅里叶变换的函数都满足傅里叶积分定理中的条件:

1. 线性性质

设 $\mathscr{F}[f_1(t)]=F_1(\omega)$,$\mathscr{F}[f_2(t)]=F_2(\omega)$,$k_1$,$k_2$ 是常数,则

$$\mathscr{F}[k_1 f_1(t) \pm k_2 f_2(t)] = k_1 F_1(\omega) \pm k_2 F_2(\omega) \tag{7.7}$$

$$\mathscr{F}^{-1}[k_1 F_1(\omega) \pm k_2 F_2(\omega)] = k_1 f_1(t) \pm k_2 f_2(t) \tag{7.8}$$

2. 位移性质

设 $\mathscr{F}[f(t)]=F(\omega)$,$t_0$,$\omega_0$ 是实常数,则

$$\mathscr{F}[f(t \pm t_0)] = \mathrm{e}^{\pm \mathrm{i}\omega t_0} F(\omega) \tag{7.9}$$

$$\mathscr{F}^{-1}[F(\omega \pm \omega_0)] = \mathrm{e}^{\mp \mathrm{i}\omega_0 t} f(t) \tag{7.10}$$

证 由傅里叶变换定义,有

$$\begin{aligned}\mathscr{F}[f(t \pm t_0)] &= \int_{-\infty}^{+\infty} f(t \pm t_0)\mathrm{e}^{-\mathrm{i}\omega t}\,\mathrm{d}t \\ &= \int_{-\infty}^{+\infty} f(\tau)\mathrm{e}^{-\mathrm{i}\omega(\tau \mp t_0)}\,\mathrm{d}\tau \\ &= \mathrm{e}^{\pm \mathrm{i}\omega t_0}\int_{-\infty}^{+\infty} f(\tau)\mathrm{e}^{-\mathrm{i}\omega\tau}\,\mathrm{d}\tau = \mathrm{e}^{\pm \mathrm{i}\omega t_0} F(\omega)\end{aligned}$$

同理可证明

$$\mathscr{F}^{-1}[F(\omega \pm \omega_0)] = \mathrm{e}^{\mp \mathrm{i}\omega_0 t} f(t)$$

这两个公式说明,时间函数 $f(t)$沿 t 轴向左或向右位移 t_0 的傅里叶变换等于 $f(t)$的傅里叶变换乘以因子 $\mathrm{e}^{\mathrm{i}\omega t_0}$ 或 $\mathrm{e}^{-\mathrm{i}\omega t_0}$;频谱函数 $F(\omega)$沿 ω 轴向右或向左位移 ω_0 的傅里叶逆变换等于原来的函数 $f(t)$ 乘以因子 $\mathrm{e}^{\mathrm{i}\omega_0 t}$或 $\mathrm{e}^{-\mathrm{i}\omega_0 t}$.

例 7.9 设 $\mathscr{F}[f(t)]=F(\omega)$,求 $\mathscr{F}[f(t)\sin \omega_0 t]$.

解 利用位移性质,有

$$\begin{aligned}\mathscr{F}[f(t)\sin \omega_0 t] &= \frac{1}{2\mathrm{i}}\mathscr{F}[f(t)(\mathrm{e}^{\mathrm{i}\omega_0 t} - \mathrm{e}^{-\mathrm{i}\omega_0 t})] \\ &= \frac{1}{2\mathrm{i}}[F(\omega-\omega_0) - F(\omega+\omega_0)]\end{aligned}$$

$$= \frac{\mathrm{i}}{2}[F(\omega+\omega_0)-F(\omega-\omega_0)]$$

3. 微分性质

如果 $f(t)$在$(-\infty,+\infty)$上连续或只有有限个可去间断点，且当$|t|\to+\infty$时，$f(t)\to 0$，则

$$\mathscr{F}[f'(t)]=\mathrm{i}\omega\,\mathscr{F}[f(t)]$$

证　由分部积分法，有

$$\begin{aligned}\mathscr{F}[f'(t)]&=\int_{-\infty}^{+\infty}f'(t)\mathrm{e}^{-\mathrm{i}\omega t}\mathrm{d}t\\&=f(t)\mathrm{e}^{-\mathrm{i}\omega t}\Big|_{-\infty}^{+\infty}+\mathrm{i}\omega\int_{-\infty}^{+\infty}f(t)\mathrm{e}^{-\mathrm{i}\omega t}\mathrm{d}t\\&=\mathrm{i}\omega\,\mathscr{F}[f(t)]\end{aligned}$$

即一个函数的导数的傅里叶变换等于这个函数的傅里叶变换乘以因子 $\mathrm{i}\omega$. 微分性质中条件$|t|\to+\infty$ 时，$f(t)\to 0$，可以去掉，此处添加是为了证明方便. 一般地，有：

推论 7.1　若 $f^{(k)}(t)(k=1,2,\cdots,n)$在$(-\infty,+\infty)$上连续或只有有限个可去间断点，则有

$$\mathscr{F}[f^{(k)}(t)]=(\mathrm{i}\omega)^k\,\mathscr{F}[f(t)]\quad(k=1,2,\cdots,n)\tag{7.11}$$

同样，可以得到像函数的导数公式. 设 $\mathscr{F}[f(t)]=F(\omega)$，则

$$\frac{\mathrm{d}}{\mathrm{d}\omega}F(\omega)=\mathscr{F}[-\mathrm{i}tf(t)]$$

一般地，有

$$\frac{\mathrm{d}^n}{\mathrm{d}\,\omega^n}F(\omega)=(-\mathrm{i})^n\mathscr{F}[t^nf(t)]\tag{7.12}$$

例 7.10　计算函数$|t|$的傅里叶变换.

解　由于$|t|=t\operatorname{sgn}t=t[2u(t)-1]$，并且

$$\mathscr{F}[2u(t)-1]=2\mathscr{F}[u(t)]-\mathscr{F}[1]=\left[\frac{2}{\mathrm{i}\omega}+2\pi\,\delta(\omega)\right]-2\pi\delta(\omega)=\frac{2}{\mathrm{i}\omega}$$

利用式(7.12)有

$$\mathscr{F}[|\,t\,|]=\mathrm{i}F'(\omega)=-\frac{2}{\omega^2}$$

4. 积分性质

如果当 $t\to+\infty$时，$g(t)=\int_{-\infty}^{t}f(t)\mathrm{d}t\to 0$，则

$$\mathscr{F}\left[\int_{-\infty}^{t}f(t)\mathrm{d}t\right]=\frac{1}{\mathrm{i}\omega}\mathscr{F}[f(t)]\tag{7.13}$$

证　因为 $\frac{\mathrm{d}}{\mathrm{d}\,t}\int_{-\infty}^{t}f(t)\mathrm{d}t=f(t)$，所以

$$\mathscr{F}\left[\frac{\mathrm{d}}{\mathrm{d}t}\int_{-\infty}^{t}f(t)\mathrm{d}t\right]=\mathscr{F}[f(t)]$$

由微分性质，有

$$\mathscr{F}\left[\frac{\mathrm{d}}{\mathrm{d}\,t}\int_{-\infty}^{t} f(t)\,\mathrm{d}t\right] = \mathrm{i}\omega\mathscr{F}\left[\int_{-\infty}^{t} f(t)\,\mathrm{d}t\right]$$

即

$$\mathscr{F}\left[\int_{-\infty}^{t} f(t)\,\mathrm{d}t\right] = \frac{1}{\mathrm{i}\omega}\mathscr{F}[f(t)]$$

即一个函数积分后的傅里叶变换等于这个函数的傅里叶变换乘以因子$\frac{1}{\mathrm{i}\omega}$.

5. 对称性质

若 $\mathscr{F}[f(t)]=F(\omega)$，则

$$\mathscr{F}[F(\pm t)] = 2\pi\, f(\mp\omega) \tag{7.14}$$

证 由 $f(t) = \frac{1}{2\pi}\int_{-\infty}^{+\infty} F(\omega)\mathrm{e}^{\mathrm{i}\omega t}\,\mathrm{d}\omega$ 有

$$f(-t) = \frac{1}{2\pi}\int_{-\infty}^{+\infty} F(\omega)\mathrm{e}^{-\mathrm{i}\omega t}\,\mathrm{d}\omega$$

即

$$f(-\omega) = \frac{1}{2\pi}\int_{-\infty}^{+\infty} F(t)\mathrm{e}^{-\mathrm{i}\omega t}\,\mathrm{d}t$$

所以 $\mathscr{F}[F(t)]=2\pi\, f(-\omega)$. 同理可得 $\mathscr{F}[F(-t)]=2\pi\, f(\omega)$.

下面我们举例说明这个性质.

例 7.11 求函数

$$F(\omega) = \begin{cases} 1, & |\,\omega\,| \leqslant 1 \\ 0, & |\,\omega\,| > 1 \end{cases}$$

的傅里叶逆变换.

解 由傅里叶逆变换的公式，有

$$\begin{aligned} \mathscr{F}^{-1}[F(\omega)] &= \frac{1}{2\pi}\int_{-\infty}^{+\infty} F(\omega)\mathrm{e}^{\mathrm{i}\omega t}\,\mathrm{d}\omega \\ &= \frac{1}{2\pi}\int_{-1}^{1} \mathrm{e}^{\mathrm{i}\omega t}\,\mathrm{d}\omega = \frac{\sin t}{\pi t} \end{aligned}$$

所以

$$f(t) = \mathscr{F}^{-1}[F(\omega)] = \frac{\sin t}{\pi t}$$

即

$$\mathscr{F}\left[\frac{\sin t}{\pi t}\right] = \begin{cases} 1, & |\,\omega\,| \leqslant 1 \\ 0, & |\,\omega\,| > 1 \end{cases}$$

而由例 7.3 知

$$\mathscr{F}\left[F(t) = \begin{cases} 1, & |\,t\,| \leqslant 1 \\ 0, & |\,t\,| > 1 \end{cases}\right] = \frac{2\sin\omega}{\omega}$$

从而有 $\mathscr{F}[F(t)]=2\pi f(-\omega)$.

6. 相似性质

设 $\mathscr{F}[f(t)]=F(\omega)$，$a\neq 0$，则

$$\mathscr{F}[f(at)] = \frac{1}{|a|}F\left(\frac{\omega}{a}\right)$$

证　令 $u=at$，当 $a>0$ 时，有

$$\mathscr{F}[f(at)] = \frac{1}{a}\int_{-\infty}^{+\infty} f(u)\mathrm{e}^{-\mathrm{i}\frac{\omega}{a}u}\,\mathrm{d}u = \frac{1}{a}F\left(\frac{\omega}{a}\right)$$

当 $a<0$ 时，有

$$\mathscr{F}[f(at)] = \frac{1}{a}\int_{+\infty}^{-\infty} f(u)\mathrm{e}^{-\mathrm{i}\frac{\omega}{a}u}\,\mathrm{d}u = -\frac{1}{a}F\left(\frac{\omega}{a}\right)$$

综上有

$$\mathscr{F}[f(at)] = \frac{1}{|a|}F\left(\frac{\omega}{a}\right) \tag{7.15}$$

这一性质表明，如果函数 $f(t)$ 的图像变窄，则其傅里叶变换 $F(\omega)$ 的图像将变宽变矮；反之，如果 $f(t)$ 的图像变宽，则 $F(\omega)$ 的图像将变高变窄.

7. 乘积定理

设 $\mathscr{F}[f_1(t)]=F_1(\omega)$，$\mathscr{F}[f_2(t)]=F_2(\omega)$，则有

$$\begin{aligned}\int_{-\infty}^{+\infty} f_1(t)f_2(t)\mathrm{d}t &= \frac{1}{2\pi}\int_{-\infty}^{+\infty} \overline{F_1(\omega)}F_2(\omega)\mathrm{d}\omega \\ &= \frac{1}{2\pi}\int_{-\infty}^{+\infty} F_1(\omega)\overline{F_2(\omega)}\mathrm{d}\omega\end{aligned} \tag{7.16}$$

其中，$f_1(t)$，$f_2(t)$ 均为 t 的实函数；$\overline{F_1(\omega)}$，$\overline{F_2(\omega)}$ 分别为 $F_1(\omega)$ 和 $F_2(\omega)$ 的共轭函数.

证　由于

$$\begin{aligned}\int_{-\infty}^{+\infty} f_1(t)f_2(t)\mathrm{d}t &= \int_{-\infty}^{+\infty} f_1(t)\left[\frac{1}{2\pi}\int_{-\infty}^{+\infty} F_2(\omega)\mathrm{e}^{\mathrm{i}\omega t}\mathrm{d}\omega\right]\mathrm{d}t \\ &= \frac{1}{2\pi}\int_{-\infty}^{+\infty} F_2(\omega)\left[\int_{-\infty}^{+\infty} f_1(t)\mathrm{e}^{\mathrm{i}\omega t}\mathrm{d}t\right]\mathrm{d}\omega\end{aligned}$$

又 $\mathrm{e}^{\mathrm{i}\omega t}=\overline{\mathrm{e}^{-\mathrm{i}\omega t}}$，而 $f_1(t)$ 是时间 t 的实函数，有

$$f_1(t)\mathrm{e}^{\mathrm{i}\omega t} = f_1(t)\,\overline{\mathrm{e}^{-\mathrm{i}\omega t}} = \overline{f_1(t)\mathrm{e}^{-\mathrm{i}\omega t}}$$

从而

$$\begin{aligned}\int_{-\infty}^{+\infty} f_1(t)f_2(t)\mathrm{d}t &= \frac{1}{2\pi}\int_{-\infty}^{+\infty} F_2(\omega)\left[\int_{-\infty}^{+\infty} \overline{f_1(t)\mathrm{e}^{-\mathrm{i}\omega t}}\mathrm{d}t\right]\mathrm{d}\omega \\ &= \frac{1}{2\pi}\int_{-\infty}^{+\infty} F_2(\omega)\left[\overline{\int_{-\infty}^{+\infty} f_1(t)\mathrm{e}^{-\mathrm{i}\omega t}\mathrm{d}t}\right]\mathrm{d}\omega \\ &= \frac{1}{2\pi}\int_{-\infty}^{+\infty} \overline{F_1(\omega)}F_2(\omega)\mathrm{d}\omega\end{aligned}$$

同理可得

$$\int_{-\infty}^{+\infty} f_1(t) f_2(t) \mathrm{d}t = \frac{1}{2\pi}\int_{-\infty}^{+\infty} F_1(\omega)\overline{F_2(\omega)}\mathrm{d}\omega$$

8. *能量积分

设 $\mathscr{F}[f(t)]=F(\omega)$,则有

$$\int_{-\infty}^{+\infty}[f(t)]^2\mathrm{d}t = \frac{1}{2\pi}\int_{-\infty}^{+\infty}|F(\omega)|^2\mathrm{d}\omega \tag{7.17}$$

这一等式又称为帕塞瓦尔等式或瑞利能量定理.

证 在式(7.16)中,令 $f_1(t)=f_2(t)=f(t)$,则

$$\begin{aligned}\int_{-\infty}^{+\infty}[f(t)]^2\mathrm{d}t &= \frac{1}{2\pi}\int_{-\infty}^{+\infty}F(\omega)\overline{F(\omega)}\mathrm{d}\omega \\ &= \frac{1}{2\pi}\int_{-\infty}^{+\infty}|F(\omega)|^2\mathrm{d}\omega = \frac{1}{2\pi}\int_{-\infty}^{+\infty}S(\omega)\mathrm{d}\omega\end{aligned}$$

其中,$S(\omega)=|F(\omega)|^2$ 称为能量密度函数(或能量谱密度),它可以决定函数 $f(t)$ 的能量分布规律,将它对所有频率积分就得到 $f(t)$ 的总能量 $\int_{-\infty}^{+\infty}[f(t)]^2\mathrm{d}t$.

利用能量积分还可以计算某些积分的值.

例 7.12 求积分 $\int_{-\infty}^{+\infty}\left(\frac{1-\cos\omega}{\omega}\right)^2\mathrm{d}\omega$ 的值.

解 设 $f(t)=\begin{cases}0, & |t|>1, \\ -1, & -1\leqslant t<0, \\ 1, & 0\leqslant t<1.\end{cases}$ 则

$$\begin{aligned}\mathscr{F}[f(t)] = F(\omega) &= \int_{-\infty}^{+\infty}f(t)\mathrm{e}^{-\mathrm{i}\omega t}\mathrm{d}t = -2\mathrm{i}\int_0^1 \sin\omega t\,\mathrm{d}t = 2\mathrm{i}\left.\frac{\cos\omega t}{\omega}\right|_0^1 \\ &= \frac{2\mathrm{i}(\cos\omega-1)}{\omega}\end{aligned}$$

由帕塞瓦尔等式有

$$\frac{4}{2\pi}\int_{-\infty}^{+\infty}\left(\frac{1-\cos\omega}{\omega}\right)^2\mathrm{d}\omega = \int_{-\infty}^{+\infty}f^2(t)\mathrm{d}t = 2$$

进而有

$$\int_{-\infty}^{+\infty}\left(\frac{1-\cos\omega}{\omega}\right)^2\mathrm{d}\omega = \pi$$

7.3.2 卷积与卷积定理

定义 7.2 设 $f_1(t)$ 与 $f_2(t)$ 在 $(-\infty, +\infty)$ 内有定义. 若 $\int_{-\infty}^{+\infty}f_1(\tau)f_2(t-\tau)\mathrm{d}\tau$ 对任何实数 t 收敛,则它定义了一个自变量为 t 的函数,称此函数为 $f_1(t)$ 与 $f_2(t)$ 的卷积,记为 $f_1(t)*f_2(t)$,即

$$f_1(t)*f_2(t) = \int_{-\infty}^{+\infty}f_1(\tau)f_2(t-\tau)\mathrm{d}\tau \tag{7.18}$$

卷积满足下列运算规则：

交换律

$$f_1(t) * f_2(t) = f_2(t) * f_1(t)$$

结合律

$$f_1(t) * [f_2(t) * f_3(t)] = [f_1(t) * f_2(t)] * f_3(t)$$

分配律

$$f_1(t) * [f_2(t) + f_3(t)] = f_1(t) * f_2(t) + f_1(t) * f_3(t)$$

证明 （1）由卷积定义，做变量代换 $u=t-\tau$ 得

$$\begin{aligned} f_1(t) * f_2(t) &= \int_{-\infty}^{+\infty} f_1(\tau) f_2(t-\tau)\mathrm{d}\tau \\ &= -\int_{+\infty}^{-\infty} f_1(t-u) f_2(u)\mathrm{d}u \\ &= \int_{-\infty}^{+\infty} f_1(t-u) f_2(u)\mathrm{d}u = f_2(t) * f_1(t) \end{aligned}$$

（2）由卷积定义，并做变量代换 $\tau+u=v$，则有

$$\begin{aligned} f_1(t) * [f_2(t) * f_3(t)] &= \int_{-\infty}^{+\infty} f_1(\tau)[(f_2 * f_3)(t-\tau)]\mathrm{d}\tau \\ &= \int_{-\infty}^{+\infty} f_1(\tau)\left[\int_{-\infty}^{+\infty} f_2(u) f_3(t-\tau-u)\mathrm{d}u\right]\mathrm{d}\tau \\ &= \int_{-\infty}^{+\infty} f_1(\tau)\left[\int_{-\infty}^{+\infty} f_2(v-\tau) f_3(t-v)\mathrm{d}v\right]\mathrm{d}\tau \end{aligned}$$

交换积分顺序，得

$$\begin{aligned} f_1(t) * [f_2(t) * f_3(t)] &= \int_{-\infty}^{+\infty} f_3(t-v)\left[\int_{-\infty}^{+\infty} f_1(\tau) f_2(v-\tau)\mathrm{d}\tau\right]\mathrm{d}v \\ &= \int_{-\infty}^{+\infty} f_3(t-v)(f_1 * f_2)(v)\mathrm{d}v \\ &= [f_1(t) * f_2(t)] * f_3(t) \end{aligned}$$

（3）易证.（略）

例 7.13 设 $f_1(t)=t[u(t+1)-u(t-1)]$，$f_2(t)=1$，计算 $f_1(t)$ 与 $f_2(t)$ 的卷积.

解 由卷积定义，有

$$\begin{aligned} f_1(t) * f_2(t) &= \int_{-\infty}^{+\infty} f_1(\tau) f_2(t-\tau)\mathrm{d}\tau \\ &= \int_{-1}^{1} \tau f_2(t-\tau)\mathrm{d}\tau \\ &= \int_{-1}^{1} \tau \mathrm{d}\tau = 0 \end{aligned}$$

例 7.14 设 $f_1(t)=u(t)$，$f_2(t)=\mathrm{e}^{-t}u(t)$，求 $f_1(t)$ 与 $f_2(t)$ 的卷积.

解 由卷积定义，得

$$f_1(t) * f_2(t) = \int_{-\infty}^{+\infty} f_1(\tau) f_2(t-\tau)\mathrm{d}\tau = \int_{-\infty}^{+\infty} u(\tau) \cdot \mathrm{e}^{-(t-\tau)} u(t-\tau)\mathrm{d}\tau$$

$$= u(t)\int_0^t \mathrm{e}^{-(t-\tau)\mathrm{d}\tau} = u(t)\mathrm{e}^{-t}\int_0^t \mathrm{e}^{\tau}\mathrm{d}\tau$$

$$= \mathrm{e}^{-t}(\mathrm{e}^t - 1)u(t) = (1-\mathrm{e}^{-t})u(t)$$

利用 δ 函数的筛选性质，可以计算广义函数的卷积.

当 $f(t)$是区间$(-\infty, +\infty)$上的无穷次可微函数时，由 δ 函数的筛选性质，有

$$\delta(t-t_0) * f(t) = \int_{-\infty}^{+\infty} \delta(\tau - t_0) f(t-\tau)\mathrm{d}\tau = f(t-t_0)$$

同理得

$$\delta^{(n)}(t-t_0) * f(t) = f^{(n)}(t-t_0)$$

以上分析表明，广义函数 $\delta(t-t_0)$(广义函数 $\delta^{(n)}(t-t_0)$)与函数 $f(t)$的卷积等于函数 $f(t)$(函数 $f^{(n)}(t)$)向右平移 t_0(当 $t_0<0$ 时,向左平移$-t_0$).

定理 7.2(卷积定理) 假设 $f_1(t), f_2(t)$都满足傅里叶积分定理中的条件,且$\mathscr{F}[f_1(t)]=F_1(\omega), \mathscr{F}[f_2(t)]=F_2(\omega)$,则

$$\left.\begin{aligned} \mathscr{F}[f_1(t) * f_2(t)] &= F_1(\omega) \cdot F_2(\omega) \\ \mathscr{F}^{-1}[F_1(\omega) \cdot F_2(\omega)] &= f_1(t) * f_2(t) \end{aligned}\right\} \tag{7.19}$$

证 按傅里叶变换定义,有

$$\begin{aligned} \mathscr{F}[f_1(t) * f_2(t)] &= \int_{-\infty}^{+\infty} [f_1(t) * f_2(t)]\mathrm{e}^{-\mathrm{i}\omega t}\mathrm{d}t \\ &= \int_{-\infty}^{+\infty}\left[\int_{-\infty}^{+\infty} f_1(\tau) f_2(t-\tau)\mathrm{d}\tau\right]\mathrm{e}^{-\mathrm{i}\omega t}\mathrm{d}t \\ &= \int_{-\infty}^{+\infty}\int_{-\infty}^{+\infty} f_1(\tau)\mathrm{e}^{-\mathrm{i}\omega\tau} f_2(t-\tau)\mathrm{e}^{-\mathrm{i}\omega(t-\tau)}\mathrm{d}\tau\,\mathrm{d}t \\ &= \int_{-\infty}^{+\infty} f_1(\tau)\mathrm{e}^{-\mathrm{i}\omega\tau}\left[\int_{-\infty}^{+\infty} f_2(t-\tau)\mathrm{e}^{-\mathrm{i}\omega(t-\tau)}\mathrm{d}t\right]\mathrm{d}\tau \\ &= F_2(\omega)\int_{-\infty}^{+\infty} f_1(\tau)\mathrm{e}^{-\mathrm{i}\omega\tau}\mathrm{d}\tau \\ &= F_1(\omega) \cdot F_2(\omega) \end{aligned}$$

即两个函数卷积的傅里叶变换等于这两个函数傅里叶变换的乘积.

同理,可得

$$\mathscr{F}[f_1(t) \cdot f_2(t)] = \frac{1}{2\pi} F_1(\omega) * F_2(\omega) \tag{7.20}$$

在实际应用中常常遇到计算卷积问题，利用卷积定理可以把卷积运算转化为乘积运算,从而简化计算.

前面给出了傅里叶变换的性质，广义傅里叶变换性质除积分性质外，其他性质与古典意义下傅里叶变换性质形式相同. 广义傅里叶变换的积分性质可以用卷积定理来证明.

例 7.15　设 $\mathscr{F}[f(t)]=F(\omega)$，证明

$$\mathscr{F}\left[\int_{-\infty}^{t} f(t)\mathrm{d}t\right]=\frac{F(\omega)}{\mathrm{i}\omega}+\pi F(0)\delta(\omega)$$

证　由前面介绍的积分性质知，当 $g(t)=\int_{-\infty}^{t} f(t)\mathrm{d}t$ 满足傅里叶积分定理条件时，有

$$\mathscr{F}\left[\int_{-\infty}^{t} f(t)\mathrm{d}t\right]=\frac{1}{\mathrm{i}\omega}F(\omega)$$

当 $g(t)$ 为一般情况下时，注意到

$$f(t)*u(t)=\int_{-\infty}^{+\infty} f(\tau)u(t-\tau)\mathrm{d}\tau=\int_{-\infty}^{t} f(\tau)\mathrm{d}\tau=g(t)$$

利用卷积定理，有

$$\begin{aligned}\mathscr{F}[g(t)]&=\mathscr{F}[f(t)*u(t)]=\mathscr{F}[f(t)]\cdot\mathscr{F}[u(t)]\\&=F(\omega)\left[\frac{1}{\mathrm{i}\omega}+\pi\delta(\omega)\right]\end{aligned}$$

由 δ 函数的定义知

$$\mathscr{F}[g(t)]=\frac{1}{\mathrm{i}\omega}F(\omega)+\pi F(0)\delta(\omega)$$

特别地，当 $g(t)$ 在 $(-\infty,+\infty)$ 上绝对可积时，可以证明 $\lim\limits_{t\to+\infty} g(t)=0$，即 $\int_{-\infty}^{+\infty} f(t)\mathrm{d}t=0$. 这时有

$$\begin{aligned}F(0)&=\lim_{\omega\to 0}F(\omega)=\lim_{\omega\to 0}\int_{-\infty}^{+\infty} f(t)\mathrm{e}^{-\mathrm{i}\omega t}\mathrm{d}t\\&=\int_{-\infty}^{+\infty}\lim_{\omega\to 0}[f(t)\mathrm{e}^{-\mathrm{i}\omega t}]\mathrm{d}t=\int_{-\infty}^{+\infty} f(t)\mathrm{d}t=0\end{aligned}$$

这时所得结果就与前面的积分性质相一致.

7.3.3* 相关函数

卷积和相关函数都是分析线性系统的重要工具.

定义 7.3　设函数 $f_1(t),f_2(t)$ 在实轴的任何有限区间上可积，若反常积分

$$\int_{-\infty}^{+\infty} f_1(t)f_2(t+\tau)\mathrm{d}t$$

对任何实数 τ 收敛，则该积分定义了一个以 τ 为自变量的函数，称为两个函数 $f_1(t)$，$f_2(t)$ 的互相关函数，用 $R_{12}(\tau)$ 表示，即

$$R_{12}(\tau)=\int_{-\infty}^{+\infty} f_1(t)f_2(t+\tau)\mathrm{d}t \tag{7.21}$$

同样称

$$R_{21}(\tau)=\int_{-\infty}^{+\infty} f_1(t+\tau)f_2(t)\mathrm{d}t$$

为函数 $f_2(t)$ 与 $f_1(t)$ 的互相关函数.

当 $f_1(t)=f_2(t)=f(t)$ 时,积分

$$\int_{-\infty}^{+\infty} f(t)f(t+\tau)\mathrm{d}t$$

称为函数 $f(t)$ 的自相关函数(或相关函数),用 $R(\tau)$ 表示,即

$$R(\tau) = \int_{-\infty}^{+\infty} f(t)f(t+\tau)\mathrm{d}t \tag{7.22}$$

显然,自相关函数是偶函数,即 $R(-\tau)=R(\tau)$.

互相关函数有

$$R_{21}(\tau) = R_{12}(-\tau),\quad R_{12}(\tau) = R_{21}(-\tau)$$

从定义 7.3 知互相关与卷积是两种不同的运算,但若将式(7.21)中变量 t 与 τ 互换,则有

$$\begin{aligned} R_{12}(t) &= \int_{-\infty}^{+\infty} f_1(\tau)f_2(t+\tau)\mathrm{d}\tau \\ &= \int_{-\infty}^{+\infty} f_1(\tau)f_2[t-(-\tau)]\mathrm{d}\tau \\ &= \int_{-\infty}^{+\infty} f_1(-\tau)f_2(t-\tau)\mathrm{d}\tau \\ &= f_1(-t) * f_2(t) \end{aligned}$$

特别地,若 $f_1(t)$ 为偶函数时,卷积等同于互相关函数.

接下来讨论相关函数与能量谱密度的关系.

假设 $f_1(t)=f(t)$,$f_2(t)=f(t+\tau)$ 且 $F(\omega)=\mathscr{F}[f(t)]$,应用乘积定理及位移性质,有

$$\begin{aligned} \int_{-\infty}^{+\infty} f_1(t)f_2(t)\mathrm{d}t &= \int_{-\infty}^{+\infty} f(t)f(t+\tau)\mathrm{d}\tau \\ &= \frac{1}{2\pi}\int_{-\infty}^{+\infty} \overline{F(\omega)}F(\omega)\mathrm{e}^{\mathrm{i}\omega\tau}\mathrm{d}\omega \\ &= \frac{1}{2\pi}\int_{-\infty}^{+\infty} |F(\omega)|^2\mathrm{e}^{\mathrm{i}\omega\tau}\mathrm{d}\omega \\ &= \frac{1}{2\pi}\int_{-\infty}^{+\infty} S(\omega)\mathrm{e}^{\mathrm{i}\omega\tau}\mathrm{d}\omega \end{aligned}$$

即

$$R(\tau) = \frac{1}{2\pi}\int_{-\infty}^{+\infty} S(\omega)\mathrm{e}^{\mathrm{i}\omega\tau}\mathrm{d}\omega$$

所以 $S(\omega) = \int_{-\infty}^{+\infty} R(\tau)\mathrm{e}^{-\mathrm{i}\omega\tau}\mathrm{d}\tau$. 由此可见,自相关函数 $R(\tau)$ 和能量谱密度 $S(\omega)$ 构成了一个傅里叶变换对.

设 $F_1(\omega)=\mathscr{F}[f_1(t)]$,$F_2(\omega)=\mathscr{F}[f_2(t)]$,由乘积定理

$$R_{12}(\tau) = \int_{-\infty}^{+\infty} f_1(t)f_2(t+\tau)\mathrm{d}t = \frac{1}{2\pi}\int_{-\infty}^{+\infty} \overline{F_1(\omega)}F_2(\omega)\mathrm{e}^{\mathrm{i}\omega\tau}\mathrm{d}\omega$$

称 $S_{12}(\omega)=\overline{F_1(\omega)}F_2(\omega)$为互能量谱密度. 同样,它和互相关函数也构成了傅里叶变换对,并且有性质 $S_{21}(\omega)=\overline{S_{12}(\omega)}=S_{12}(-\omega)$.

例 7.16　求函数 $f(t)=u(t)\mathrm{e}^{-\beta t}(\beta>0)$的自相关函数和谱密度.

解　由相关函数定义,

$$R(\tau)=\int_{-\infty}^{+\infty}f(t)f(t+\tau)\mathrm{d}t=\int_{0}^{+\infty}\mathrm{e}^{-\beta t}u(t+\tau)\mathrm{e}^{-\beta(t+\tau)}\mathrm{d}t$$

$$=\mathrm{e}^{-\beta\tau}\int_{0}^{+\infty}\mathrm{e}^{-2\beta t}u(t+\tau)\mathrm{d}t$$

当 $\tau\geqslant 0$ 时, 由于 $t\in(0,+\infty)$, 因此 $u(t+\tau)=1$, 所以

$$R(\tau)=\mathrm{e}^{-\beta\tau}\int_{0}^{+\infty}\mathrm{e}^{-2\beta t}\mathrm{d}t=\frac{\mathrm{e}^{-\beta\tau}}{2\beta}$$

当 $\tau<0$ 时, 由于 $t\in(0,+\infty)$ 且对 $t\in(0,-\tau)$有 $u(t+\tau)=0$, 对 $t\in(-\tau,+\infty)$有$u(t+\tau)=1$, 因此

$$R(\tau)=\int_{-\infty}^{+\infty}f_1(t)f_2(t+\tau)\mathrm{d}t=\int_{-\tau}^{+\infty}\mathrm{e}^{-\beta t}\mathrm{e}^{-\beta(t+\tau)}\mathrm{d}t=\mathrm{e}^{-\beta\tau}\int_{-\tau}^{+\infty}\mathrm{e}^{-2\beta t}\mathrm{d}t$$

$$=\mathrm{e}^{-\beta\tau}\left(-\frac{1}{2\beta}\mathrm{e}^{-2\beta t}\Big|_{-\tau}^{+\infty}\right)=\frac{\mathrm{e}^{\beta\tau}}{2\beta}$$

综上,当$-\infty<\tau<+\infty$时,自相关函数为

$$R(\tau)=\frac{1}{2\beta}\mathrm{e}^{-\beta|\tau|}$$

能量谱密度为

$$S(\omega)=\int_{-\infty}^{+\infty}R(\tau)\mathrm{e}^{-\mathrm{i}\omega\tau}d\tau=\frac{1}{\beta}\int_{0}^{+\infty}\mathrm{e}^{-\beta\tau}\cos\omega\tau\ \mathrm{d}\tau$$

$$=\frac{1}{2\beta}\int_{0}^{+\infty}[\mathrm{e}^{-(\beta-\mathrm{i}\omega)\tau}+\mathrm{e}^{-(\beta+\mathrm{i}\omega)\tau}]\mathrm{d}\tau$$

$$=\frac{1}{\beta}\cdot\frac{\beta}{\beta^2+\omega^2}=\frac{1}{\beta^2+\omega^2}$$

或

$$S(\omega)=|F(\omega)|^2=\left|\frac{1}{\beta+\mathrm{i}\omega}\right|^2=\frac{1}{\beta^2+\omega^2}$$

7.3.4 *　综合举例

例 7.17　已知 $\int_{-\infty}^{+\infty}\mathrm{e}^{-t^2}\mathrm{d}t=\sqrt{\pi}$,求 $f(t)=\mathrm{e}^{-t^2}$ 的傅里叶变换.

解　由傅里叶变换的定义

$$F(\omega)=\mathscr{F}[f(t)]=\int_{-\infty}^{+\infty}f(t)\mathrm{e}^{-\mathrm{i}\omega t}\mathrm{d}t$$

则

$$F(2\omega)=\int_{-\infty}^{+\infty}\mathrm{e}^{-t^2}\mathrm{e}^{-2\mathrm{i}\omega t}\mathrm{d}t=\mathrm{e}^{-\omega^2}\int_{-\infty}^{+\infty}\mathrm{e}^{-(t+\mathrm{i}\omega)^2}\mathrm{d}t$$

令 $z=t+\mathrm{i}\omega$,得

$$F(2\omega)=\mathrm{e}^{-\omega^2}\int_{-\infty+\mathrm{i}\omega}^{+\infty+\mathrm{i}\omega}\mathrm{e}^{-z^2}\mathrm{d}z=\mathrm{e}^{-\omega^2}\lim_{\beta\to+\infty}\int_{-\beta+\mathrm{i}\omega}^{\beta+\mathrm{i}\omega}\mathrm{e}^{-z^2}\mathrm{d}z$$

这是一个复变函数的积分,取如图7-6所示的曲线 $C=C_1+C_2+C_3+C_4$,有

$$\int_C \mathrm{e}^{-z^2}\mathrm{d}z=\int_{C_1+C_2+C_3+C_4}\mathrm{e}^{-z^2}\mathrm{d}z=0$$

因为当 $\beta\to+\infty$ 时,有

$$\int_{C_4}\mathrm{e}^{-z^2}\mathrm{d}z=\int_0^{\omega}\mathrm{e}^{-(\beta+\mathrm{i}y)^2}\mathrm{i}\mathrm{d}y=\mathrm{e}^{-\beta^2}\int_0^{\omega}\mathrm{e}^{y^2}\mathrm{e}^{-2\mathrm{i}y\beta}\mathrm{i}\mathrm{d}y\to 0$$

同理有 $\int_{C_2}\mathrm{e}^{-z^2}\mathrm{d}z\to 0(\beta\to+\infty$ 时). 又由已知条件知,当 $\beta\to+\infty$ 时,

$$\int_{C_3}\mathrm{e}^{-z^2}\mathrm{d}z=\int_{-\beta}^{\beta}\mathrm{e}^{-x^2}\mathrm{d}x\to\sqrt{\pi}$$

所以

$$\lim_{\beta\to+\infty}\int_{C_1}\mathrm{e}^{-z^2}\mathrm{d}z+\sqrt{\pi}=0$$

即

$$\lim_{\beta\to+\infty}\int_{\beta+\mathrm{i}\omega}^{-\beta+\mathrm{i}\omega}\mathrm{e}^{-z^2}\mathrm{d}z=-\sqrt{\pi}$$

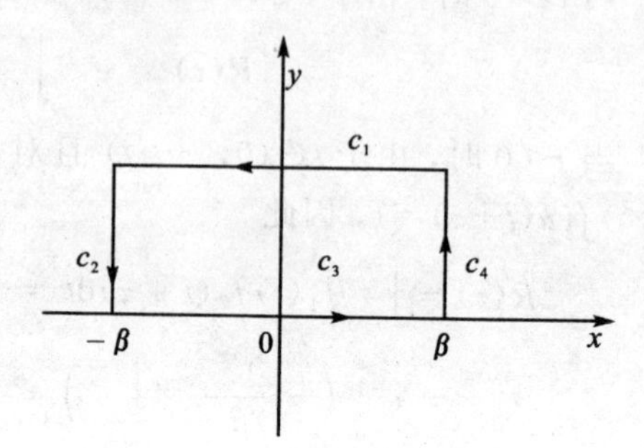

图7-6 例7.17的图形

因此 $F(2\omega)=\mathrm{e}^{-\omega^2}\sqrt{\pi}$,故 $\mathscr{F}[\mathrm{e}^{-t^2}]=F(\omega)=\sqrt{\pi}\mathrm{e}^{-\frac{\omega^2}{4}}$.

例7.18 试证明

$$\frac{2}{\pi}\int_0^{+\infty}\frac{\omega^2+2}{\omega^4+4}\cos\omega t\,\mathrm{d}\omega=\mathrm{e}^{-|t|}\cos t$$

证 令 $f(t)=\mathrm{e}^{-|t|}\cos t$,由傅里叶变换定义

$$\begin{aligned}F(\omega)&=\mathscr{F}[f(t)]=\int_{-\infty}^{+\infty}f(t)\mathrm{e}^{-\mathrm{i}\omega t}\mathrm{d}t\\&=\int_{-\infty}^{+\infty}(\mathrm{e}^{-|t|}\cos t)\mathrm{e}^{-\mathrm{i}\omega t}\mathrm{d}t\\&=\int_0^{+\infty}(\mathrm{e}^{-t}\cos t)\mathrm{e}^{-\mathrm{i}\omega t}\mathrm{d}t+\int_{-\infty}^{0}(\mathrm{e}^{t}\cos t)\mathrm{e}^{-\mathrm{i}\omega t}\mathrm{d}t\end{aligned}$$

对上式的第二个积分作变量代换 $t_1=-t$,有

$$\begin{aligned}F(\omega)&=\int_0^{+\infty}(\mathrm{e}^{-t}\cos t)\,\mathrm{e}^{-\mathrm{i}\omega t}\mathrm{d}t+\int_0^{+\infty}(\mathrm{e}^{-t_1}\cos t_1)\mathrm{e}^{-\mathrm{i}(-\omega)t_1}\mathrm{d}t_1\\&=\int_{-\infty}^{+\infty}[\mathrm{e}^{-t}u(t)\cos t]\mathrm{e}^{-\mathrm{i}\omega t}\mathrm{d}t+\int_{-\infty}^{+\infty}[\mathrm{e}^{-t}u(t)\cos t]\mathrm{e}^{\mathrm{i}\omega t}\mathrm{d}t\end{aligned}$$

设 $f_1(t)=\mathrm{e}^{-t}u(t)\cos t$,则由式(7.20),有

$$\begin{aligned}F_1(\omega)&=\mathscr{F}[f_1(t)]=\frac{1}{2\pi}\mathscr{F}[\mathrm{e}^{-t}u(t)]*\mathscr{F}[\cos t]\\&=\frac{1}{2\pi}\int_{-\infty}^{+\infty}\frac{\pi}{1+\mathrm{i}\tau}[\delta(\omega+1-\tau)+\delta(\omega-1-\tau)]\mathrm{d}\tau\end{aligned}$$

$$= \frac{1}{2}\left[\frac{1}{1+\mathrm{i}(\omega+1)}+\frac{1}{1+\mathrm{i}(\omega-1)}\right]=\frac{1+\mathrm{i}\omega}{(1+\mathrm{i}\omega)^2+1}$$

又因为 $F(\omega)=F_1(\omega)+\overline{F_1(\omega)}=2\mathrm{Re}F_1(\omega)=2\,\dfrac{\omega^2+2}{\omega^4+4}$，对 $F(\omega)$ 求傅里叶逆变换，有

$$\begin{aligned}\mathscr{F}^{-1}[F(\omega)] &= \frac{1}{2\pi}\int_{-\infty}^{+\infty} 2\,\frac{\omega^2+2}{\omega^4+4}\mathrm{e}^{\mathrm{i}\omega t}\,\mathrm{d}\omega \\ &= \frac{1}{\pi}\int_{-\infty}^{+\infty}\frac{\omega^2+2}{\omega^4+4}(\cos\omega t+\mathrm{i}\sin\omega t)\,\mathrm{d}\omega \\ &= \frac{1}{\pi}\int_{-\infty}^{+\infty}\frac{\omega^2+2}{\omega^4+4}\cos\omega t\,\mathrm{d}\omega = f(t)\end{aligned}$$

即

$$\frac{2}{\pi}\int_0^{+\infty}\frac{\omega^2+2}{\omega^4+4}\cos\omega t\,\mathrm{d}\omega = \mathrm{e}^{-|t|}\cos t$$

运用傅里叶变换及其逆变换可以求解微积分方程.

例 7.19　求具有电动势 $u(t)$ 的 RLC 电路(见图 7-7)的电流，其中，L 是电感，R 是电阻，C 是电容.

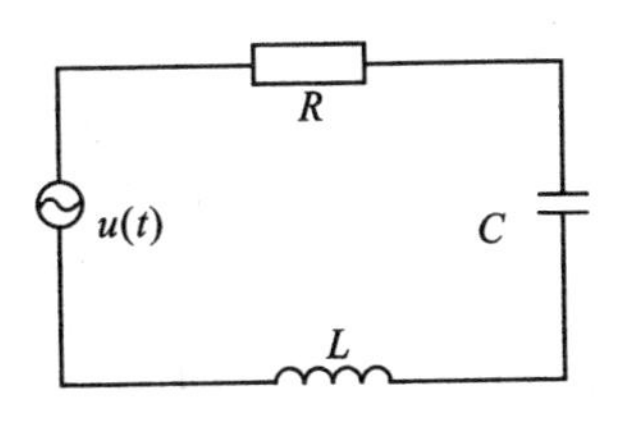

图 7-7　例 7.19 的图形

解　设 $i(t)$ 为电路在 t 时刻的电流，由基尔霍夫定律，得

$$L\frac{\mathrm{d}i(t)}{\mathrm{d}t}+Ri(t)+\frac{1}{C}\int_{-\infty}^{t}i(t)\,\mathrm{d}t = u(t)$$

两端同时对 t 求导，有

$$L\frac{\mathrm{d}^2 i(t)}{\mathrm{d}t^2}+R\frac{\mathrm{d}i(t)}{\mathrm{d}t}+\frac{1}{C}i(t) = u'(t)$$

设 $I(\omega)=\mathscr{F}[i(t)]$，$U(\omega)=\mathscr{F}[u(t)]$，对上式两端同时进行傅里叶变换，有

$$-L\omega^2 I(\omega)+\mathrm{i}\omega R I(\omega)+\frac{1}{C}I(\omega) = \mathrm{i}\omega U(\omega)$$

即

$$I(\omega) = \frac{\mathrm{i}\omega U(\omega)}{R\mathrm{i}\omega+\dfrac{1}{C}-L\omega^2}$$

再求傅里叶逆变换，得

$$i(t) = \mathscr{F}^{-1}[I(\omega)] = \frac{1}{2\pi}\int_{-\infty}^{+\infty}\frac{\mathrm{i}\omega U(\omega)\mathrm{e}^{\mathrm{i}\omega t}}{R\mathrm{i}\omega+\dfrac{1}{C}-L\omega^2}\,\mathrm{d}\omega$$

例 7.20　求证：无界弦自由振动的初值问题

$$\begin{cases} u_{tt} = a^2 u_{xx}, & -\infty < x < +\infty, t > 0 \quad (1) \\ u(x,0) = \varphi(x), & -\infty < x < +\infty \quad (2) \\ u_t(x,0) = \psi(x), & -\infty < x < +\infty \quad (3) \end{cases}$$

的达朗贝尔解为

$$u(x,t)=\frac{1}{2}[\varphi(x+at)+\varphi(x-at)]+\frac{1}{2a}\int_{x-at}^{x+at}\psi(\zeta)\mathrm{d}\zeta \tag{4}$$

证明 假设$\mathscr{F}[u(x,t)]=U(\omega,t)$,$\mathscr{F}[\varphi(x)]=\Phi(\omega)$,$\mathscr{F}[\psi(x)]=\Psi(\omega)$,由微分性质知

$$\mathscr{F}[u_{xx}]=(\mathrm{i}\omega)^2\mathscr{F}[u]=-\omega^2U(\omega,t)$$

于是对方程组两边同时取傅里叶变换得

$$U_{tt}(\omega,t)+a^2\omega^2U(\omega,t)=0$$
$$U(\omega,0)=\Phi(\omega)$$
$$U_{tt}(\omega,0)=\Psi(\omega)$$

这是以t为自变量的常微分方程的初值问题，其解为

$$U(\omega,t)=\Phi(\omega)\cos a\omega t+\frac{1}{a\omega}\Psi(\omega)\sin a\omega t$$
$$=\frac{1}{2a}\left[a\Phi(\omega)(\mathrm{e}^{\mathrm{i}a\omega t}+\mathrm{e}^{-\mathrm{i}a\omega t})+\frac{1}{\mathrm{i}\omega}\Psi(\omega)(\mathrm{e}^{\mathrm{i}a\omega t}-\mathrm{e}^{-\mathrm{i}a\omega t})\right]$$

由傅里叶变换的位移性质知

$$\mathscr{F}^{-1}[\Phi(\omega)(\mathrm{e}^{\mathrm{i}a\omega t}+\mathrm{e}^{-\mathrm{i}a\omega t})]=\varphi(x+at)+\varphi(x-at)$$
$$\mathscr{F}^{-1}[\Psi(\omega)(\mathrm{e}^{\mathrm{i}a\omega t}-\mathrm{e}^{-\mathrm{i}a\omega t})]=\psi(x+at)-\psi(x-at)$$

再由积分性质知

$$\mathscr{F}^{-1}\left[\frac{1}{\mathrm{i}\omega}\Psi(\omega)(\mathrm{e}^{\mathrm{i}a\omega t}-\mathrm{e}^{-\mathrm{i}a\omega t})\right]=\int_{-\infty}^{x}[\psi(x+at)-\psi(x-at)]\mathrm{d}x$$
$$\underline{\underline{令\zeta=x\pm at}}\int_{x-at}^{x+at}\psi(\zeta)\mathrm{d}\zeta$$

于是有

$$u(x,t)=\mathscr{F}^{-1}[U(\omega,t)]$$
$$=\frac{1}{2}[\varphi(x+at)+\varphi(x-at)]+\frac{1}{2a}\int_{x-at}^{x+at}\psi(\zeta)\mathrm{d}\zeta$$

本章提要：

(1) 周期函数傅里叶级数的复指数形式,离散频谱；

(2) 傅里叶变换,傅里叶逆变换的概念、性质；

(3) 傅里叶变换的应用等方面的内容.

基本要求：

(1) 理解傅里叶级数复指数形式、离散频谱.

(2) 掌握傅里叶变换、逆变换的概念;理解傅里叶积分定理，注意存在间断点的情况.

(3) 掌握δ函数的定义及广义傅里叶变换.

(4) 掌握傅里叶变换的性质.

(5) 掌握卷积概念及卷积定理，了解相关函数的概念及傅里叶变换的应用.

习题 7

1. 试求 $f(t)=|\sin t|$ 的离散频谱和它的傅里叶级数的复指数形式.

2. 试证:若 $f(t)$ 满足傅里叶积分定理的条件，则有

$$f(t)=\int_0^{+\infty}a(\omega)\cos\omega t\,\mathrm{d}\omega+\int_0^{+\infty}b(\omega)\sin\omega t\,\mathrm{d}\omega$$

其中

$$a(\omega)=\frac{1}{\pi}\int_{-\infty}^{+\infty}f(\tau)\cos\omega\tau\,\mathrm{d}\tau$$

$$b(\omega)=\frac{1}{\pi}\int_{-\infty}^{+\infty}f(\tau)\sin\omega\tau\,\mathrm{d}\tau$$

3. 求下列函数的傅里叶变换.

(1) 矩形脉冲函数

$$f(t)=\begin{cases}A, & 0<t<\tau, A\neq 0\\ 0, & \text{其他}\end{cases}$$

(2) 函数

$$f(t)=\begin{cases}1-t^2, & |t|\leqslant 1\\ 0, & |t|>1\end{cases}$$

4. 求下列函数的傅里叶积分.

(1)

$$f(t)=\begin{cases}0, & t<0\\ \mathrm{e}^{-t}\sin 2t, & t\geqslant 0\end{cases}$$

(2)

$$f(t)=\begin{cases}-1, & -1<t<0\\ 1, & 0\leqslant t<1\\ 0, & \text{其他}\end{cases}$$

5. 求下列函数的傅里叶变换，并证明下列积分结果.

(1) $f(t)=\mathrm{e}^{-\beta|t|}\ (\beta>0)$，证明

$$\int_0^{+\infty}\frac{\cos\omega t}{\beta^2+\omega^2}\mathrm{d}\omega=\frac{\pi}{2\beta}\mathrm{e}^{-\beta|t|}$$

(2) $f(t)=\begin{cases}\sin t, & |t|\leqslant\pi\\ 0, & |t|>\pi\end{cases}$，证明

$$\int_0^{+\infty}\frac{\sin\omega\pi\,\sin\omega t}{1-\omega^2}\mathrm{d}\omega=\begin{cases}\dfrac{\pi}{2}\sin t, & |t|\leqslant\pi\\ 0, & |t|>\pi\end{cases}$$

6. 求图 7－8 所示的两个函数的频谱.

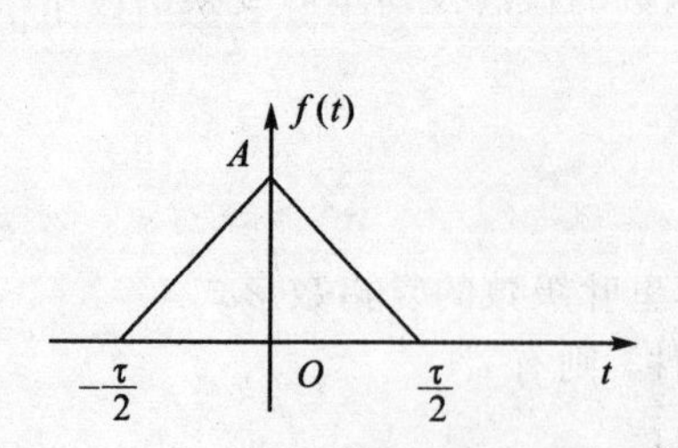

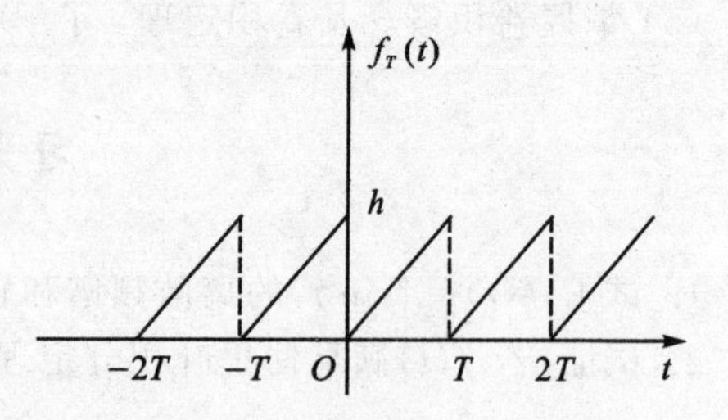

图 7－8　6 题的图形

7. 证明:若 $\mathscr{F}[e^{i\varphi(t)}]=F(\omega)$，其中，$\varphi(t)$为实函数，则

$$\mathscr{F}[\cos\varphi(t)]=\frac{1}{2}[F(\omega)+F(-\omega)]$$

$$\mathscr{F}[\sin\varphi(t)]=\frac{1}{2\mathrm{i}}[F(\omega)-F(-\omega)]$$

8. 求下列函数的傅里叶变换.

(1) $f(t)=\cos t\sin t$;

(2) $f(t)=\sin^3 t$;

(3) $f(t)=\delta(t+a)+\delta(t-a)+\delta\left(t+\frac{a}{2}\right)+\delta\left(t-\frac{a}{2}\right)$;

(4) $f(t)=\sin\left(5t+\frac{\pi}{3}\right)$.

9. 求下列函数的傅里叶逆变换.

(1) $F(\omega)=\pi[\delta(\omega+\omega_0)+\delta(\omega-\omega_0)]$;

(2) $F(\omega)=\frac{2A\sin\omega}{\omega}(A\neq 0)$;

(3) $\sin\omega t_0$.

10. 求下列函数的傅里叶变换.

(1) $f(t)=E\delta(t-t_0)$;

(2) $f(t)=tu(t)$;

(3) $(t-2)f(-2t)$;

(4) $f(2t-5)$.

11. 求下列函数 $f_1(t)$和 $f_2(t)$的卷积.

(1) $f_1(t)=u(t), f_2(t)=u(t)e^{-2t}$;

(2) $f_1(t)=\delta(t-t_0)$，$f_2(t)=t^n$;

(3) $f_1(t)=e^{-\beta t}u(t)$，$f_2(t)=\sin t\cdot u(t)$.

12. 求下列函数的傅里叶变换.

(1) $f(t)=u(t)\sin\omega_0 t$;

(2) $f(t)=e^{i\omega_0 t}tu(t)$;

(3) $f(t)=e^{-\beta t}u(t)\sin\omega_0 t\ (\beta>0)$.

(4) $f(t)=u(t-t_0)e^{i\omega_0 t}$;

(5) $|t|\cos\omega_0 t$.

13. *利用能量积分计算下列各式.

(1) $\int_{-\infty}^{+\infty}\left(\frac{\sin t}{t}\right)^2 dt$;　　(2) $\int_{-\infty}^{+\infty}\frac{1}{(\omega^2+1)^2}d\omega$.

14. *已知某波形的相关函数为 $R(\tau)=\frac{1}{2}\cos\omega_0\tau$($\omega_0$ 是实常数且 $\omega_0\neq 0$)，求这个波形的能量谱密度.

15. *求解无限长杆的热传导方程的初值问题：

$$\begin{cases} u_t-u_{xx}=0, & -\infty<x<+\infty,\ t>0 \\ u(x,0)=f(x), & -\infty<x<+\infty \end{cases}$$

第 8 章　拉普拉斯变换

拉普拉斯变换在电学、力学、线性系统分析以及控制学等众多工程技术与科学领域中有着广泛的应用.本章首先介绍拉普拉斯变换的定义及其性质,然后讨论拉普拉斯逆变换的计算问题. 最后给出拉普拉斯变换在求解微积分方程中的应用.

8.1　拉普拉斯变换的概念

8.1.1　拉普拉斯变换的定义

从第 7 章知道,一个函数除满足狄利克雷条件之外,还要在$(-\infty,+\infty)$上绝对可积,才可以进行古典意义下的傅里叶变换. 引入 δ 函数之后,傅里叶变换的适用范围拓宽了,但是对某些函数,傅里叶变换仍无能为力. 另外,在物理、无线电技术和线性控制等实际应用中,大多数物理系统如果不受外力作用的话,最终会因为阻力、阻尼或辐射损耗等耗散现象而停止运动,即为渐进稳定系统. 这是因为输入是从 $t=-\infty$开始的,所以在任何(有限)时间内瞬变现象会逐渐消失. 可是对于输入从 $t=0$ 开始但永远不能驱动系统,或者从 $t=0$,系统以某些初始状态开始,而这些初始状态可能与系统的稳定解不一致等这些情况时,就需要用到拉普拉斯变换. 此外,拉普拉斯变换也适用于无耗散系统.

假设输入函数是 $\phi(t)$, 将其乘以单位阶跃函数 $u(t)$, 这样得到的乘积函数 $\phi(t)\cdot u(t)$在$t<0$ 时就等于 0. 又因为指数衰减函数 $\mathrm{e}^{-\beta t}(\beta>0)$是当 $t\to+\infty$ 时减小的很快的函数,所以再乘以指数衰减函数 $\mathrm{e}^{-\beta t}$, 进行傅里叶变换:

$$\begin{aligned}\mathscr{F}[\phi(t)u(t)\mathrm{e}^{-\beta t}] = F_\beta(\omega) &= \int_{-\infty}^{+\infty}\phi(t)u(t)\mathrm{e}^{-\beta t}\mathrm{e}^{-\mathrm{i}\omega t}\,\mathrm{d}t \\ &= \int_0^{+\infty} f(t)\mathrm{e}^{-(\beta+\mathrm{i}\omega)t}\,\mathrm{d}t = \int_0^{+\infty} f(t)\mathrm{e}^{-st}\,\mathrm{d}t\end{aligned}$$

其中, $s=\beta+\mathrm{i}\omega$, $f(t)=\phi(t)u(t)$. 将 $F_\beta(\omega)$ 看作关于 s 的函数, 则上式可表示为

$$F(s) = \int_0^{+\infty} f(t)\mathrm{e}^{-st}\,\mathrm{d}t$$

由此得到拉普拉斯变换的定义.

定义 8.1　设函数 $f(t)$在 $t\geqslant 0$ 上有定义, 若对于复参数 $s=\beta+\mathrm{i}\omega$, 有积分

$$F(s) = \int_0^{+\infty} f(t)\mathrm{e}^{-st}\,\mathrm{d}t \tag{8.1}$$

在复平面 s 的某一域内收敛, 则称 $F(s)$为 $f(t)$的拉普拉斯变换(简称拉氏变换),

记为 $F(s)=\mathscr{L}[f(t)]$. 相应地，称 $f(t)$为 $F(s)$的拉普拉斯逆变换(简称拉氏逆变换)，记为 $f(t)=\mathscr{L}^{-1}[F(s)]$. 有时也称 $F(s)$和 $f(t)$分别为像函数和像原函数.

可见函数 $f(t)$的拉普拉斯变换就是 $f(t)u(t)\mathrm{e}^{-\beta t}$的傅里叶变换.

例 8.1　求函数 $\mathrm{e}^{\alpha t}$(α 为复常数)的拉普拉斯变换.

解　设 $\alpha=\alpha_1+\alpha_2$, $s=\beta+\mathrm{i}\omega$ $(\beta>\alpha_1)$, 则当 $t\to+\infty$ 时，有

$$\mathrm{e}^{-(s-\alpha)t}=\mathrm{e}^{-(\beta-\alpha_1)t-\mathrm{i}(\omega-\alpha_2)t}\to 0$$

因此由拉普拉斯变换的定义，得

$$\mathscr{L}[\mathrm{e}^{\alpha t}]=\int_0^{+\infty}\mathrm{e}^{-(s-\alpha)t}\mathrm{d}t=\frac{-1}{s-\alpha}\mathrm{e}^{-(s-\alpha)t}\Big|_0^{+\infty}=\frac{1}{s-\alpha}\ (\mathrm{Re}(s)>\mathrm{Re}\,\alpha)$$

特别地，令 $\alpha=0$，则有

$$\mathscr{L}[1]=\mathscr{L}[u(t)]=\mathscr{L}[\mathrm{sgn}\,t]=\frac{1}{s}\ (\mathrm{Re}(s)>0)$$

例 8.2　求正弦函数 $\sin\alpha t$ 的拉普拉斯变换.

解　由拉普拉斯变换的定义，

$$\mathscr{L}[\sin\alpha t]=\int_0^{+\infty}\sin(\alpha t)\mathrm{e}^{-st}\mathrm{d}t=\int_0^{+\infty}\frac{\mathrm{e}^{\mathrm{i}\alpha t}-\mathrm{e}^{-\mathrm{i}\alpha t}}{2\mathrm{i}}\mathrm{e}^{-st}\mathrm{d}t$$

$$=\frac{1}{2\mathrm{i}}\int_0^{+\infty}\mathrm{e}^{-(s-\mathrm{i}\alpha)t}\mathrm{d}t-\frac{1}{2\mathrm{i}}\int_0^{+\infty}\mathrm{e}^{-(s+\mathrm{i}\alpha)t}\mathrm{d}t$$

上式右端第一个积分在 $\mathrm{Re}(s)>\mathrm{Re}(\mathrm{i}\alpha)=-\mathrm{Im}\,\alpha$ 时收敛，第二个积分在 $\mathrm{Re}(s)>\mathrm{Re}\,(-\mathrm{i}\alpha)=\mathrm{Im}\,\alpha$ 时收敛，所以

$$\mathscr{L}[\sin\alpha t]=\frac{1}{2\mathrm{i}}\left(\frac{1}{s-\mathrm{i}\alpha}-\frac{1}{s+\mathrm{i}\alpha}\right)=\frac{\alpha}{s^2+\alpha^2}\quad(\mathrm{Re}(s)>\mathrm{Im}\,|\,\alpha\,|)$$

同理有

$$\mathscr{L}[\cos\alpha t]=\frac{s}{s^2+\alpha^2}\quad(\mathrm{Re}(s)>|\,\mathrm{Im}\,\alpha\,|)$$

8.1.2　拉普拉斯变换存在定理

从例 8.1 中我们发现，如果 s 充分大，即使 $t\to+\infty$ 时 $f(t)$不趋近于 0，拉普拉斯变换也可能存在，但需要满足合适的条件.

定理 8.1　设函数 $f(t)$ 满足：

(1) 在 $t\geqslant 0$ 的任一有限区间上满足 Dirichlet 条件；

(2) 当 $t\to+\infty$ 时，$f(t)$的增长速度不超过某一指数函数，即存在常数 $M>0$ 及 $c\geqslant 0$，使得 $|f(t)|\leqslant M\mathrm{e}^{ct}$ $(0\leqslant t<+\infty)$成立；

则 $f(t)$的拉普拉斯变换在半平面 $\mathrm{Re}(s)\geqslant c_0>c$ 上绝对收敛且一致收敛，并且在 $\mathrm{Re}(s)>c$ 的半平面内，$F(s)$是解析的.

证　* 由条件(2) 可知，存在常数 $M>0$ 及 $c>0$ 使得

$$|\,f(t)\mathrm{e}^{-st}\,|\leqslant M\mathrm{e}^{-(\beta-c)t},\quad \mathrm{Re}(s)=\beta$$

于是，当 $\beta-c\geqslant\delta>0$，即 $\mathrm{Re}(s)=\beta\geqslant c+\delta=c_0>c$ 时，

$$|f(t)\mathrm{e}^{-st}|\leqslant M\mathrm{e}^{-\delta t}$$

所以

$$\left|\int_0^{+\infty} f(t)\mathrm{e}^{-st}\mathrm{d}t\right|\leqslant\int_0^{+\infty}|f(t)\mathrm{e}^{-st}|\mathrm{d}t$$
$$\leqslant\int_0^{+\infty}M\mathrm{e}^{-\delta t}\mathrm{d}t=\frac{M}{\delta}$$

根据含参量广义积分的性质可知，在 $\mathrm{Re}(s)\geqslant c_0>c$ 时，式(8.1)右端的积分不仅绝对收敛并且一致收敛.不仅如此，若在式(8.1)的积分号内对 s 求导，则

$$\int_0^{+\infty}\frac{\mathrm{d}}{\mathrm{d}s}[f(t)\mathrm{e}^{-st}]\mathrm{d}t\leqslant\int_0^{+\infty}\left|\frac{\mathrm{d}}{\mathrm{d}s}[f(t)\mathrm{e}^{-st}]\right|\mathrm{d}t$$
$$=\int_0^{+\infty}\left|-tf(t)\mathrm{e}^{-st}\right|\mathrm{d}t\leqslant\int_0^{+\infty}Mt\mathrm{e}^{-\delta t}\mathrm{d}t=\frac{M}{\delta^2}$$

由此可见，$\int_0^{+\infty}\frac{\mathrm{d}}{\mathrm{d}s}[f(t)\mathrm{e}^{-st}]\mathrm{d}t$ 在 $\mathrm{Re}(s)\geqslant c_0>c$ 上也是绝对收敛且一致收敛，从而微分和积分的顺序可以交换，即

$$\frac{\mathrm{d}}{\mathrm{d}s}F(s)=\frac{\mathrm{d}}{\mathrm{d}s}\int_0^{+\infty}f(t)\mathrm{e}^{-st}\mathrm{d}t=\int_0^{+\infty}\frac{\mathrm{d}}{\mathrm{d}s}[f(t)\mathrm{e}^{-st}]\mathrm{d}t$$
$$=\int_0^{+\infty}-tf(t)\mathrm{e}^{-st}\mathrm{d}t=\mathscr{L}[-tf(t)]$$

因此，$F(s)$ 在 $\mathrm{Re}(s)>c$ 内是解析的.

拉普拉斯变换允许频率变量为复数，因而在本质上它比傅里叶变换包含了更多的函数. 注意,此定理的条件是充分非必要的.此外，若进行拉普拉斯变换的函数在 $t=0$ 处包含了脉冲函数时，其拉普拉斯变换应为 $\mathscr{L}[f(t)]=\int_{0^-}^{+\infty}f(t)\mathrm{e}^{-st}\mathrm{d}t$，为方便起见，仍记为原来形式.

例 8.3 求单位脉冲函数 $\delta(t)$ 和 $\delta^{(n)}(t)$ 的拉普拉斯变换.

解 由拉普拉斯变换定义,有

$$\mathscr{L}[\delta(t)]=\int_{0-}^{+\infty}\delta(t)\mathrm{e}^{-st}\mathrm{d}t=\int_{-\infty}^{+\infty}\delta(t)\mathrm{e}^{-st}\mathrm{d}t=1$$
$$\mathscr{L}[\delta^{(n)}(t)]=\int_{0-}^{+\infty}\delta^{(n)}(t)\mathrm{e}^{-st}\mathrm{d}t=\int_{-\infty}^{+\infty}\delta^{(n)}(t)\mathrm{e}^{-st}\mathrm{d}t=s^n$$

例 8.4 求函数 $\delta(t)\cos t-u(t)\sin t$ 的拉普拉斯变换.

解 由拉普拉斯变换定义,有

$$\mathscr{L}[f(t)]=\int_0^{+\infty}f(t)\mathrm{e}^{-st}\mathrm{d}t=\int_0^{+\infty}[\delta(t)\cos t-u(t)\sin t]\mathrm{e}^{-st}\mathrm{d}t$$
$$=\int_{-\infty}^{+\infty}\delta(t)(\cos t)\mathrm{e}^{-st}\mathrm{d}t-\int_0^{+\infty}(\sin t)\mathrm{e}^{-st}\mathrm{d}t$$
$$=\cos t\mathrm{e}^{-st}\Big|_{t=0}-\frac{1}{s^2+1}$$

$$= 1 - \frac{1}{s^2 + 1}$$

$$= \frac{s^2}{s^2 + 1}$$

下面给出周期函数拉普拉斯变换的公式.

设 $f(t)$是以 T 为周期的函数，且在一个周期内按段连续，则

$$\mathscr{L}[f(t)] = \int_0^{+\infty} f(t)\mathrm{e}^{-st}\,\mathrm{d}t = \sum_{k=0}^{+\infty}\int_{kT}^{(k+1)T} f(t)\mathrm{e}^{-st}\,\mathrm{d}t$$

令 $t=\tau+kT$，则

$$\int_{kT}^{(k+1)T} f(t)\mathrm{e}^{-st}\,\mathrm{d}t = \int_0^T f(\tau + kT)\mathrm{e}^{-s(\tau+kT)}\,\mathrm{d}\tau = \mathrm{e}^{-kTs}\int_0^T f(t)\mathrm{e}^{-st}\,\mathrm{d}t$$

又因为 $\mathrm{Re}(s)>0$ 时，$|\mathrm{e}^{-sT}|<1$，所以

$$\sum_{k=0}^{+\infty}\int_{kT}^{(k+1)T} f(t)\mathrm{e}^{-st}\,\mathrm{d}t = \sum_{k=0}^{+\infty}\mathrm{e}^{-kTs}\int_0^T f(t)\mathrm{e}^{-st}\,\mathrm{d}t$$

$$= \frac{1}{1-\mathrm{e}^{-sT}}\int_0^T f(t)\mathrm{e}^{-st}\,\mathrm{d}t$$

从而以 T 为周期的周期函数的拉普拉斯计算公式为

$$\mathscr{L}[f(t)] = \frac{1}{1-\mathrm{e}^{-sT}}\int_0^T f(t)\mathrm{e}^{-st}\,\mathrm{d}t\ (\mathrm{Re}(s) > 0)$$

8.2　拉普拉斯变换的性质及应用

8.2.1　拉普拉斯变换的基本性质

首先假设下面性质中需要进行拉普拉斯变换的函数均满足拉普拉斯变换存在定理的条件，且增长指数为 c.

1. 线性性质

设 α ,β 为常数，$\mathscr{L}[f_1(t)]=F_1(s)$,$\mathscr{L}[f_2(t)]=F_2(s)$，则

$$\left.\begin{aligned} &\mathscr{L}[\alpha f_1(t) + \beta f_2(t)] = \alpha F_1(s) + \beta F_2(s) \quad (\mathrm{Re}(s) > c) \\ &\mathscr{L}^{-1}[\alpha F_1(s) + \beta F_2(s)] = \alpha f_1(t) + \beta f_2(t) \end{aligned}\right\} \tag{8.2}$$

即函数线性组合的拉普拉斯变换(逆变换)等于各函数拉普拉斯变换(逆变换)的线性组合.

2. 微分性质

设 $\mathscr{L}[f(t)]=F(s)$，则

$$\mathscr{L}[f'(t)] = sF(s) - f(0) \quad (\mathrm{Re}(s) > c) \tag{8.3}$$

证　由于 $\mathrm{Re}(s)>c$ 时，$|f(t)\mathrm{e}^{-st}|\leqslant M\mathrm{e}^{-(s-c)t}$，有 $\lim\limits_{t\to+\infty} f(t)\mathrm{e}^{-st}=0$,于是由拉普拉斯变换的定义及分部积分法得

$$\begin{aligned}\mathscr{L}[f'(t)] &= \int_0^{+\infty} f'(t)\mathrm{e}^{-st}\,\mathrm{d}t \\ &= f(t)\mathrm{e}^{-st}\Big|_0^{+\infty} + s\int_0^{+\infty} f(t)\mathrm{e}^{-st}\,\mathrm{d}t \\ &= sF(s) - f(0) \quad (\mathrm{Re}(s) > c)\end{aligned}$$

所以有

$$\mathscr{L}[f'(t)] = sF(s) - f(0) \quad (\mathrm{Re}(s) > c)$$

这个性质表明,一个函数求导后取拉普拉斯变换等于这个函数的拉普拉斯变换乘以复参数 s,再减去函数的初值.一般的,有

$$\mathscr{L}[f^{(n)}(t)] = s^n F(s) - s^{n-1} f(0) - s^{n-2} f'(0) - \cdots - f^{(n-1)}(0) \quad (\mathrm{Re}(s) > c) \tag{8.4}$$

例 8.5 利用微分性质求 t^m(m 为正整数)的拉普拉斯变换.

解 设 $f(t)=t^m$,则 $f^{(m)}(t)=m!$,$f(0)=f'(0)=\cdots=f^{(m-1)}(0)=0$,所以

$$\mathscr{L}[m!] = \mathscr{L}[f^{(m)}(t)] = s^m \mathscr{L}[f(t)] = s^m \mathscr{L}[t^m]$$

即

$$\mathscr{L}[t^m] = \frac{1}{s^m}\mathscr{L}[m!] = \frac{m!}{s^{m+1}} \quad (\mathrm{Re}(s) > 0)$$

推广到一般幂函数,有

$$\mathscr{L}[t^\alpha] = \Gamma(\alpha+1)/s^{\alpha+1} \quad (\mathrm{Re}(s) > 0) \tag{8.5}$$

其中 $\alpha > -1$,$\Gamma(\alpha+1)$是 Gamma 函数 $\Gamma(x) = \int_0^{+\infty} t^{x-1}\mathrm{e}^{-t}\mathrm{d}t \ (x > 0)$ 在点 $x = \alpha + 1$ 的值.

由拉普拉斯变换存在定理,还可以得到像函数的微分性质:

若 $\mathscr{L}[f(t)]=F(s)$,则

$$F'(s) = \mathscr{L}[-tf(t)] \quad (\mathrm{Re}(s) > c) \tag{8.6}$$

一般的,有

$$F^{(n)}(s) = \mathscr{L}[(-1)^n t^n f(t)] \quad (\mathrm{Re}(s) > c) \tag{8.7}$$

例 8.6 求函数 $f(t)=t\mathrm{e}^{-t}$的拉普拉斯变换.

解 因为 $\mathscr{L}[\mathrm{e}^{-t}]=\dfrac{1}{s+1}$ $(\mathrm{Re}(s)>-1)$,所以由拉普拉斯变换像函数的微分性质得

$$\mathscr{L}[t\mathrm{e}^{-t}] = -\frac{\mathrm{d}}{\mathrm{d}s}\left[\frac{1}{s+1}\right] = \frac{1}{(s+1)^2} \quad (\mathrm{Re}(s) > -1)$$

3. 积分性质

设 $\mathscr{L}[f(t)]=F(s)$,则有

$$\mathscr{L}\left[\int_0^t f(t)\,\mathrm{d}t\right] = \frac{1}{s}F(s) \tag{8.8}$$

证　设 $g(t)=\int_0^t f(t)\mathrm{d}t$，则有 $g'(t)=f(t)$，且 $g(0)=0$，利用微分性质，有

$$\mathscr{L}[g'(t)]=s\,\mathscr{L}[g(t)]-g(0)=s\mathscr{L}[g(t)]$$

即

$$\mathscr{L}\left[\int_0^t f(t)\mathrm{d}t\right]=\frac{1}{s}F(s)$$

这个性质表明，一个函数积分后取拉普拉斯变换等于这个函数的拉普拉斯变换除以复参数 s. 一般的，有

$$\mathscr{L}\Big[\underbrace{\int_0^t \mathrm{d}t\int_0^t \mathrm{d}t\cdots\int_0^t}_{n\text{次}} f(t)\mathrm{d}t\Big]=\frac{1}{s^n}F(s) \tag{8.9}$$

此外，由拉普拉斯变换存在定理，还可以得到像函数的积分性质：

若 $\mathscr{L}[f(t)]=F(s)$，则

$$\mathscr{L}\left[\frac{f(t)}{t}\right]=\int_s^{\infty}F(s)\mathrm{d}s \tag{8.10}$$

一般的，有

$$\mathscr{L}\left[\frac{f(t)}{t^n}\right]=\underbrace{\int_s^{\infty}\mathrm{d}s\int_s^{\infty}\mathrm{d}s\cdots\int_s^{\infty}}_{n\text{次}}F(s)\mathrm{d}s \tag{8.11}$$

例 8.7　求函数 $f(t)=\int_0^t \frac{\sin\tau}{\tau}\mathrm{d}\tau$ 的拉普拉斯变换.

解　因为 $\mathscr{L}[\sin t]=\frac{1}{s^2+1}$，由像函数积分性质，有

$$\mathscr{L}\left[\frac{\sin t}{t}\right]=\int_s^{\infty}\frac{1}{s^2+1}\mathrm{d}s=\frac{\pi}{2}-\arctan s$$

再由原函数积分性质，可知

$$\mathscr{L}\left[\int_0^t \frac{\sin\tau}{\tau}\mathrm{d}\tau\right]=\frac{1}{s}\left(\frac{\pi}{2}-\arctan s\right)$$

4. 相似性质

设 $\mathscr{L}[f(t)]=F(s)$，则对任一常数 $a>0$，有

$$\mathscr{L}[f(at)]=\frac{1}{a}F\left(\frac{s}{a}\right)\quad(\mathrm{Re}(s)>ac) \tag{8.12}$$

证　由拉普拉斯变换的定义，有

$$\mathscr{L}[f(at)]=\int_0^{+\infty}f(at)\mathrm{e}^{-st}\mathrm{d}t$$

$$=\frac{1}{a}\int_0^{+\infty}f(\tau)\mathrm{e}^{-\frac{s}{a}\tau}\mathrm{d}\tau=\frac{1}{a}F\left(\frac{s}{a}\right)$$

5. 位移性质

设 $\mathscr{L}[f(t)]=F(s)$，则有

$$\mathscr{L}[\mathrm{e}^{\alpha t}f(t)]=F(s-\alpha)\quad(\mathrm{Re}(s-\alpha)>c) \tag{8.13}$$

证 由拉普拉斯变换的定义，有

$$\begin{aligned}\mathscr{L}[e^{\alpha t}f(t)] &= \int_0^{+\infty} e^{\alpha t}f(t)e^{-st}dt \\ &= \int_0^{+\infty} f(t)e^{-(s-\alpha)t}dt \\ &= F(s-\alpha) \quad (\mathrm{Re}(s-\alpha)>c)\end{aligned}$$

这个性质表明，一个像原函数乘以指数函数 $e^{\alpha t}$ 的拉普拉斯变换等于其像函数作平移 α.

6. 延迟性质

设 $\mathscr{L}[f(t)]=F(s)$，则对于任意非负实数 τ，有

$$\left.\begin{aligned}\mathscr{L}[f(t-\tau)u(t-\tau)] &= e^{-s\tau}F(s) \ (\mathrm{Re}(s)>c) \\ \mathscr{L}^{-1}[e^{-s\tau}F(s)] &= f(t-\tau)u(t-\tau)\end{aligned}\right\} \tag{8.14}$$

注意，若 $f(t)$ 满足 $t<0$，$f(t)=0$，则

$$\mathscr{L}[f(t-\tau)] = e^{-s\tau}F(s)$$

证 由拉普拉斯变换的定义，有

$$\begin{aligned}\mathscr{L}[f(t-\tau)u(t-\tau)] &= \int_0^{+\infty} f(t-\tau)u(t-\tau)e^{-st}dt \\ &= \int_\tau^{+\infty} f(t-\tau)e^{-st}dt\end{aligned}$$

令 $t-\tau=u$，则有

$$\begin{aligned}\mathscr{L}[f(t-\tau)u(t-\tau)] &= \int_0^{+\infty} f(u)e^{-s(u+\tau)}du \\ &= e^{-s\tau}\int_0^{+\infty} f(u)e^{-su}du \\ &= e^{-s\tau}F(s)\end{aligned}$$

函数 $f(t-\tau)$ 与 $f(t)$ 相比，$f(t)$ 是从 $t=0$ 开始有非零值，而 $f(t-\tau)u(t-\tau)$ 是从 $t=\tau$ 开始有非零值，即延迟了一个时间 τ.

在使用延迟性质时，要注意原函数要满足的条件.

例 8.8 求下列函数的拉普拉斯变换.

(1) $\sin(t-\pi)u(t-\pi)$； (2) $\sin(t-\pi)$.

解 (1) 由延迟性质，得

$$\mathscr{L}[\sin(t-\pi)u(t-\pi)] = \frac{1}{s^2+1}e^{-\pi s}$$

(2) 因为 $\sin(t-\pi)=-\sin t$，所以

$$\mathscr{L}[\sin(t-\pi)] = -\mathscr{L}[\sin t] = -\frac{1}{s^2+1}$$

例 8.9 求函数 $F(s)=\dfrac{se^{-s}}{s^2+4}$ 的拉普拉斯逆变换.

解　因为 $\mathscr{L}^{-1}\left[\dfrac{s}{s^2+4}\right]=\cos 2t\cdot u(t)$，所以由延迟性质，有

$$\mathscr{L}^{-1}\left[\frac{se^{-s}}{s^2+4}\right]=\cos 2(t-1)\cdot u(t-1)$$

7. *初值定理

设 $\mathscr{L}[f(t)]=F(s)$，且 $\lim\limits_{s\to\infty}sF(s)$ 存在，则有

$$\lim_{t\to 0}f(t)=\lim_{s\to\infty}sF(s) \tag{8.15}$$

或

$$f(0)=\lim_{s\to\infty}sF(s)$$

证　由拉普拉斯变换的微分性质，有

$$\mathscr{L}[f'(t)]=s\mathscr{L}[f(t)]-f(0)=sF(s)-f(0)$$

因为 $\lim\limits_{s\to\infty}sF(s)$ 存在，上式两端同时取 $\mathrm{Re}(s)\to+\infty$ 时的极限，有

$$\lim_{\mathrm{Re}(s)\to+\infty}\mathscr{L}[f'(t)]=\lim_{\mathrm{Re}(s)\to+\infty}[sF(s)-f(0)]=\lim_{s\to\infty}sF(s)-f(0)$$

再根据拉普拉斯变换存在定理的证明，知

$$\lim_{\mathrm{Re}(s)\to+\infty}\mathscr{L}[f'(t)]=\lim_{\mathrm{Re}(s)\to+\infty}\int_0^{+\infty}f'(t)e^{-st}dt$$

$$=\int_0^{+\infty}\lim_{\mathrm{Re}(s)\to+\infty}f'(t)e^{-st}dt=0$$

所以 $\lim\limits_{s\to\infty}sF(s)-f(0)=0$，即 $\lim\limits_{t\to\infty}f(t)=f(0)=\lim\limits_{s\to\infty}sF(s)$.

由此可以证明，初值 $f(0)$ 总是指当 $t\to 0^+$ 时 $f(t)$ 的极限. 这个性质建立了函数 $f(t)$ 在坐标原点的值和函数 $sF(s)$ 在无穷远点的值之间的关系.

8. *终值定理

设 $\mathscr{L}[f(t)]=F(s)$，且 $sF(s)$ 的所有奇点都在 s 平面的左半部，则

$$\lim_{t\to+\infty}f(t)=\lim_{s\to 0}sF(s) \tag{8.16}$$

或

$$f(+\infty)=\lim_{s\to 0}sF(s)$$

证　由拉普拉斯变换的微分性质，有

$$\mathscr{L}[f'(t)]=s\mathscr{L}[f(t)]-f(0)$$

两端同时取 $s\to 0$ 时的极限，有

$$\lim_{s\to 0}\mathscr{L}[f'(t)]=\lim_{s\to 0}\int_0^{+\infty}f'(t)e^{-st}dt$$

$$=\int_0^{+\infty}\lim_{s\to 0}f'(t)e^{-st}dt$$

$$=\int_0^{+\infty}f'(t)dt=\lim_{t\to+\infty}f(t)-f(0)$$

所以 $\lim\limits_{t\to+\infty}f(t)-f(0)=\lim\limits_{s\to 0}sF(s)-f(0)$，即

$$\lim_{t \to +\infty} f(t) = f(+\infty) = \lim_{s \to 0} sF(s)$$

这个性质建立了函数 $f(t)$ 在无穷远点的值与函数 $sF(s)$ 在原点的值之间的关系.

在拉普拉斯变换的应用中，往往先得到 $F(s)$ 再去求 $f(t)$. 但有时不需要知道 $f(t)$ 的表达式，而是只需要求出 $f(t)$ 在 $t \to +\infty$ 或 $t \to 0$ 时的值，即它的初值 $f(0)$ 和终值 $f(+\infty)$ 即可，这两个性质为我们提供了方便.

例 8.10 设 $\mathscr{L}[f(t)] = \dfrac{1}{s+1}$，求 $f(0), f(+\infty)$.

解 由初值和终值定理，有

$$f(0) = \lim_{s \to \infty} sF(s) = \lim_{s \to \infty} \frac{s}{s+1} = 1$$

$$f(+\infty) = \lim_{s \to 0} sF(s) = \lim_{s \to 0} \frac{s}{s+1} = 0$$

应用终值定理时要注意条件是否满足，例如 $F(s) = \dfrac{1}{s^2+1}$，这时，$sF(s)$ 的奇点为 $s = \pm \mathrm{i}$,位于虚轴上，因此不能对这个函数运用终值定理.

8.2.2 卷积与卷积定理

拉普拉斯变换的卷积性质不仅是求函数拉普拉斯逆变换的有效方法，在工程的很多领域也有广泛应用.

定义 8.2 函数 $f_1(t), f_2(t)$ 的拉普拉斯变换的卷积定义为

$$\int_0^t f_1(\tau) f_2(t-\tau) \mathrm{d}\tau$$

记为 $f_1(t) * f_2(t)$，即

$$f_1(t) * f_2(t) = \int_0^t f_1(\tau) f_2(t-\tau) \mathrm{d}\tau \tag{8.17}$$

可以看出，这里的卷积定义同傅里叶变换卷积定义是一致的. 当 $f_1(t), f_2(t)$ 都满足 $t<0$，$f_1(t) = f_2(t) = 0$ 时，傅里叶变换卷积定义和拉普拉斯变换卷积定义相同.

例 8.11 求函数 $f_1(t) = \cos 2t$，$f_2(t) = \sin t$ 的拉普拉斯变换卷积.

解 由定义

$$\begin{aligned}
\cos 2t * \sin t &= \int_0^t \cos 2\tau \sin(t-\tau) \mathrm{d}\tau \\
&= \frac{1}{2} \int_0^t [\sin(t+\tau) + \sin(t-3\tau)] \mathrm{d}\tau \\
&= -\frac{1}{2} \cos(t+\tau) \Big|_0^t + \frac{1}{6} \cos(t-3\tau) \Big|_0^t \\
&= \frac{1}{3}(\cos t - \cos 2t)
\end{aligned}$$

卷积的运算满足：

(1) 交换律 $f_1(t)*f_2(t)=f_2(t)*f_1(t)$.

(2) 结合律 $f_1(t)*[f_2(t)*f_3(t)]=[f_1(t)*f_2(t)]*f_3(t)$.

(3) 分配律 $f_1(t)*[f_2(t)+f_3(t)]=f_1(t)*f_2(t)+f_1(t)*f_3(t)$.

此外，拉普拉斯变换的卷积也有 $|f_1(t)*f_2(t)|\leqslant|f_1(t)|*|f_2(t)|$，并且具有如下重要性质：

定理 8.2(卷积定理)　假设 $f_1(t),f_2(t)$ 满足拉普拉斯变换存在定理的条件，且 $\mathscr{L}[f_1(t)]=F_1(s)$，$\mathscr{L}[f_2(t)]=F_2(s)$，则 $f_1(t)*f_2(t)$ 的拉普拉斯变换一定存在，且

$$\left.\begin{aligned}\mathscr{L}[f_1(t)*f_2(t)]&=F_1(s)\cdot F_2(s)\\ \mathscr{L}^{-1}[F_1(s)\cdot F_2(s)]&=f_1(t)*f_2(t)\end{aligned}\right\}\tag{8.18}$$

证　容易验证 $f_1(t)*f_2(t)$ 满足拉普拉斯变换存在定理的条件，由拉普拉斯变换的定义

$$\begin{aligned}\mathscr{L}[f_1(t)*f_2(t)]&=\int_0^{+\infty}[f_1(t)*f_2(t)]e^{-st}dt\\&=\int_0^{+\infty}\left[\int_0^t f_1(\tau)f_2(t-\tau)d\tau\right]e^{-st}dt\end{aligned}$$

这个累次积分可以看成是 t,τ 平面上区域 D 内（见图 8-1）的二重积分，交换积分顺序，得

$$\mathscr{L}[f_1(t)*f_2(t)]=\int_0^{+\infty}f_1(\tau)\left[\int_\tau^{+\infty}f_2(t-\tau)e^{-st}dt\right]d\tau$$

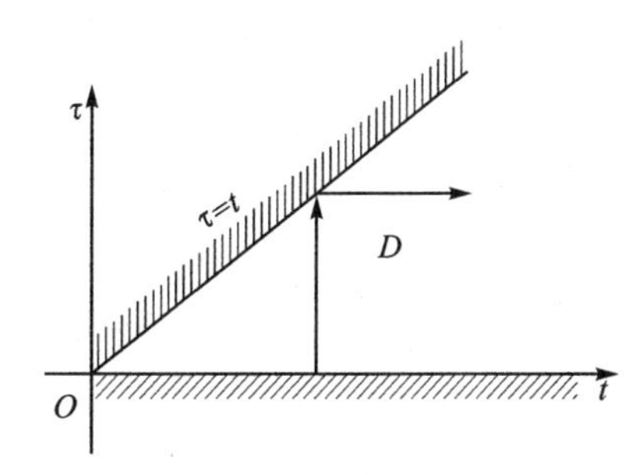

图 8-1　定理 8.2 的图形

令 $t-\tau=u$，则

$$\begin{aligned}\mathscr{L}[f_1(t)*f_2(t)]&=\int_0^{+\infty}f_1(\tau)\left[\int_0^{+\infty}f_2(u)e^{-s(u+\tau)}du\right]d\tau\\&=F_2(s)\int_0^{+\infty}f_1(\tau)e^{-s\tau}d\tau\\&=F_1(s)\cdot F_2(s)\end{aligned}$$

卷积定理可以推广到 n 个函数的情形.

若 $f_k(t)(k=1,2,\cdots,n)$ 满足拉普拉斯变换存在定理的条件，且 $\mathscr{L}[f_k(t)]=$

$F_k(s)(k=1,2,\cdots,n)$，则有

$$\mathscr{L}[f_1(t)*f_2(t)*\cdots*f_n(t)]=F_1(s)\cdot F_2(s)\cdots F_n(s) \tag{8.19}$$

可以利用卷积定理求函数的拉普拉斯逆变换.

例 8.12 已知 $F(s)=\dfrac{2s^2}{(s^2+1)^2}$，求 $f(t)$.

解 因为 $F(s)=\dfrac{2s^2}{(s^2+1)^2}=2\dfrac{s}{s^2+1}\cdot\dfrac{s}{s^2+1}$，所以

$$\begin{aligned}f(t)&=\mathscr{L}^{-1}[F(s)]=2\cos t*\cos t\\&=2\int_0^t\cos\tau\cos(t-\tau)\,\mathrm{d}\tau=\int_0^t[\cos t+\cos(2\tau-t)]\mathrm{d}\tau\\&=t\cos t+\sin t\end{aligned}$$

例 8.13 求函数 $\dfrac{\mathrm{e}^{-bs}}{s(s+a)}$ $(b>0)$的拉普拉斯逆变换.

解 由于 $\dfrac{\mathrm{e}^{-bs}}{s(s+a)}=\dfrac{\mathrm{e}^{-bs}}{s}\cdot\dfrac{1}{s+a}$，所以

$$\begin{aligned}\mathscr{L}\left[\frac{\mathrm{e}^{-bs}}{s(s+a)}\right]&=u(t-b)*\mathrm{e}^{-at}\\&=\int_0^t u(\tau-b)*\mathrm{e}^{-a(t-\tau)}\,\mathrm{d}\tau\\&=\begin{cases}\displaystyle\int_b^t\mathrm{e}^{-a(t-\tau)}\,\mathrm{d}\tau, & t>b\\0, & t<b\end{cases}\\&=\frac{1}{a}[1-\mathrm{e}^{-a(t-b)}]u(t-b)\end{aligned}$$

8.2.3 拉普拉斯逆变换的计算

前面我们主要讨论了由已知函数 $f(t)$求它的像函数 $F(s)$的问题，但在实际应用中经常遇到相反的问题.本小节介绍拉普拉斯逆变换的定义，并给出满足一定条件时，求拉普拉斯逆变换的几种有效方法.

由拉普拉斯变换的定义知，函数 $f(t)$的拉普拉斯变换 $F(s)$ 就是 $f(t)u(t)\mathrm{e}^{-\beta t}$ 的傅里叶变换，即

$$F(s)=F(\beta+\mathrm{i}\omega)=\int_{-\infty}^{+\infty}f(t)u(t)\mathrm{e}^{-\beta t}\mathrm{e}^{-\mathrm{i}\omega t}\,\mathrm{d}t$$

因此，当 $f(t)u(t)\mathrm{e}^{-\beta t}$ 满足傅里叶变换积分定理的条件时，根据傅里叶积分公式，在连续点处有

$$\begin{aligned}f(t)u(t)\mathrm{e}^{-\beta t}&=\frac{1}{2\pi}\int_{-\infty}^{+\infty}\left[\int_{-\infty}^{+\infty}f(\tau)u(\tau)\mathrm{e}^{-\beta\tau}\mathrm{e}^{-\mathrm{i}\omega\tau}\,\mathrm{d}\tau\right]\mathrm{e}^{\mathrm{i}\omega t}\,\mathrm{d}\omega\\&=\frac{1}{2\pi}\int_{-\infty}^{+\infty}F(\beta+\mathrm{i}\omega)\mathrm{e}^{\mathrm{i}\omega t}\,\mathrm{d}\omega\quad(t>0)\end{aligned}$$

两边同时乘以 $e^{\beta t}$，有

$$f(t)=\frac{1}{2\pi i}\int_{\beta-i\infty}^{\beta+i\infty}F(s)e^{st}ds\ (t>0) \tag{8.20}$$

式(8.20)即为从像函数 $F(s)$ 求像原函数的一般公式，右端的积分称为拉氏反演积分. 这是一个复变函数的积分，当 $F(s)$ 满足一定条件时，可以用留数方法来计算.

定理 8.3　若 $s_1, s_2, \cdots, s_n$ 是函数 $F(s)$ 的所有奇点，适当选取 β 使这些奇点全在 $\mathrm{Re}s<\beta$ 的范围内，且当 $s\to\infty$ 时，$F(s)\to 0$，则有

$$\frac{1}{2\pi i}\int_{\beta-i\infty}^{\beta+i\infty}F(s)e^{st}ds=\sum_{k=1}^{n}\mathrm{Res}[F(s)e^{st},s_k]$$

即

$$f(t)=\sum_{k=1}^{n}\mathrm{Res}[F(s)e^{st},s_k]\quad(t>0) \tag{8.21}$$

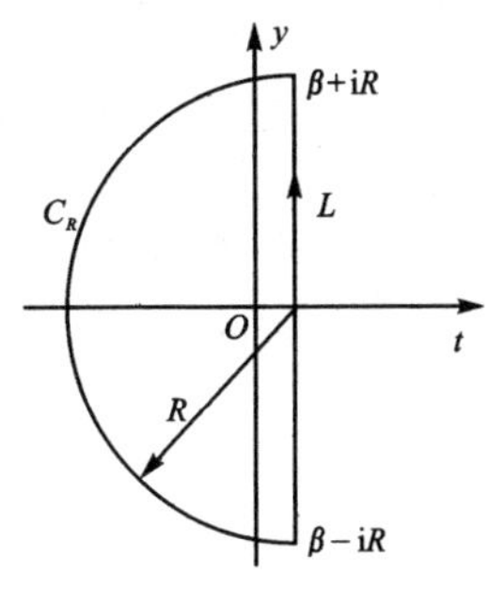

图 8-2　定理 8.3 的图形

证　作图 8-2 所示的闭曲线 $C=L+C_R$，C_R 为 $\mathrm{Re}(s)<\beta$ 内半径为 R 的半圆弧，当 R 充分大时，可以使 $F(s)$ 的所有奇点都在 C 内. 又 $F(s)e^{st}$ 除奇点 $s_1, s_2, \cdots, s_n$ 外也解析，根据留数定理有

$$\int_C F(s)e^{st}ds=2\pi i\sum_{k=1}^{n}\mathrm{Res}[F(s)e^{st},s_k]$$

即

$$\frac{1}{2\pi i}\left[\int_{\beta-i\infty}^{\beta+i\infty}F(s)e^{st}ds+\int_{C_R}F(s)e^{st}ds\right]=\sum_{k=1}^{n}\mathrm{Res}[F(s)e^{st},s_k]\quad(t>0)$$

由第 5 章的约当引理知，当 $t>0$ 时，

$$\lim_{R\to+\infty}\int_{C_R}F(s)e^{st}ds=0$$

于是

$$\frac{1}{2\pi i}\int_{\beta-i\infty}^{\beta+i\infty}F(s)e^{st}ds=\sum_{k=1}^{n}\mathrm{Res}[F(s)e^{st},s_k]\quad(t>0)$$

由上面定理及留数计算方法容易得到.

推论 8.1　设 $F(s)$ 为有理分式函数，$F(s)=\frac{A(s)}{B(s)}$，其中 $A(s)$,$B(s)$ 是互质多项式，$A(s)$ 的次数是 n，$B(s)$ 的次数是 m，并且 $n<m$. 又假设 $B(s)$ 的零点为 $s_1, s_2, \cdots, s_k$，其阶数分别为 $p_1, p_2, \cdots, p_k\left(\sum_{j=1}^{k}p_j=m\right)$，那么在 $f(t)$ 的连续点处，有

$$f(t)=\sum_{j=1}^{k}\frac{1}{(p_j-1)!}\lim_{s\to s_j}\frac{d^{p_j-1}}{ds^{p_j-1}}\left[(s-s_j)^{p_j}\frac{A(s)}{B(s)}e^{st}\right]\quad(t>0) \tag{8.22}$$

例 8.14 求函数 $F(s)=\dfrac{1}{s(s-1)^2}$ 的拉普拉斯逆变换.

解 这里 $B(s)=s(s-1)^2$，$s=0,1$ 分别为其一阶和二阶零点，由式(8.22)有

$$f(t)=\mathscr{L}^{-1}\left[\frac{1}{s(s-1)^2}\right]=\lim_{s\to 0}\frac{s\mathrm{e}^{st}}{s(s-1)^2}+\lim_{s\to 1}\frac{\mathrm{d}}{\mathrm{d}s}\left[(s-1)^2\frac{\mathrm{e}^{st}}{s(s-1)^2}\right]$$

$$=1+\lim_{s\to 1}\frac{\mathrm{d}}{\mathrm{d}s}\left[\frac{1}{s}\mathrm{e}^{st}\right]=1+(t\mathrm{e}^t-\mathrm{e}^t)$$

$$=1+\mathrm{e}^t(t-1)\quad(t>0)$$

使用留数方法计算拉普拉斯变换的逆变换时，要注意 $s\to\infty$，$F(s)\to 0$ 的条件不可少，否则不能使用这种方法.

例 8.15 求下列函数的拉普拉斯逆变换.

(1) $F(s)=\dfrac{s^2+s+1}{s}$；　(2) $F(s)=\dfrac{1}{s}\mathrm{e}^{-s}$.

解 (1) 所给像函数不满足定理中 $s\to\infty$，$F(s)\to 0$ 这一条件，需要将 $F(s)$ 先化为多项式和真分式的和,再利用拉普拉斯变换的线性性质和上面定理进行计算.

由 δ 函数性质知

$$\mathscr{L}^{-1}[s+1]=\delta'(t)+\delta(t)$$

而

$$\mathscr{L}^{-1}\left[\frac{1}{s}\right]=\mathrm{Res}\left[\frac{1}{s}\mathrm{e}^{st},s=0\right]=u(t)$$

因此

$$\mathscr{L}^{-1}\left[\frac{s^2+s+1}{s}\right]=\delta'(t)+\delta(t)+u(t)$$

(2) 因为当 s 沿负实轴趋近于 $-\infty$ 时有

$$\lim_{s\to\infty}F(s)=\lim_{x\to-\infty}\frac{\mathrm{e}^{-x}}{x}=-\infty$$

所以不能用留数方法. 因为

$$\mathscr{L}^{-1}\left[\frac{1}{s}\right]=u(t)$$

由延迟性质

$$\mathscr{L}^{-1}\left[\frac{\mathrm{e}^{-s}}{s}\right]=u(t-1)$$

对有理真分式，还可以用部分分式方法求拉普拉斯逆变换.

例 8.16 求函数 $F(s)=\dfrac{a}{s^2(s^2+a^2)}$ 的拉普拉斯逆变换.

解 因 $F(s)=\dfrac{1}{a}\left[\dfrac{1}{s^2}-\dfrac{1}{s^2+a^2}\right]$，而 $\mathscr{L}^{-1}\left[\dfrac{1}{s^2}\right]=t$，$\mathscr{L}^{-1}\left[\dfrac{1}{s^2+a^2}\right]=\dfrac{1}{a}\sin at$，所以

$$\mathscr{L}^{-1}[F(s)] = \frac{t}{a} - \frac{1}{a^2}\sin at$$

8.2.4 拉普拉斯变换的应用

我们知道,有很多物理系统,如电路系统、自动控制系统、振动系统等的研究,可以归结为求常系数线性微分方程的初值问题. 由于拉普拉斯变换提供了求解初值问题的一种简便方法,所以拉普拉斯变换在各种线性系统理论分析中的应用十分广泛. 本小节,我们介绍利用拉普拉斯变换求解线性微分方程及微分方程组的方法,以及拉普拉斯变换在线性控制系统中的应用.

1. 解常系数微积分方程和方程组

解线性微(积)分方程及微分方程组的基本思想如图 8-3 所示.

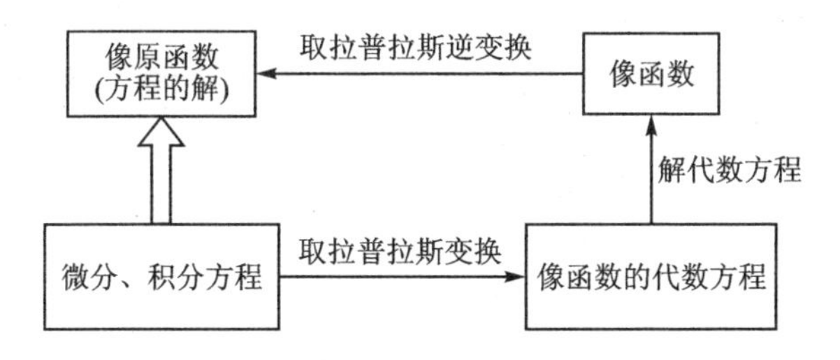

图 8-3　拉普拉斯变换解微分方程

例 8.17　求解微分方程 $x''(t)-2x'(t)+2x(t)=2e^t\cos t, x(0)=x'(0)=0$.

解　假设 $X(s)=\mathscr{L}[x(t)]$, 对方程两边同时进行拉普拉斯变换, 并应用初始条件, 有

$$s^2X(s)-2sX(s)+2X(s)=\frac{2(s-1)}{(s-1)^2+1}$$

整理得

$$X(s)=\frac{2(s-1)}{[(s-1)^2+1]^2}$$

求拉普拉斯逆变换, 有

$$\begin{aligned}x(t)=\mathscr{L}^{-1}[X(s)]&=\mathscr{L}\left\{\frac{2(s-1)}{[(s-1)^2+1]^2}\right\}\\&=e^t\mathscr{L}^{-1}\left[\frac{2s}{(s^2+1)^2}\right]=e^t\mathscr{L}^{-1}\left[\left(\frac{-1}{s^2+1}\right)'\right]\\&=te^t\mathscr{L}^{-1}\left(\frac{1}{s^2+1}\right)=te^t\sin t\end{aligned}$$

拉普拉斯变换也可用于解线性微分方程的边值问题. 这时,可先设想初值已给,而将边值问题当作初值问题来解. 显然,所得微分方程的解内含有未知的初值,但它可由已给的边值,通过解线性代数方程求解,从而完全确定微分方程的解.

例 8.18　解方程 $y''-2y'+y=0$, $y(0)=0$, $y(1)=2$.

解 假设 $\mathscr{L}[y(t)]=Y(s)$，方程两边同时进行拉普拉斯变换得

$$s^2Y(s)-sy(0)-y'(0)-2sY(s)+2y(0)+Y(s)=0$$

整理得

$$Y(s)=\frac{y'(0)}{(s-1)^2}$$

取拉普拉斯逆变换得 $y(t)=y'(0)te^t$，将 $t=1$ 代入可求得 $y'(0)=2e^{-1}$，从而原方程的解为 $y(t)=2te^{t-1}$.

例 8.19 解积分方程 $f(t)=at-\int_0^t \sin(\tau-t)f(\tau)d\tau \ (a\neq 0)$

解 由于 $\int_0^t \sin(t-\tau)f(\tau)d\tau=f(t)*\sin t$，因此原方程为

$$f(t)=at+f(t)*\sin t$$

令 $F(s)=\mathscr{L}[f(t)]$，因为 $\mathscr{L}[t]=\frac{1}{s^2}$，$\mathscr{L}[\sin t]=\frac{1}{s^2+1}$，对方程两边同时进行拉普拉斯变换得

$$F(s)=\frac{a}{s^2}+\frac{1}{s^2+1}F(s)$$

整理得

$$F(s)=a\left(\frac{1}{s^2}+\frac{1}{s^4}\right)$$

求拉普拉斯逆变换，得到原方程的解

$$f(t)=a\left(t+\frac{t^3}{6}\right)$$

例 8.20 解微积分方程 $y'-4y+4\int_0^t y(t)dt=\frac{1}{3}t^3, y(0)=0$.

解 假设 $\mathscr{L}[y(t)]=Y(s)$，方程两边同时进行拉普拉斯变换，得

$$sY(s)-4Y(s)+\frac{4Y(s)}{s}=\frac{2}{s^4}$$

整理得

$$Y(s)=\frac{2}{s^3(s-2)^2}$$

将 $Y(s)$ 分解为

$$Y(s)=\frac{3}{8}\cdot\frac{1}{s}+\frac{1}{2}\cdot\frac{1}{s^2}+\frac{1}{2}\cdot\frac{1}{s^3}-\frac{3}{8}\cdot\frac{1}{s-2}+\frac{1}{4}\cdot\frac{1}{(s-2)^2}$$

求拉普拉斯逆变换得原方程的解为

$$y(t)=\frac{3}{8}+\frac{1}{2}t+\frac{1}{4}t^2-\frac{3}{8}e^{2t}+\frac{1}{4}te^{2t}$$

例 8.21 求微分方程组 $\begin{cases} y''(t)-x''(t)+x'(t)-y(t)=e^t-2 \\ 2y''(t)-x''(t)-2y'(t)+x(t)=-t \end{cases}$ 满足初始条件

$\begin{cases} y(0)=y'(0)=0 \\ x(0)=x'(0)=0 \end{cases}$ 的解.

解　假设 $\mathscr{L}[x(t)]=X(s)$，$\mathscr{L}[y(t)]=Y(s)$，对方程两边同时进行拉普拉斯变换，并应用初始条件得

$$\begin{cases} s^2Y(s)-s^2X(s)+sX(s)-Y(s)=\dfrac{1}{s-1}-\dfrac{2}{s} \\ 2s^2Y(s)-s^2X(s)-2sY(s)+X(s)=-\dfrac{1}{s^2} \end{cases}$$

整理得

$$\begin{cases} X(s)=\dfrac{2s-1}{s^2(s-1)^2} \\ Y(s)=\dfrac{1}{s(s-1)^2} \end{cases}$$

下面求它们的拉普拉斯逆变换.

对于 $Y(s)=\dfrac{1}{s(s-1)^2}$，由例 8.14 知，$y(t)=1+te^t-e^t$. 而 $X(s)=\dfrac{2s-1}{s^2(s-1)^2}=\dfrac{1}{(s-1)^2}-\dfrac{1}{s^2}$，并且 $\mathscr{L}^{-1}\left[\dfrac{1}{s^2}\right]=t$，$\mathscr{L}^{-1}\left[\dfrac{1}{(s-1)^2}\right]=e^t*e^t=te^t$，所以 $x(t)=-t+te^t$. 即

$$\begin{cases} x(t)=-t+te^t \\ y(t)=1-e^t+te^t \end{cases}$$

2.* 在电路及系统控制上的应用

对线性系统的研究，可以归结为对常系数线性微分方程

$$y^{(n)}(t)+c_{n-1}y^{n-1}(t)+\cdots+c_1y'(t)+c_0y(t)=f(t) \tag{8.23}$$

的解的研究. 其中 $f(t)$ 称为系统的扰动函数，这个名称源于力学上的外力，它使自然的运动受到了干扰. 在其他领域中，人们把 $f(t)$ 想象为输入系统中的某种函数，而随后就从系统中输出了 $y(t)$. 于是，$f(t)$ 就成为了输入函数，称为激励. $y(t)$ 成为了输出函数，称为响应.

对代表着某系统的方程(8.23)，我们有：

定理 8.4　若系统的初值为零(即 $y(0)=y'(0)=\cdots=y^{(n-1)}(0)=0$)，那么系统的输入函数、输出函数之间具有如下关系：

$$y(t)=q(t)*f(t) \tag{8.24}$$

其中，$q(t)$ 称为脉冲响应函数.

证明从略.

在分析线性系统时，我们并不关心系统内部的各种不同的结构情况，而是要研究激励和响应同系统本身特性之间的联系，为了描述这种联系需要引进传递函数的概念.

假设$\mathscr{L}[y(t)]=Y(s)$，$\mathscr{L}[f(t)]=F(s)$，对式(8.24)两边同时进行拉普拉斯变换，由卷积定理,得$Y(s)=Q(s)F(s)$，称$Q(s)$为传递函数. 它表达了系统本身的特性,而与输入函数及系统的初始状态无关. 当$f(t)=\delta(t)$时，在零初始条件下有$\mathscr{L}[f(t)]=1$，所以$Y(s)=Q(s)$，即$y(t)=q(t)$,这就是$q(t)$称为脉冲响应函数的原因.

例 8.22 已知系统$y''(t)+3y'(t)+2y(t)=2f'(t)+3f(t)$，求传递函数.

解 方程两边同时进行拉普拉斯变换,得

$$(s^2+3s+2)Y(s)=(2s+3)F(s)$$

因此

$$H(s)=\frac{Y(s)}{F(s)}=\frac{2s+3}{s^2+3s+2}$$

拉普拉斯变换在线性电路的分析与设计中占重要地位. 拉普拉斯变换可以将电路在时域中的微分方程转化为复频域中的代数方程，从而方便进行分析运算.

例 8.23 设在RLC串联电路中接上电压为E的直流电源(见图8-4),初始时刻$t=0$的电路中的电流$i_0=0$,电容C上没有电量,即$q_0=0$,求电路中电流$i(t)$的变化规律。

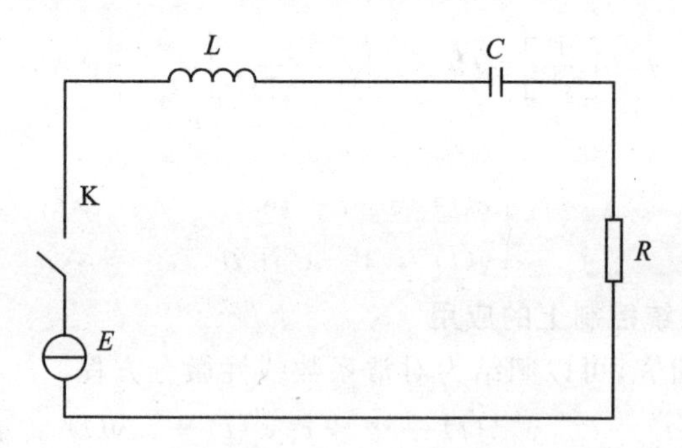

图 8-4 例 8.23 的图形

解 由于$u_R(t)+u_L(t)+u_C(t)=E, i_0=q_0=0$,并且知$u_R(t)=Ri(t)$，$u_L(t)=L\frac{\mathrm{d}i(t)}{\mathrm{d}t}$，$u_C(t)=\frac{1}{C}\left[\int_0^t i(t)\mathrm{d}t+q_0\right]$，所以有

$$Ri(t)+L\frac{\mathrm{d}i(t)}{\mathrm{d}t}+\frac{1}{C}\int_0^t i(t)\mathrm{d}t=E$$

两端同时作拉普拉斯变换,并设I为$i(t)$的拉普拉斯变换,则有

$$\frac{E}{s}=\left[R+Ls+\frac{1}{Cs}\right]I$$

即

$$I=\frac{E}{L}\frac{1}{s^2+\frac{R}{L}s+\frac{1}{CL}}=\frac{E}{L}\frac{1}{(s-\lambda_1)(s-\lambda_2)}=\frac{E}{L(\lambda_1-\lambda_2)}\left(\frac{1}{s-\lambda_1}-\frac{1}{s-\lambda_2}\right)$$

其中,$\lambda_1=-\alpha+\sqrt{\alpha^2-\beta^2}$,$\lambda_2=-\alpha-\sqrt{\alpha^2-\beta^2}$,$\alpha=\dfrac{R}{2L}$,$\beta^2=\dfrac{1}{LC}$,并且 λ_1,λ_2 是代数方程 $s^2+\dfrac{R}{L}s+\dfrac{1}{LC}=0$ 的两个根。

(1) 当 $\alpha>\beta$,即 $R>2\sqrt{\dfrac{L}{C}}$时,可求得 I 的拉普拉斯逆变换为

$$i(t)=\frac{E}{L(\lambda_1-\lambda_2)}(e^{\lambda_1 t}-e^{\lambda_2 t})\quad (t\geqslant 0)$$

(2) 当 $\alpha<\beta$,即 $R<2\sqrt{\dfrac{L}{C}}$时,λ_1,λ_2 是一对共轭复数,即 $\lambda_1=-\alpha+\mathrm{i}\sqrt{\beta^2-\alpha^2}$,$\lambda_2=-\alpha-\mathrm{i}\sqrt{\beta^2-\alpha^2}$,同样可得

$$i(t)=\frac{E}{L(\lambda_1-\lambda_2)}[e^{\lambda_1 t}-e^{\lambda_2 t}]=\frac{E}{L\sqrt{\beta^2-\alpha^2}}e^{-\alpha t}\sin\sqrt{\beta^2-\alpha^2}\,t\ (t\geqslant 0)$$

(3)当 $\alpha=\beta$,即 $R=2\sqrt{\dfrac{L}{C}}$时,$\lambda_1=\lambda_2=-\alpha$,则有

$$I=\frac{E}{L}\frac{1}{s^2+\dfrac{R}{L}s+\dfrac{1}{LC}}=\frac{E}{L}\frac{1}{(s+\alpha)^2}$$

求其拉普拉斯逆变换得

$$i(t)=\frac{E}{L}t\,e^{-\alpha t}\,(t\geqslant 0)$$

本章提要:

(1) 拉普拉斯变换的定义、性质;

(2) 拉普拉斯卷积定义和卷积定理;

(3) 拉普拉斯逆变换的计算;

(4) 拉普拉斯变换的应用等内容.

基本要求:

(1) 掌握拉普拉斯变换及其逆变换的概念,了解拉普拉斯变换与傅里叶变换的区别,理解拉普拉斯变换存在定理.

(2) 掌握一些常用函数的拉普拉斯变换,了解周期函数的拉普拉斯变换公式.

(3) 掌握拉普拉斯变换的性质并能熟练运用这些性质求函数的拉普拉斯变换及逆变换.

(4) 理解反演积分公式,掌握求像原函数的几种常用方法.

(5) 理解卷积概念并掌握卷积定理.

(6) 掌握常系数线性微分方程组的拉普拉斯变换解法,了解拉普拉斯变换的简单应用.

习题8

1. 求下列函数的拉普拉斯变换.

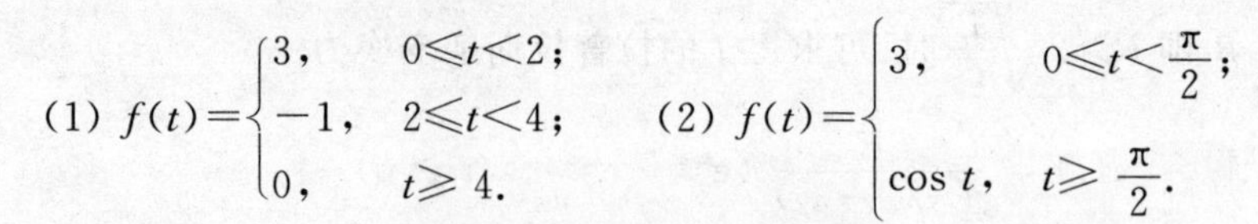

(1) $f(t)=\begin{cases}3, & 0\leqslant t<2;\\ -1, & 2\leqslant t<4;\\ 0, & t\geqslant 4.\end{cases}$ (2) $f(t)=\begin{cases}3, & 0\leqslant t<\dfrac{\pi}{2};\\ \cos t, & t\geqslant \dfrac{\pi}{2}.\end{cases}$

2. 求图8-5所示函数 $f(t)$ 的拉普拉斯变换.

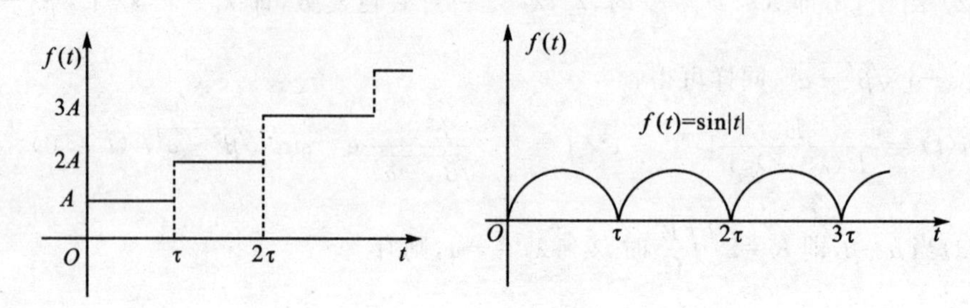

图8-5 2题的图形

3. 求下列函数的拉普拉斯变换.

(1) t^2-2t+1; (2) $e^{2t}+5\delta(t)$;

(3) $(t-1)^2e^t$; (4) $\sin\left(t-\dfrac{\pi}{2}\right)$;

(5) $\cos(t-2)u(t-2)$; (6) $e^{-2t}\cos t$;

(7) $u(1-e^{-t})$; (8) $(t-1)[u(t-1)-u(t-2)]$.

4. 利用拉普拉斯变换的微分性质求下列函数的拉普拉斯变换.

(1) $f(t)=\displaystyle\int_0^t te^{-3t}\sin 2t\mathrm{d}t$; (2) $f(t)=\displaystyle\int_0^t \frac{e^{-3t}\sin 2t}{t}\mathrm{d}t$.

5. 求下列积分的值.

(1) $\displaystyle\int_0^{+\infty}\frac{1-\cos t}{t}e^{-t}\mathrm{d}t$; (2) $\displaystyle\int_0^{+\infty}te^{-2t}\mathrm{d}t$

6. 求下列函数的拉普拉斯逆变换.

(1) $F(s)=\dfrac{1}{s^2+a^2}$; (2) $F(s)=\dfrac{s}{(s-a)(s-b)}$;

(3) $F(s)=\dfrac{s+c}{(s+a)(s+b)^2}$; (4) $F(s)=\dfrac{1}{s^4-a^4}$;

(5) $F(s)=\dfrac{1}{s^4+5s^2+4}$; (6) $F(s)=\ln\dfrac{s+1}{s-1}$.

7. 求下列函数在区间$[0,+\infty)$上的卷积.

(1) $1*u(t)$; (2) $t*e^t$;

(3) $t^m * t^n$(m,n 为正整数)；　　(4) $\sin t * \cos t$；

(5) $u(t-1) * t^2$；

8. 利用卷积定理证明下列等式.

(1) $\mathscr{L}\left[\int_0^t f(t)\mathrm{d}t\right] = \dfrac{F(s)}{s}$；

(2) $\mathscr{L}^{-1}\left[\dfrac{s}{(s^2+a^2)^2}\right] = \dfrac{t}{2a}\sin at$.

9. * 求下列各函数拉普拉斯逆变换的初值和终值.

(1) $\dfrac{s+6}{(s+2)(s+5)}$；　　(2) $\dfrac{10(s+2)}{s(s+5)}$.

10. 利用拉普拉斯变换及其逆变换求下列微分方程及方程组的解.

(1) $y''-2y'+y=\mathrm{e}^t, y(0)=y'(0)=0$.

(2) $y''+3y'+y=3\cos t, y'(0)=1, y(0)=0$.

(3) $y''-3y'+2y=\begin{cases}0, & 0\leqslant t\leqslant 3,\\ 1, & 3\leqslant t\leqslant 6,\\ 0, & t>6,\end{cases}\quad y(0)=0, y'(0)=0$.

(4) $\begin{cases}x'+x-y=\mathrm{e}^t,\\ y'+3x-2y=2\mathrm{e}^t,\end{cases}\ x(0)=y(0)=1$.

(5) $\begin{cases}x'+y''=\delta(t-1),\\ 2x+y'''=2u(t-1),\end{cases}\ x(0)=y(0)=y'(0)=y''(0)=0$.

(6) $\begin{cases}x''-x+y+z=0,\\ x+y''-y+z=0,\\ x+y+z''-z=0,\end{cases}\ x(0)=1, y(0)=z(0)=x'(0)=y'(0)=z'(0)=0$.

11. 求解积分方程

$$f(t) = \sin t + 2\int_0^t f(\tau)\cos(\tau - t)\mathrm{d}\tau$$

12. * 设系统为 $y''(t)+11y'(t)+24y(t)=5f'(t)+3f(t)$，求传递函数.

第 9 章* 解析函数在平面场的应用

在历史上,复变函数的产生和发展与应用紧密相关. 例如达朗贝尔及欧拉联系流体力学导出了著名的柯西-黎曼方程;儒可夫斯基应用复变函数证明了关于飞机机翼升力的公式,这一结果反过来又推动了复变函数的研究. 如今,复变函数已经发展成为一个强大的数学分支,而且在电磁学、热学、弹性力学、电工学和通信工程等学科有着广泛的应用(见参考文献[9]). 本章讲述解析函数对平面场的应用,特别是对稳定平面流场及静电场的应用.

9.1 用复变函数表示平面场

通常称某个物理场是稳定的,其意思是,这个场中的所有的量都是空间坐标的函数,而不依赖于时间变量. 平面向量场指的是一种特殊的空间向量场,在这个场中所有向量都平行于某一固定的平面 S,而且在任一垂直于 S 的直线 l 上的所有点处,场向量都相等,即场向量的分布是完全相同的. 因此,研究这样的空间场,只要在平面 S(或者任何一张平行于 S 的平面) 上讨论就可以了.

选定平面 S 作直角坐标系 Oxy,则场内每一具有分量 A_x 与 A_y 的向量 $\boldsymbol{A}=A_x\boldsymbol{i}+A_y\boldsymbol{j}$ 就可用复数

$$A = A_x + \mathrm{i}A_y$$

来表示. 由于场中的点可用复数 $z=x+\mathrm{i}y$ 来表示,所以平面向量场 $\boldsymbol{A}=A_x(x,y)\boldsymbol{i}+A_y(x,y)\boldsymbol{j}$ 可由复变函数

$$A = A(z) = A_x(x,y) + \mathrm{i}A_y(x,y)$$

来表示. 反之,给定 Oxy 平面上区域 D 内一个复变函数 $w=u(x,y)+\mathrm{i}v(x,y)$,则相当于在 D 内给出了一个平面向量场

$$\boldsymbol{A} = u(x,y)\boldsymbol{i} + v(x,y)\boldsymbol{j}$$

例如,一个平面稳定流场(例如河水的表面)

$$\boldsymbol{V} = V_x(x,y)\boldsymbol{i} + V_y(x,y)\boldsymbol{j}$$

可用复变函数

$$V = V_x(x,y) + \mathrm{i}V_y(x,y)$$

来表示.

又如,在垂直于均匀带电的无限长直导线的所有平面上,电场的分布是相同的,因而可以取其中某一个平面为代表,当作平面电场来研究. 由于电场强度向量为

$$\boldsymbol{E} = E_x(x,y)\boldsymbol{i} + E_y(x,y)\boldsymbol{j}$$

所以该平面向量场也可以用一个复变函数

$$E = E(z) = E_x(x, y) + iE_y(x, y)$$

来表示.

平面向量场与复变函数的这种密切关系,不仅说明了复变函数有着明确的物理意义,而且可以利用复变函数的方法来研究平面向量场的有关问题. 下面将看到,在应用中构造无源无旋的平面场时,它具有特别重要的意义.

9.2 复变函数在流体力学中的应用

本节仅考虑不可压缩的、密度均匀的流体的平面稳定流动. 所谓不可压缩性就是密度不因压力的变化而改变的性质. 一般来说,液体是不可压缩的,当空气的流速不超过声速(330 m/s)的 0.6~0.8 倍时,就可以把空气视为不可压缩的流体.

9.2.1 流量与环量

设 D 是平面上有流体流动的区域,$v = v_x(x, y) + iv_y(x, y)$ 表示每一点上的运动速度,且 $v_x = v_x(x, y)$,$v_y = v_y(x, y)$都有连续偏导数.

在区域 D 内任取一条简单闭曲线 C,它的内部也属于区域 D. 用 ds 表示曲线 C 上的孤长元素,取 C 的方向为沿着 C 的正向前进时,法线 $\boldsymbol{n}$ 指定的方向总是指向曲线 C 的右侧(见图 9-1).

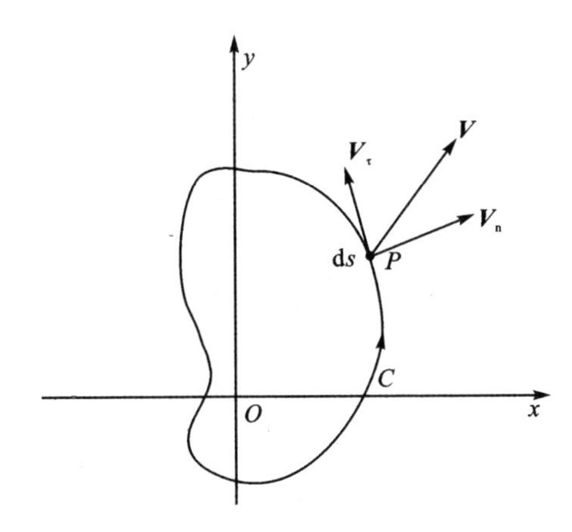

图 9-1 平面上流体流量示意图

在 ds 上任取一点 P,用 v_n表示点 P 处速度向量 $\boldsymbol{v}$ 在这点的法线上的投影. 设流体的密度为 1 单位,则单位时间内,通过元素 ds 流向法线所指定的那一侧的流量等于 $v_n ds$,于是单位时间内流体通过曲线 C 的流量为

$$N = \int_C v_n ds \tag{9.1}$$

由于

$$v_n = v_x \cos(n,x) + v_y \cos(n,y) = v_x \sin(\tau,y) - v_y \cos(\tau,x) = v_x \frac{\mathrm{d}y}{\mathrm{d}s} - v_y \frac{\mathrm{d}x}{\mathrm{d}s}$$

其中,τ 为切线方向. 则由式(9.1)知

$$N = \int_C v_n \mathrm{d}s = \int_C v_x \mathrm{d}y - v_y \mathrm{d}x$$

若 $N>0$,则表示流体经过 C 流出的量多;若 $N<0$,则表示流体经过 C 流进的量多;若 $N=0$,则表示流体经过 C 所流进的与流出的量正好相等.

设 D 为单连通区域. 如果在 C 的内部区域 G 中,既没有喷出流体的泉源,也没有流入流体的泉汇(今后称无源汇),那么根据流体的不可压缩性,应有 $N=0$. 由格林公式,当 $G\subset D$ 时,有

$$N = \int_C -v_y \mathrm{d}x + v_x \mathrm{d}y = \iint_G \left(\frac{\partial v_x}{\partial x} + \frac{\partial v_y}{\partial y}\right) \mathrm{d}x\mathrm{d}y = 0 \tag{9.2}$$

这里应用了 v_x, v_y 具有连续偏导数的性质.

把 G 取为以 D 内任意一点 (x_0, y_0) 为中心、半径为 r 的圆,则

$$\lim_{r\to 0} \frac{N}{\pi r^2} = \left(\frac{\partial v_x}{\partial x} + \frac{\partial v_y}{\partial y}\right)\bigg|_{(x_0, y_0)}$$

上式右边称为流体在点 (x_0, y_0) 的散度或发散量,记作 $\operatorname{div} \boldsymbol{v} = \frac{\partial v_x}{\partial x} + \frac{\partial v_y}{\partial y}$. 因此,在无源汇的条件下,对于区域 D 内的每一点,有

$$\operatorname{div} \boldsymbol{v} = \frac{\partial v_x}{\partial x} + \frac{\partial v_y}{\partial y} = 0 \tag{9.3}$$

现在讨论流体在单位时间内沿着闭曲线 C 的环量. 用 P_τ 表示在 P 的速度向量 $\boldsymbol{v}$ 在点 P 的切线上的投影,称

$$\Gamma = \int_C P_\tau \mathrm{d}s \tag{9.4}$$

为流体在单位时间内沿着闭曲线 C 的环量. 由于

$$P_\tau = v_x \cos(\tau,x) + v_y \sin(\tau,x) = v_x \frac{\mathrm{d}x}{\mathrm{d}s} + v_y \frac{\mathrm{d}y}{\mathrm{d}s}$$

因此由式(9.3)得

$$\Gamma = \int_C v_x \mathrm{d}x + v_y \mathrm{d}y$$

同样,当 C 及其所围的内部区域 G 完全含于区域 D 内时,由格林公式

$$\Gamma = \int_C v_x \mathrm{d}x + v_y \mathrm{d}y = \iint_G \left(\frac{\partial v_y}{\partial x} - \frac{\partial v_x}{\partial y}\right) \mathrm{d}x\mathrm{d}y \tag{9.5}$$

把 G 取为以 D 内的任意一点 (x_0, y_0) 为中心,半径为 r 的圆,则

$$\lim_{r\to 0} \frac{\Gamma}{\pi r^2} = \left(\frac{\partial v_y}{\partial x} - \frac{\partial v_x}{\partial y}\right)\bigg|_{(x_0, y_0)}$$

上式右边称为流体在点 (x_0, y_0) 处的旋度或旋转量,记作 $\mathbf{rot}\ \boldsymbol{v} = \frac{\partial v_y}{\partial x} - \frac{\partial v_x}{\partial y}$. 若在点

(x_0, y_0)处，$\mathbf{rot}\ \boldsymbol{v} \neq 0$，我们称$(x_0, y_0)$为一个涡旋. 因此，在无涡旋的条件下，对于 D 内每一点，都有

$$\mathbf{rot}\ \boldsymbol{v} = \frac{\partial v_y}{\partial x} - \frac{\partial v_x}{\partial y} = 0 \tag{9.6}$$

于是，对于无源汇、无旋的不可压缩流体的平面稳定流动而言，速度向量 $\boldsymbol{v} = v_x + \mathrm{i}v_y$ 必须满足条件式(9.3)和式(9.6). 因此函数 $v_x - \mathrm{i}v_y$ 的实部与虚部就满足 C-R 方程，它就是 D 内的解析函数，我们称它为复速度.

9.2.2 平面稳定流动的复势及应用

考虑流体流动为无源汇和无旋的不可压缩的平面稳定流动.

由式(9.3)和式(9.6)知，$-v_y\mathrm{d}x + v_x\mathrm{d}y$ 和 $v_x\mathrm{d}x + v_y\mathrm{d}y$ 分别是函数 $\psi(x,y)$ 和 $\varphi(x,y)$ 的全微分，即

$$\mathrm{d}\psi(x,y) = -v_y\mathrm{d}x + v_x\mathrm{d}y \tag{9.7}$$

$$\mathrm{d}\varphi(x,y) = v_x\mathrm{d}x + v_y\mathrm{d}y \tag{9.8}$$

因此，在曲线 $\psi(x,y) = c_1$（常数）上，有

$$\frac{\mathrm{d}x}{v_x} = \frac{\mathrm{d}y}{v_y}, \quad 即 \frac{\mathrm{d}y}{\mathrm{d}x} = \frac{v_y}{v_x}$$

这说明了，在曲线 $\psi(x,y) = c_1$ 上各点流体流动的方向，即流速的方向正好与切线的方向相同，称 $\psi(x,y)$ 为流函数，$\psi(x,y) = c_1$ 为流线.

类似地，在曲线 $\varphi(x,y) = c_2$（常数）上，有

$$\frac{\mathrm{d}y}{\mathrm{d}x} = -\frac{v_x}{v_y}$$

这说明了，在曲线 $\varphi(x,y) = c_2$ 上的法线方向与流体流动的方向相一致，称 $\varphi(x,y)$ 为等势函数（或等位函数），$\varphi(x,y) = c_2$ 为等势线（或等位线）.

由式(9.7)和式(9.8)可知流函数 $\psi(x,y)$ 与势函数 $\varphi(x,y)$ 满足如下方程组

$$\frac{\partial \varphi}{\partial x} = \frac{\partial \psi}{\partial y}, \quad \frac{\partial \varphi}{\partial y} = -\frac{\partial \psi}{\partial x} \tag{9.9}$$

这是函数 $\varphi(x,y)$，$\psi(x,y)$ 所满足的 C-R 方程. 这样，在无源汇和无旋的速度场中，势函数 $\varphi(x,y)$ 与流函数 $\psi(x,y)$ 是一对共轭调和函数. 根据 2.5 节中的有关结论，复变函数

$$f(z) = \varphi(x,y) + \mathrm{i}\psi(x,y) \tag{9.10}$$

为单连通区域 D 内的解析函数，称它为刻划流体在 D 内流动的复势. 由于

$$f'(z) = \frac{\partial \varphi}{\partial x} + \mathrm{i}\frac{\partial \psi}{\partial x} = v_x - \mathrm{i}v_y \tag{9.11}$$

便知复势的导数 $f'(z)$ 是复速度 $v_x - \mathrm{i}v_y$，且流速

$$\boldsymbol{v} = v_x + \mathrm{i}v_y = \overline{f'(z)} \tag{9.12}$$

由以上讨论可知，在单连通区域 D 内给定一个无源汇且无旋的平面稳定流动，那么

就有一个解析函数,刻划流体在 D 内流动的复势与之对应;反之,给定一个在单连通区域 D 内的解析函数,就可以决定一个无源汇及无旋的平面稳定流动,以已给函数作为复势.

如果 D 是多连通区域,并且在 D 的每一单连通区域内,流体的流动为无源汇及无旋的,那么就可确定与之对应的复势. 但在整个区域 D 内,复势既可能是单值解析函数,也可能是多值解析函数.

例 9.1 设平面稳定流动的复势为

$$f(z) = az \quad (a > 0)$$

求复速度、流函数、势函数、等势线及流线.

解 由于 $f'(z)=a$,因此在任意点的复速度为 a. 此外,因为

$$f(z) = ax + \mathrm{i}ay$$

所以流函数为 ay,流线为平行于实轴的直线 $y=c_1$;势函数为 ax,等势线为平行于虚轴的直线 $x=c_2$,流体以等速度 a 从平面左方向右方流动(见图 9-2).

例 9.2 设平面稳定流动的复势为

$$f(z) = \frac{1}{z}$$

求复速度、流函数、势函数、等势线及流线.

解 由于 $f'(z)=-\frac{1}{z^2}$,因而在任一点 $z\neq 0$ 的复速度为

$$\overline{f'(z)} = -\frac{1}{\bar{z}^2}$$

流函数为 $-\frac{y}{x^2+y^2}$,流线为 $-\frac{y}{x^2+y^2}=c$,即与实轴相切于原点和一族圆

$$x^2 + \left(y + \frac{1}{2c}\right)^2 = \frac{1}{4c^2}$$

势函数为 $\frac{x}{x^2+y^2}$,等势线为 $\frac{x}{x^2+y^2}=c$,即与虚轴相切于原点的一族圆 $\left(x-\frac{1}{2c}\right)^2+y^2=\frac{1}{4c^2}$. 这时流体从 $z=0$ 的右侧流进,从左侧流出,$z=0$ 可看成是由其相近的一个泉源和一个泉汇所合成的(见图 9-3).

例 9.3 设平面稳定流动的复势为

$$f(z) = \mathrm{Ln}\, z$$

试说明其流动状态.

解 对于任一点 $z\neq 0$,$f'(z)=\frac{1}{z}$. 因而在任一点 $z\neq 0$ 的复速度是

$$\overline{f'(z)} = \frac{1}{\bar{z}}$$

流函数是 $\arg z$，流线为直线 $\arg z=c$.

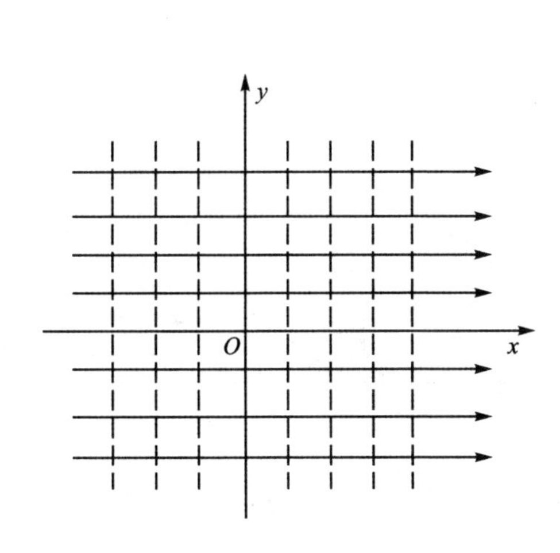

图 9-2 例 9.1 的图形

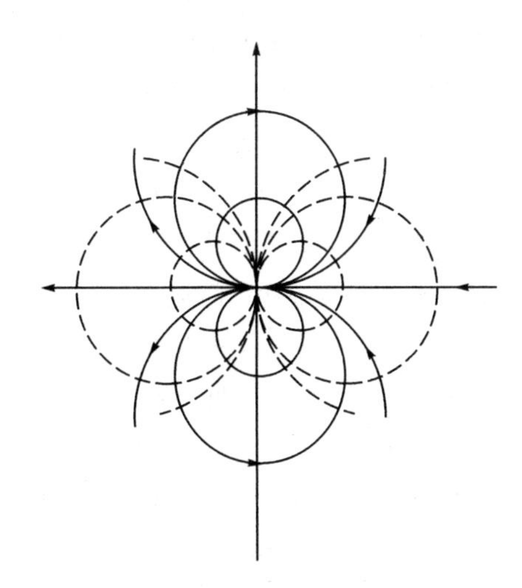

图 9-3 例 9.2 的图形

势函数是 $\ln|z|$，等势线是圆 $|z|=c$.

这时流体从 $z=0$ 向各方流向无穷远，$z=0$ 可以看作是一个源，$z=\infty$ 可以看作是一个汇[见图 9-4(a)].

如果考虑复势

$$w=\frac{1}{i}\mathrm{Ln}\, z$$

那么它的流线及等势线恰好分别是 $w=\mathrm{Ln}\, z$ 的等势线及流线，这时在 $z=0$ 有一个涡旋[见图 9-4(b)].

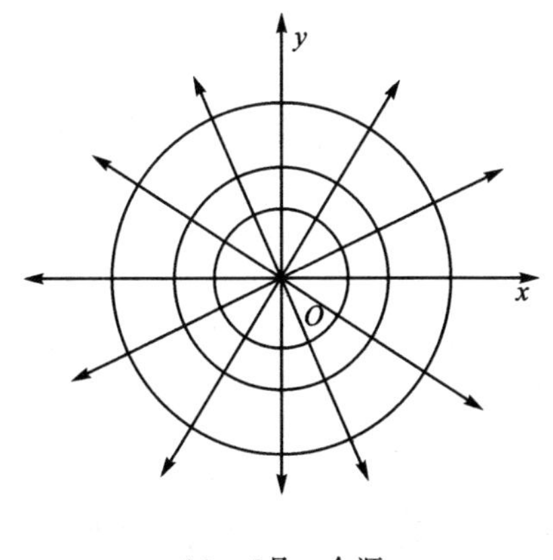

(a) z=0是一个源

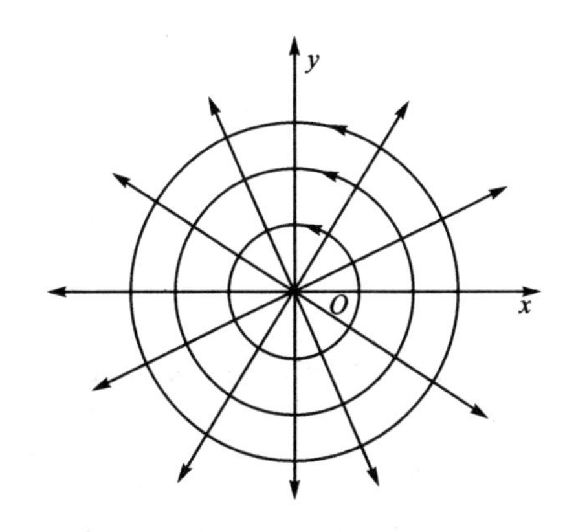

(b) 在z=0有一个涡旋

图 9-4 例 9.3 的图形

例9.4 有一条较宽的河流,河底有一高为h的河堤.如果流体在离河堤很远处的流速为$v_\infty>0$,求此种平面稳定流动的复势和速度分布.

解 取与河堤垂直的平面作z平面,设河床底部是水平的,并取作x轴,河堤所在之处为y轴的一线段.由于河流较宽,故可把此流动近似地看成是平面稳定流动,而流动区域D是上半平面$\text{Im } z>0$去掉线段BC:$\text{Re } z=0,0\leqslant\text{Im } z\leqslant h$(见图9-5).

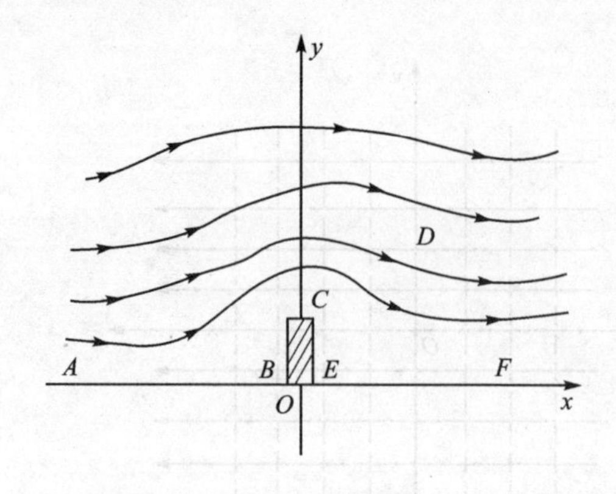

图9-5 例9.4的图形

区域D是单连通的,复势$f(z)$为D内的一个解析函数,D的边界曲线L:$ABCEF$是流线,所以$\text{Im}f(z)=a$,a为常数.又由于$v_\infty>0$是已知的,即

$$\lim_{\substack{z\to\infty\\ \text{Im } z>0}}\overline{f'(z)}=v_\infty$$

这样,我们把求流体流动的复势和速度分布转化成在已知条件

$$\text{Im}f(z)=a\ (z\in L)$$

$$\lim_{\substack{z\to\infty\\ \text{Im } z>0}}\overline{f'(z)}=v_\infty$$

下,求复势$f(z)$和速度$v(z)=\overline{f'(z)}$.

为了解决这个问题,我们考虑将区域D保形变换到上半平面G:$\text{Im } w>0$的保形变换.由例6.9知这个变换为$w=\sqrt{z^2+h^2}$.

注意到

$$\frac{\mathrm{d}w}{\mathrm{d}z}=\frac{z}{\sqrt{z^2+h^2}},\quad \lim_{\substack{z\to\infty,\\ \text{Im } z>0}}\frac{z}{\sqrt{z^2+h^2}}=1$$

因此

$$w=f(z)=v_\infty\sqrt{z^2+h^2}+b$$

即为所求之复势,b为某一复常数;而速度分布是

$$v(z)=\overline{f'(z)}=\frac{v_\infty\bar{z}}{\sqrt{\bar{z}^2+h^2}}$$

由此可知,常数b虽未确定,但对速度分布是没有影响的.因此在讨论类似问题时,人们常略去附加的常数b.

解析函数在流体力学中有着十分广泛的应用,例如机翼断面的绕流与升力计算等问题,限于篇幅,这里不作介绍,有兴趣的读者可参见参考文献[2]或[4].

9.3 复变函数在静电场中的应用

我们知道,电荷周围的空间有电力作用着,并形成一个区域,而区域内一点处单位电量的正点电荷所受到的力叫电场强度,还把这样的区域称为电场. 如果表示电场强度的向量不随时间的变化而改变,那么就叫做静电场. 又若在垂直于某一固定平面的每一条直线上,各点电场强度的大小和方向都是相同的,那么这样的静电场就称为平面静电场.

对于一般的平面静电场,我们取一个有代表性的平面作为 z 平面. 设 D 是电场中的一个单连通区域,如果在 D 内每一点,电场强度 $\boldsymbol{E}=E_x+\mathrm{i}E_y$ 的散度

$$\operatorname{div}\boldsymbol{E}=\frac{\partial E_x}{\partial x}+\frac{\partial E_y}{\partial y}=0 \tag{9.13}$$

那么就称区域 D 内是无源的. 以 C 表示任一条光滑闭曲线,G 是由 C 所围成的有界区域,且 $G\subset D$,由格林公式

$$N=\int_C -E_y\mathrm{d}x+E_x\mathrm{d}y=\iint_G\left(\frac{\partial E_x}{\partial x}+\frac{\partial E_y}{\partial y}\right)\mathrm{d}x\mathrm{d}y=0$$

上式表示平面静电场中沿闭曲线 C 的电通量. 由此可知,在区域 D 内可确定单值函数

$$\varphi(x,y)=\int_{z_0}^{z} -E_y\mathrm{d}x+E_x\mathrm{d}y \tag{9.14}$$

这里 z_0 是 D 内一固定点,并称 $\varphi(x,y)=\varphi(z)$ 为 D 内电场的力函数,其等值线 $\varphi(x,y)=c_1$(常数) 叫电力线.

又在区域 D 内每一点,电场强度 $\boldsymbol{E}$ 的旋度

$$\mathbf{rot}\,\boldsymbol{E}=\frac{\partial E_y}{\partial x}-\frac{\partial E_x}{\partial y}=0 \tag{9.15}$$

则称区域 D 是无旋的,由格林公式

$$\Gamma=\int_C E_x\mathrm{d}x+E_y\mathrm{d}y=\iint_G\left(\frac{\partial E_y}{\partial x}-\frac{\partial E_x}{\partial y}\right)\mathrm{d}x\mathrm{d}y=0$$

上式表示平面静电场沿曲线 C 所作的功. 由上式知,在区域 D 内可确定单值函数

$$\psi(x,y)=\int_{z_0}^{z} E_x\mathrm{d}x+E_y\mathrm{d}y \tag{9.16}$$

这里 $z_0\in D$,并称 $\psi(x,y)=\psi(z)$ 为 D 内电场的电位或电势,也叫势函数,其等值线 $\psi(x,y)=c_2$(常数) 叫做等势线.

由式(9.13)与式(9.15)得

$$\frac{\partial E_x}{\partial x}=\frac{\partial(-E_y)}{\partial y},\quad \frac{\partial E_x}{\partial y}=-\frac{\partial(-E_y)}{\partial x}$$

又由式(9.14)和式(9.16) 知

$$\frac{\partial \varphi}{\partial x} = -E_y = \frac{\partial \psi}{\partial y}, \quad \frac{\partial \varphi}{\partial y} = E_x = -\frac{\partial \psi}{\partial x}$$

因此，在上述条件下的单连通区域D内，复变函数

$$w = f(z) = \varphi(z) + \mathrm{i}\psi(z)$$

为解析函数，它称为平面静电场的复势(或复电位). 注意，在多连通区域内，复势$w=f(z)$可能是一多值函数.

由于$f'(z)=\frac{\partial \varphi}{\partial x}+\mathrm{i}\frac{\partial \psi}{\partial x}=-E_y-\mathrm{i}E_x$，所以

$$E = E_x + \mathrm{i}E_y = -\mathrm{i}\,\overline{f'(z)} \tag{9.17}$$

可见静电场的复势与平面稳定流场的复势相差一个因子$-\mathrm{i}$. 由式(9.17)知，要确定一个静电场，只要求出它的复势就可以了.

例 9.5 求一条具有电荷密度为q的均匀带电的无限长直导线L所产生的静电场的复势.

解 设导线L在原点$z=0$处垂直于z平面(见图9-6). 在L上距原点h处任取微元段$\mathrm{d}h$，则其带电量为$q\mathrm{d}h$. 由于导线为无限长，因此垂直于z平面的任何直线上各点处的电场强度是相同的. 又由于导线上关于z平面对称的两带电微元段所产生的电场强度的垂直分量相互抵消，只剩下与z平面平行的分量. 因此它所产生的静电场为平面场.

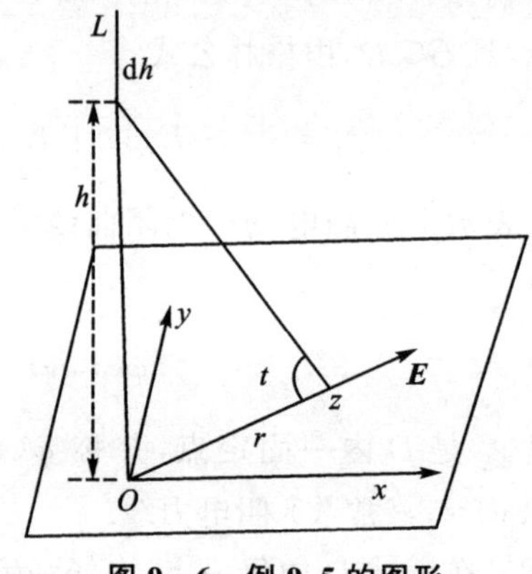

图9-6 例9.5的图形

由电学中库仑定律，微元段$\mathrm{d}h$在点z处产生的电场强度$\mathrm{d}\boldsymbol{E}$的大小为

$$|\mathrm{d}\boldsymbol{E}| = \frac{q\mathrm{d}h}{r^2+h^2}$$

这里$r=|z|=\sqrt{x^2+y^2}$，又$|\mathrm{d}\boldsymbol{E}|$在$z$平面上的投影为$\cos t\cdot\frac{q\mathrm{d}h}{r^2+h^2}$，于是在点$z$的电场强度$|\boldsymbol{E}|$就是$|\mathrm{d}\boldsymbol{E}|$沿$L$的积分，即

$$|\boldsymbol{E}| = \int_{-\infty}^{\infty}\frac{q\cos t\mathrm{d}h}{r^2+h^2} = q\int_{-\frac{\pi}{2}}^{\frac{\pi}{2}}\frac{\cos t}{r}\mathrm{d}t = \frac{2q}{r}$$

在上式的推导中，使用了变换$h=r\tan t$，且

$$\mathrm{d}h = r\frac{\mathrm{d}t}{\cos^2 t} = \frac{r\mathrm{d}t}{\frac{r^2}{r^2+h^2}} = \frac{r^2+h^2}{r}\mathrm{d}t$$

由于向量$\boldsymbol{E}$的方向与Oz的方向相同，其单位向量为$\frac{\boldsymbol{z}}{|\boldsymbol{z}|}$，所以电场强度$\boldsymbol{E}$的表示式为

$$E = \frac{2q}{r}\frac{z}{|z|} = \frac{2qz}{|z|^2} = \frac{2q}{\bar{z}}$$

由式(9.17)得

$$f'(z) = \overline{\mathrm{i}E} = -\frac{2q\mathrm{i}}{z}$$

所以复势为

$$f(z) = -\mathrm{i}\int_{z_0}^{z}\frac{2q}{z}\mathrm{d}z = -2q\mathrm{i}\ln z + c$$

为了方便，在上式中取常数 $c=2q\mathrm{i}\ln z_0=0$，这不影响电场强度 $\boldsymbol{E}$. $\varphi(z)=2q\arg z$ 为力函数，$\arg z=a$（常数）表示电力线. $\psi(z)=-2q\ln|z|$ 为势函数，$|z|=b$（常数）表示等势线.

例 9.6　两相离平行金属圆柱上的电势分别为 v_1 和 v_2，求所产生的静电场.

解　设圆柱较长，它们与 z 平面的截线是两个圆 K_1 和 K_2，以 a_1，a_2 分别表示 K_1，K_2 的圆心. 不妨设 K_1 带有负电，K_2 带有正电，由于 K_1，K_2 分别为等势线，因此所求 K_1 与 K_2 间区域 D 内的复势 $w=f(z)$ 应满足条件：

$$\operatorname{Im} f(z) = \psi(z) = \begin{cases} V_1, & \text{当 } z \in K_1 \\ V_2, & \text{当 } z \in K_2 \end{cases}$$

并记 $V_0=V_2-V_1$ 为电势差. 设 b_1b_2 为 K_1，K_2 的公切线，以 b_1b_2 为直径作一圆 K，与 a_1 及 a_2 的连线相交于 z_1，z_2 两点[见图 9-7(a)]. 由于 $\Delta a_1z_2b_1\sim\Delta a_1b_1z_2$，$\Delta a_2z_1b_2\sim\Delta a_2b_2z_1$，因而有 $|z_1-a_1|\cdot|z_2-a_1|=|b_1-a_1|^2$，$|z_2-a_2|\cdot|z_1-a_2|=|b_2-a_2|^2$，即 z_1，z_2 既是圆周 K_1 的对称点，又是圆周 K_2 的对称点. 作分式线性变换

$$\zeta = \frac{z-z_1}{z-z_2}$$

它将 z_1 和 z_2 分别变到 0 和∞，把圆周 K_1，K_2 变到以 0，∞ 为对称点的两个同心圆周 C_1，C_2. 设 C_1 和 C_2 的半径分别为 R_1 和 R_2，$R_1<R_2$[见图 9-7(b)]. 这样就把求 D 内的复势 $w=f(z)$ 转化为求圆环 G：$R_1<|\zeta|<R_2$ 内的复势 $w=F(\zeta)=f\left(\frac{z_1-z_2\zeta}{1-\zeta}\right)$，且满足条件

$$\operatorname{Im} F(\zeta) = \begin{cases} V_1, & \text{当 } \zeta \in C_1 \\ V_2, & \text{当 } \zeta \in C_2 \end{cases}$$

于是在相差一个复常数的情况下，此复势为

$$w = F(\zeta) = \mathrm{i}b\ln\zeta = \mathrm{i}b\ln\frac{z-z_1}{z-z_2} = f(z)$$

其中，$b=\dfrac{V_0}{\ln\dfrac{R_2}{R_1}}$. 于是所求静电场的电场强度为

$$E = -\mathrm{i}\,\overline{f'(z)} = -b\left(\frac{1}{\bar{z}-\bar{z}_1} - \frac{1}{\bar{z}-\bar{z}_2}\right)$$

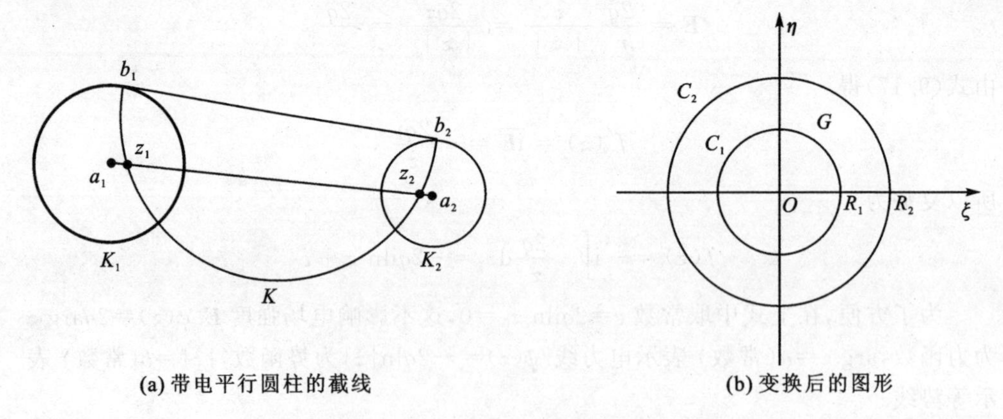

(a) 带电平行圆柱的截线　　(b) 变换后的图形

图 9-7　例 9.6 的图形

习题 9

1. 已知下列各函数作为复势的平面稳定流动,求其复速度、流线和等势线.

(1) $w=(z+\mathrm{i})^2$;　　(2) $w=z^3$;

(3) $w=\dfrac{1}{z^2+1}$;　　(4) $w=z+\dfrac{1}{z}$.

2. 设平面静电场的复势为 $f(z)=\mathrm{e}^z$,求该静电场的等势线、电力线及其电场强度.

3. 已知一电场的电力线方程为

$$\arctan\frac{y}{x+b}-\arctan\frac{y}{x-b}=k_1$$

试求其等势线方程和复势.

4. 设有两电极垂直于 z 平面且与这个平面分别相交于半直线 $\mathrm{Re}\,z\geqslant a,\mathrm{Im}\,z=0$ 和 $\mathrm{Re}\,z\leqslant -a,\mathrm{Im}\,z=0$,两极的电位差为 $2V_0$(见图 9-8),求此电场的复势.

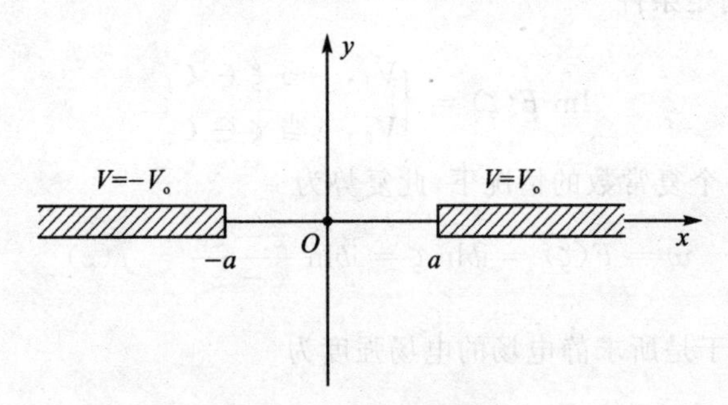

图 9-8　4 题的图形

习题答案与提示

习题 1

1. (1) $\frac{3}{13}-\frac{2}{13}\mathrm{i}$;　(2) $\frac{16}{25}+\frac{8}{25}\mathrm{i}$;　(3) $2+\mathrm{i}$;　(4) $1-3\mathrm{i}$.

3. (1) $-1=\cos\pi+\mathrm{i}\sin\pi=\mathrm{e}^{\pi\mathrm{i}}$;

   (2) $\frac{1+\mathrm{i}}{1-\mathrm{i}}=\cos\frac{\pi}{2}+\mathrm{i}\sin\frac{\pi}{2}=\mathrm{e}^{\frac{\pi}{2}\mathrm{i}}$;

   (3) $-1+\mathrm{i}\sqrt{3}=2\left(\cos\frac{2}{3}\pi+\mathrm{i}\sin\frac{2}{3}\pi\right)=2\mathrm{e}^{\frac{2}{3}\pi\mathrm{i}}$;

   (4) $\frac{(\cos\psi+\mathrm{i}\sin\psi)^2}{(\cos 3\psi-\mathrm{i}\sin 3\psi)^3}=\cos 11\psi+\mathrm{i}\sin 11\psi=\mathrm{e}^{11\psi\mathrm{i}}$.

4. (1) $\left(-\frac{1}{3},\frac{2}{3},\frac{2}{3}\right)$;　(2) $\left(\frac{3}{13},\frac{4}{13},\frac{12}{13}\right)$.

6. (1) -1;　(2) $2^{1/6}\mathrm{e}^{\frac{-\pi+8k\pi}{12}}(k=0,1,2)$.

10. (1) 实轴,不是区域.

    (2) 中心在$-17/15$,半径为 $8/15$ 的圆周的外部区域(不包括圆周本身),是无界的多连通域;

    (3) 椭圆$\frac{x^2}{9}+\frac{y^2}{5}=1$及其围成的区域,是有界的单连通闭区域.

    (4) 双曲线 $4x^2-\frac{4}{15}y^2=1$ 的左边分支的内部(即包括焦点 $x=-2$ 的那部分)区域,是无界的单连通域.

    (5) 圆$(x-2)^2+(y+1)^2=9$ 的外部区域(不包括圆周本身在内),是无界的多连通域.

习题 2

1. (1) $u^2+v^2=\frac{1}{4}$;　(2) $v=-u$;

   (3) $v=0$;　(4) $\left(u-\frac{1}{2}\right)^2+v^2=\frac{1}{4}$.

2. 当 z 沿直线 $y=x$ 趋于 0 时,$f(z)=\frac{1}{2}$,极限值为$\frac{1}{2}$;当 z 沿实轴趋于 0 时,

$f(z)=0$,极限值为0. 故当 $z\to 0$ 时,$f(z)$的极限不存在.

3. 取 $\varepsilon=|f(z_0)|$,利用函数 $f(z)$在 z_0 的连续性及不等式$|f(z_0)|-|f(z)|\leqslant |f(z)-f(z_0)|<\varepsilon$即证.

4. 应用不等式$\left||f(z)|-|f(z_0)|\right|\leqslant|f(z)-f(z_0)|$ 即知.

5. 由于 $\arg z$ 在 $z=0$ 处无定义,从而不连续;设 $z_0\neq 0$,$z_0<0$,则 $\arg z_0=\pi$,当 z 分别从上半平面和下半平面趋于 z_0 时,$\arg z$ 的极限不同,从而$\lim\limits_{z\to z_0}\arg z$ 不存在,因此在 z_0不连续.

6. (1) 在全平面上可导,导数为 $n(z-1)^{n-1}$;

(2) 在 $z=\pm 1$ 处可导,导数为$\dfrac{-2z}{(z^2-1)^2}$;

(3) 在 $z\neq-\dfrac{d}{c}$处可导,导数为$\dfrac{ad-bc}{(cz+d)^2}$;

(4) 处处不可导;

(5) 在 $z=0$ 处导数为0,在其他点上都没有导数.

7. (1) 全平面;

(2) 除去 $z=0$ 以外;

(3) 处处不满足;

(4) 在直线$\sqrt{2}x\pm\sqrt{3}y=0$ 上.

8. 由函数满足C-R条件,推出 $f'(z)=0$.

9. 应用$|f'(z)|=\left(\dfrac{\partial u}{\partial x}\right)^2+\left(\dfrac{\partial v}{\partial x}\right)^2$.

10. 证明当且仅当 u,v 是 x,y 的可微函数时,它就是 $r(r\neq 0)$、θ 的可微函数,且极坐标下的C-R条件与直坐标系下的C-R条件等价.

11. 用 $z-z_0$除以 $f(z)/g(z)$的分子、分母,令 $z\to z_0$取极限即得.

12. $n=l=-3$,$m=1$.

16. (1) $e^3(\cos 1+i\sin 1)$;

(2) $\ln 5-i\arctan\dfrac{4}{3}+(2k+1)\pi i(k=0,\pm 1,\pm 2,\cdots)$;

(3) $\dfrac{i}{2}(e-e^{-1})$;

(4) $\dfrac{1}{2}[(\cos 1)(e^{-1}+e)+i(\sin 1)(e^{-1}-e)]$;

(5) $e^{-\left(\frac{\pi}{2}+2k\pi\right)}\cdot e^{\left(\frac{\pi}{2}+2k\pi\right)i}(k=0,\pm 1,\pm 2,\cdots)$;

(6) $e^{i\ln\sqrt{2}}\cdot e^{-\left(\frac{\pi}{4}+2k\pi\right)}(k=0,\pm 1,\pm 2,\cdots)$.

17. (1) $z=\ln z+i\left(\dfrac{\pi}{3}+2k\pi\right)(k=0,\pm 1,\pm 2,\cdots)$;

(2) $z=i$.

习题3

1. (1) $-\dfrac{1-i}{3}$; (2) (i) 1, (ii)2;

 (3) (i)$1+\dfrac{i}{2}$, (ii)$2+\dfrac{i}{2}$; (4) (i) πi, (ii) πi.

3. (1) 0; (2) 0; (3) $\dfrac{\pi i}{\sqrt{2}}$; (4) $4\pi i$.

4. 应用柯西积分定理及复积分计算公式.

5. 0.

6. (1) 0; (2) $\dfrac{\pi i}{\sqrt{2}}$; (3) $10\pi i$;

 (4) 当 b 在圆周内部, a 在外部时,积分值为$(-1)^n \dfrac{2\pi i}{(a-b)^n}$;

 当 a 在圆周内部, b 在外部时,积分值为$(-1)^{n-1}\dfrac{2\pi i}{(a-b)^n}$;

 当 a,b 均在圆周内部或均在圆周外部时,积分值为 0.

7. z_0 在 C_1 内部时, $I=z_0^2$; z_0 在 C_2 内部时, $I=\sin z_0$; z_0 不在 C_1 也不在 C_2 内部时, $I=0$.

8. $2\pi(-6+13i)$.

9. $\displaystyle\int_C \frac{|dz|}{|z-a|^2}=\int_C \frac{-i\rho}{(z-a)(\bar{z}-\bar{a})}\frac{dz}{z}=-i\rho\int_C \frac{dz}{(z-a)(\rho^2-\bar{a}z)}$

 当 $|a|<\rho$ 时, $\displaystyle\int_C \frac{|dz|}{|z-a|^2}=2\pi\rho\frac{1}{\rho^2-|a|^2}$;

 当 $|a|>\rho$ 时, $\displaystyle\int_C \frac{|dz|}{|z-a|^2}=2\pi\rho\frac{1}{|a|^2-\rho^2}$.

10. 由 $\displaystyle\int_C \frac{e^z}{z}dz=i\int_0^{2\pi} e^{\cos\theta}\cos(\sin\theta)d\theta-\int_0^{2\pi} e^{\cos\theta}\sin(\sin\theta)d\theta$ 和柯西积分公式可得.

11. 考虑$\dfrac{f(z)}{z^{n+1}}$在 $|z|=\dfrac{n}{n+1}$ 上的积分,应用高阶导数公式即可推出结论.

12. 应用导数公式,证明 $f'(z)\neq 0, \forall z\in D$.

13. 令 $f(a+re^{i\theta})=u(r,\theta)+iv(r,\theta)$,由导数公式

$$f'(a)=\frac{1}{2\pi i}\int_{|z-a|=r}\frac{f(z)}{(z-a)^2}dz=\frac{1}{2\pi r}\int_0^{2\pi}[u(r,\theta)+iv(r,\theta)]e^{-i\theta}d\theta$$

由柯西积分定理

$$0=\frac{1}{2\pi i}\frac{1}{r^2}\int_{|z-a|=r}f(z)dz=\frac{1}{2\pi r}\int_0^{2\pi}[u(r,\theta)+iv(r,\theta)]e^{i\theta}d\theta$$

这个式子两端取共轭后与 $f'(a)$ 的表示式相加即得要求结果.

14. 注意到 $\dfrac{1}{f(z)}$ 在全平面上也解析,应用刘维尔定理即得结论.

15. 对任意 $z\in D$,取充分大的正数 R,作圆 $\Gamma:|\zeta|=R$,使其包含曲线 C 和点 z,考虑函数 $\dfrac{f(\zeta)}{\zeta-z}$ 在复围线 $\Gamma+C^-$ 上的积分,则

$$\frac{1}{2\pi i}\int_{\Gamma+C^-}\frac{f(\zeta)}{\zeta-z}d\zeta = f(z)$$

当 $|\zeta|\geqslant R$ 时,估计积分 $\dfrac{1}{2\pi i}\int_{\Gamma}\left(\dfrac{f(\zeta)}{\zeta-z}-\dfrac{A}{\zeta-z}\right)d\zeta$ 的值,即得所求结论.

16. $-\dfrac{1}{98!!}$.

17. (1) iz^3-2+i; (2) $i\left(\dfrac{1}{z}-\dfrac{1}{2}\right)$; (3) ze^z;

(4) $(1-i)z^3+ic$,其中 c 为任意的实常数.

习题 4

1. (1) 发散; (2) 条件收敛; (3) 绝对收敛; (4) 发散.

2. (1) $z_0=0,R=2$; (2) $z_0=0,R=\infty$; (3) $z_0=i,R=1$; (4) $z_0=0,R=e$;

(5) $z_0=1,R=\dfrac{1}{e}$; (6) $z_0=0,R=1$.

3. (1) 对 $\dfrac{1}{1+z}$ 的展开式逐项求导, $\sum\limits_{n=0}^{\infty}(-1)^n(n+1)z^n$, $|z|<1$.

(2) 用幂级数的乘法运算

$$\frac{e^z}{1-z}=\left(\sum_{n=0}^{\infty}\frac{z^n}{n!}\right)\left(\sum_{n=0}^{\infty}z^n\right)=\sum_{n=0}^{\infty}\left(\sum_{k=0}^{n}\frac{1}{k!}\right)z^n,\ |z|<1.$$

(3) $\sin^2 z=\dfrac{1-\cos 2z}{2}=\sum\limits_{n=1}^{\infty}(-1)^{n-1}\dfrac{2^{n-1}}{(2n)!}z^{2n}$, $|z|<\infty$.

(4) $\dfrac{1}{2}\left(\ln\dfrac{1}{1-z}\right)^2=\dfrac{1}{2}[-\ln(1-z)]^2=\dfrac{1}{2}[\ln(1-z)]^2=\dfrac{1}{2}\left(\sum\limits_{n=1}^{\infty}\dfrac{z^n}{n}\right)^2=$

$\sum\limits_{n=2}^{\infty}\dfrac{1}{n}\left(1+\dfrac{1}{2}+\cdots+\dfrac{1}{n-1}\right)z^n$, $|z|<1$;

(5) $\arctan z=\displaystyle\int_0^z\frac{dz}{1+z^2}=\int_0^z(1-z^2+z^4-z^6+\cdots)dz$

$=z-\dfrac{z^3}{3}+\cdots+(-1)^n\dfrac{z^{2n+1}}{2n+1}+\cdots,|z|<1$.

4. (1) $\sum\limits_{n=1}^{\infty}(-1)^{n-1}\dfrac{(z-1)^n}{2^n}$, $|z-1|<2$;

(2) $\frac{1}{2}\sum_{n=0}^{\infty}\frac{i^n(e^{-1}+(-1)^n e)}{n!}(z-i)^n$, $|z-i|<\infty$;

(3) $\sum_{n=0}^{\infty}(-1)^n\left(\frac{1}{2^{2n+1}}-\frac{1}{3^{n+1}}\right)(z-2)^n$, $|z-2|<3$;

(4) $\sum_{n=0}^{\infty}(n+1)(z+1)^n$, $|z+1|<1$.

5. (1) $1+\frac{3}{2}z^2+\frac{29}{24}z^4+\cdots, |z|<\frac{\pi}{2}$;

(2) $z+z^2+\frac{5}{6}z^3+\frac{1}{2}z^4+\cdots, |z|<1$.

6. 由 $|\mathrm{Re}\, c_n|\leqslant|c_n|$ 即证.

7. 从 $a_n=\frac{f^{(n)}(0)}{n!}=\frac{1}{2\pi i}\int_{|z|=r}\frac{f(t)}{z^{n+1}}dz$ 出发,估计 $|a_n|$.

8. (1) 2 阶; (2) 8 阶.

9. (1) $\min\{m,n\}$阶; (2) $m+n$ 阶;(3) $m\geqslant n$ 时,$m-n$ 阶.

10. (1) 不存在; (2) 存在; (3) 不存在.

11. 例如 $\cos\frac{1}{1-z}$,在全平面上除去 $z=1$ 外解析,且有无穷多个零点 $z_n=1-\frac{1}{\frac{\pi}{2}+n\pi}$($n$ 为整数).

13. 应用习题 7 的结论,$|a_k|\leqslant Mr^{n-k}(r>R)$,令 $r\to\infty$ 可知,当 $k>n$ 时,$a_k=0$,从而 $f(z)=\sum_{k=0}^{n}a_kz^k$.

14. (1) 当 $0<|z|<1$ 时,$\frac{z+1}{z^2(z-1)}=-\frac{1}{z^2}-2\sum_{n=0}^{\infty}z^{n-1}$;

当 $1<|z|<\infty$ 时,$\frac{z+1}{z^2(z-1)}=\frac{1}{z^2}+2\sum_{n=0}^{\infty}\frac{1}{z^{n+3}}$;

(2) $\sum_{n=0}^{\infty}\frac{3^n-2^n}{z^{n+1}}$;

(3) $\sum_{n=-2}^{\infty}\frac{1}{(n+2)!}\frac{1}{z^n}$;

(4) $1-\frac{1}{z}-\frac{1}{2}\frac{1}{z^2}-\frac{1}{6}\frac{1}{z^3}-\cdots$.

15. (1) $\frac{1}{a-b}\left(\sum_{n=0}^{\infty}\frac{a^n}{z^{n+1}}+\sum_{n=0}^{\infty}\frac{z^n}{b^{n+1}}\right)$;

(2) $\frac{1}{a-b}\sum_{n=0}^{\infty}\frac{a^n-b^n}{z^{n+1}}$.

16. 在公式(4.25)中,取Γ:$|\zeta|=1$,设$\zeta=e^{i\theta}$,然后证明c_n的虚部为零.

17. (1)$z=0$为一阶极点,$z=-4$为二阶极点,$z=\infty$为可去奇点;

(2) $z=k\pi-\dfrac{\pi}{4}(k=0,\pm1,\pm2,\cdots)$各为一阶极点,$z=\infty$为极点的极限点;

(3) $z=(2k+1)\pi i(k=0,\pm1,\pm2,\cdots)$各为一阶极点,$z=\infty$为极点的极限点;

(4) $z=1$为本性奇点,$z=\infty$为可去奇点;

(5) $z=k\pi$为一阶极点(k为整数),$z=\infty$为极点的极限点;

(6) $z=2k\pi i$(k为整数)是一级极点,$z=1$是本性奇点,$z=\infty$是极点的极限点;

(7) $z_k=e^{\frac{(2k+1)\pi i}{n}}(k=0,1,\cdots,n-1)$为一阶极点;

(8) $z=-i$为本性奇点,$z=i$为一阶极点,$z=\infty$为可去奇点.

18. 当$m\neq n$时,$z=a$为$f(z)+g(z)$的极点,其阶为$\max\{m,n\}$;当$m=n$时,$z=a$可能为$f(z)+g(z)$的极点,其阶$\leqslant m$,也可能为可去奇点;$z=a$为$f(z)g(z)$的$m+n$阶极点;当$m>n$时,$z=a$为$\dfrac{f(z)}{g(z)}$的$m-n$阶极点,当$m=n$时,$z=a$为它的可去奇点,当$m<n$时,$z=a$为它的$n-m$阶零点.

习题 5

1. (1) $1,-1,0$; (2) $-\dfrac{b}{(b-a)^m},\dfrac{b}{(b-a)^m},0$; (3) $1,-1$; (4) $1,-1$;

(5) $(-1)^{n+1}\dfrac{(2n)!}{(n-1)!\,(n+1)!},(-1)^n\dfrac{(2n)!}{(n-1)!\,(n+1)!}$;

(6) 在$2k\pi i(k=0,\pm1,\pm2,\cdots)$处留数为$-1$.

2. (1) 0; (2) πi; (3) 0;

(4) 当$|a|<|b|<1$时,为0;当$1<|a|<|b|$时,为0;当$|a|<1<|b|$时,为

$(-1)^{n-1}\dfrac{2\pi(2n-2)!\,i}{[(n-1)!]^2(a-b)^{2n-1}}$;

(5) $2\pi i\left[1-\sin\dfrac{e-\frac{1}{e}}{2}\right]$;

(6) $-4\pi i$;

(7) 当$m\geqslant3$且是奇数时,为$(-1)^{\frac{m-3}{2}}\dfrac{2\pi i}{(m-1)!}$;当$m$是其他整数或0时,为0.

3. (1) $\dfrac{2\pi}{\sqrt{1-a^2}}$; (2) $\dfrac{\pi}{b^2}(a-\sqrt{a^2-b^2})$; (3) $\dfrac{\pi}{2}$;

(4) $\frac{\pi}{2\sqrt{2}}$; (5) $\frac{\pi\cos 2}{e}$; (6) $\frac{\pi}{e}$.

4. (1) $\frac{\pi}{2a^2}(1-e^{-a})$; (2) $\frac{\pi}{2}\left(1-\frac{3}{2e}\right)$.

5. (1)0; (2)n.

6. 3.

习题 6

1. (1) 伸缩率$\frac{1}{2}$,旋转角$\frac{\pi}{2}$,将$|z|<1$ 放大,$|z|>1$ 缩小;

 (2) 伸缩率 1,旋转角$\frac{\pi}{2}$,将 $\mathrm{Re}\, z>0$ 放大,$\mathrm{Re}\, z<0$ 缩小;

 (3) 伸缩率 $2\sqrt{2}$,旋转角$\frac{\pi}{4}$,将$|z+2|>\frac{1}{2}$ 放大,$|z+2|<\frac{1}{2}$ 缩小.

3. (1) $\mathrm{Im}\, w>1$; (2) $\mathrm{Im}\, w>\mathrm{Re}\, w$; (3) $|w+\mathrm{i}|>1, \mathrm{Im}\, w<0$;

 (4) $\mathrm{Re}\, w>0, \left|w-\frac{1}{2}\right|>\frac{1}{2}, \mathrm{Im}\, w>0$.

4. (1) $w=\frac{z-6\mathrm{i}}{3\mathrm{i}z-2}$; (2) $w=\frac{\mathrm{i}(z+1)}{1-z}$; (3) $w=-\frac{1}{z}$; (4) $w=\frac{1}{1-z}$.

5. $|c|=|d|$ 且 $ad-bc\neq 0$.

6. a,b,c,d 均为实数,且 $ad-bc>0$.

7. $w=-\frac{z-\mathrm{i}}{z+\mathrm{i}}$.

8. $w=2\mathrm{i}\,\frac{z-\mathrm{i}}{z+\mathrm{i}}, R=2$.

9. $w=\frac{1-z}{z+2}$.

10. $w=e^{\mathrm{i}\theta}\frac{R(z-a)}{R^2-\bar{a}z}$,其中$|a|<R$,$\theta$ 为实数.

11. $w=R\,\frac{z-a}{\bar{a}z-\rho}$.

12. $w=-\frac{2z-1}{z-2}$.

13. 角形域 $\pi+\alpha<\arg w<\pi+\beta$.

14. $w=-\frac{z^2-2\mathrm{i}}{z^2+2\mathrm{i}}$.

15. (1) $w=\left(\frac{z^3+1}{z^3-1}\right)^2$; (2) $w=-\left[\frac{z-\sqrt{3}\mathrm{i}}{z+\sqrt{3}\mathrm{i}}\right]^{\frac{3}{2}}$; (3) $w=e^{2\pi\mathrm{i}\frac{z}{z-2}}$.

16. (1) $w=-e^z$；(2)$w=\sqrt{-\dfrac{z-(1+i)}{z-(2+i)}}\ (\sqrt{1}=1)$.

17. 因 $f(z)$在$|z|<1$ 内解析，在 $z=0$ 处有零点，从而在$|z|<1$ 内有

$$f(z)=z\varphi(z)$$

其中 $\varphi(z)$在$|z|<1$ 内解析. 当$|z|\leqslant r<1$ 时，由最大模原理

$$|\varphi(z)|\leqslant\max_{|z|\leqslant|r|}|\varphi(z)|=\max_{|z|=r}\frac{|f(z)|}{|z|}=\frac{\max\limits_{|z|=r}|f(z)|}{r}\leqslant\frac{1}{r}$$

令 $r\to1$，有$|\varphi(z)|\leqslant1(|z|<1)$，从而$|f(z)|=|z\varphi(z)|\leqslant|z|$，此即(1).

若对$|z|<1$ 内某一点 z_0，满足$|f(z_0)|=|z_0|$，即$|\varphi(z_0)|=\dfrac{|f(z_0)|}{|z_0|}=1$，这意味着在$|z|<1$ 内，解析的函数 $\varphi(z)$在 z_0 处达到最大模. 由最大模原理，在$|z|<1$ 内，$\varphi(z)\not\equiv c$(常数)，且$|c|=|\varphi(z_0)|=1$，所以 $c=e^{i\theta}$(θ 为实数). 因此在$|z|<1$ 内，$f(z)=z\varphi(z)=e^{i\theta}z$.

18. $w=\varphi(z)=\dfrac{z-a}{1-\bar{a}z}$在$|z|<1$ 内解析，把$|z|<1$ 映为$|w|<1$，且 $\varphi(a)=0$. 它的反函数 $z=\varphi^{-1}(w)$在$|w|<1$ 内解析，把$|w|<1$ 映为$|z|<1$，且 $\varphi^{-1}(0)=a$. 于是复合函数 $F(w)=f[\varphi^{-1}(w)]$在$|w|<1$ 内解析，$|F(0)|=f[\varphi^{-1}(0)]=f(a)=0$，当$|w|<1$ 时，$|F(w)|=|f[\varphi^{-1}(w)]|=|f(z)|<1$，由 Schwarz 引理，$|F(w)|\leqslant|w|$，即$|f(z)|\leqslant\dfrac{|z-a|}{|1-\bar{a}z|}$.

19. * $z=\cosh w$.

习题 7

1. $A_n=2|c_n|=\dfrac{-4}{(4n^2-1)\pi}(n=0,\pm1,\pm2,\cdots)$.

3. (1) $F(\omega)=\dfrac{A(1-e^{-i\omega t})}{i\omega}$；(2) $F(\omega)=\dfrac{4(\sin\omega-\omega\cos\omega)}{\omega^3}$.

4. (1) $f(t)=\dfrac{2}{\pi}\displaystyle\int_0^{+\infty}\frac{(5-\omega)^2\cos\omega t+2\omega\sin\omega t}{25-6\omega^2+\omega^4}d\omega$；

(2) $f(t)=\dfrac{2}{\pi}\displaystyle\int_0^{+\infty}\left(\frac{1-\cos\omega}{\omega}\right)\sin\omega t\,d\omega$.

5. (1) $F(\omega)=\dfrac{2\beta}{\beta^2+\omega^2}$；(2)$F(\omega)=2i\dfrac{\sin\omega\pi}{\omega^2-1}$.

6. (1) $|F(\omega)|=\dfrac{4A}{\tau\omega^2}\left|1-\cos\dfrac{\omega\tau}{2}\right|$；

(2) $A_0=2|c_0|=h$；$A_n=2|c_n|=\dfrac{h}{n\pi}$(提示：看成以 T 为周期的函数，用公

式(7.2)系数推广形式计算).

8. (1) $F(\omega)=\frac{i\pi}{2}[\delta(\omega+2)-\delta(\omega-2)]$;

(2) $F(\omega)=\frac{3i\pi}{4}[\delta(\omega+1)-\delta(\omega-1)]-\frac{i\pi}{4}[\delta(\omega+3)-\delta(\omega-3)]$;

(3) $F(\omega)=2\left[\cos a\omega+\cos\frac{a\omega}{2}\right]$;

(4) $F(\omega)=\frac{\pi}{2}[(\sqrt{3}+i)\delta(\omega+5)+(\sqrt{3}-i)\delta(\omega-5)]$.

9. (1) $f(t)=\cos\omega_0 t$; (2) $f(t)=\begin{cases}A, & |t|<1\\ \frac{A}{2}, & |t|=1\\ 0, & |t|>1\end{cases}$;

(3) $\frac{i}{2}[\delta(t-t_0)-\delta(t+t_0)]$.

10. (1) $Ee^{-it_0\omega}$; (2) $-\frac{1}{\omega^2}+i\pi\delta'(w)$;

(3) $-\frac{i}{4}F'\left(-\frac{\omega}{2}\right)-F\left(-\frac{\omega}{2}\right)$;

(4) $\frac{1}{2}e^{-i\frac{5}{2}\omega}F\left(\frac{\omega}{2}\right)$.

11. (1) $\left(\frac{1-e^{-2t}}{2}\right)u(t)$; (2) $(t-t_0)^n$; (3) $\frac{\beta\sin t-\cos t+e^{-\beta t}}{\beta^2+1}$.

12. (1) $F(\omega)=\frac{\omega_0}{\omega_0{}^2-\omega^2}+\frac{\pi i}{2}[\delta(\omega+\omega_0)-\delta(\omega-\omega_0)]$;

(2) $F(\omega)=\frac{-1}{(\omega-\omega_0)^2}+\pi i\delta'(\omega-\omega_0)$;

(3) $F(\omega)=\frac{\omega_0}{(\beta+i\omega)^2+\omega_0{}^2}$;

(4) $e^{-i(\omega-\omega_0)t_0}\left[\frac{1}{i(\omega-\omega_0)}+\pi\delta(\omega-\omega_0)\right]$

(5) $-\frac{1}{(\omega-\omega_0)^2}-\frac{1}{(\omega+\omega_0)^2}$.

13. (1) π(提示：取 $f(t)=\frac{\sin t}{t}$); (2) $\frac{\pi}{2}$(提示：取 $f(t)=e^{-|t|}$).

14. $\frac{\pi}{2}[\delta(\omega-\omega_0)+\delta(\omega+\omega_0)]$.

15. $\frac{a}{2}\left[1+\text{erf}\left(\frac{x}{2\sqrt{t}}\right)\right]$，其中 $\text{erf}(x)=\frac{2}{\sqrt{\pi}}\int_0^x e^{-\zeta^2}d\zeta$.

习题 8

1. (1) $\frac{1}{s}(3-4e^{-2s}+e^{-4s})$; (2) $\frac{3}{s}(1-e^{-\frac{\pi s}{2}})-\frac{e^{-\frac{\pi s}{2}}}{s^2+1}$.

2. (1) $\frac{A}{s}\frac{1}{1-e^{-s\tau}}$(提示:$f(t)=Au(t-\tau)+2Au(t-2\tau)+\cdots$);

(2) $\frac{1}{1+s^2}\text{ch}\,\frac{\pi s}{2}$.

3. (1) $\frac{1}{s^3}[s^2-2s+2]$; (2) $\frac{1}{s-2}+5$;

(3) $\frac{s^2-4s+5}{(s-1)^3}$; (4) $-\frac{s}{s^2+1}$;

(5) $\frac{se^{-2s}}{s^2+1}$; (6) $\frac{s+2}{(s+2)^2+1}$;

(7) $\frac{1}{s}$; (8) $\frac{1}{s^2}e^{-s}-\frac{1}{s}e^{-2s}\left(\frac{1}{s}+1\right)$.

4. (1) $\frac{1}{s}\frac{4(s+3)}{[(s+3)^2+4]^2}$; (2) $\frac{1}{s}\left(\frac{\pi}{2}-\arctan\frac{s+3}{2}\right)$.

5. (1) $\frac{1}{2}\ln 2$; (2) $\frac{1}{4}$.

6. (1) $\frac{\sin at}{a}$; (2) $\frac{ae^{at}-be^{bt}}{a-b}$;

(3) $\frac{c-a}{(b-a)^2}e^{-at}+\left[\frac{c-b}{a-b}t+\frac{a-c}{(a-b)^2}\right]e^{-bt}$;

(4) $\frac{1}{2a^3}(\text{sh}\,at-\sin at)$; (5) $\frac{1}{3}\sin t-\frac{1}{6}\sin 2t$;

(6) $\frac{e^t-e^{-t}}{t}$.

7. (1) t; (2) e^t-t-1;

(3) $\frac{m!\,n!}{(m+n+1)!}t^{m+n+1}$(提示:用卷积定理);

(4) $\frac{1}{2}t\sin t$; (5) $\frac{1}{3}(t-1)^3u(t-1)$;

9. *(1) $f(0)=1, f(\infty)=0$; (2) $f(0)=10, f(\infty)=4$.

10. (1) $y(t)=\frac{1}{2}t^2e^t$; (2) $y(t)=\sin t$;

(3) $$f(t)=\begin{cases}0, & 0\leqslant t\leqslant 3,\\ \frac{1}{2}+\frac{1}{2}e^{2t-6}-e^{t-3}, & 3\leqslant t\leqslant 6,\\ \frac{1}{2}e^{2t-6}-\frac{1}{2}e^{2t-12}+e^{t-6}-e^{t-3}, & t\geqslant 6;\end{cases}$$

(4) $x(t)=y(t)=\mathrm{e}^t$;　　(5) $\begin{cases} x(t)=u(t-1), \\ y(t)=0; \end{cases}$

(6) $\begin{cases} x(t)=\dfrac{2}{3}\mathrm{ch}(\sqrt{2}t)+\dfrac{1}{3}\cos t, \\ y(t)=z(t)=-\dfrac{1}{3}\mathrm{ch}(\sqrt{2}t)+\dfrac{1}{3}\cos t. \end{cases}$

11. $f(t)=t\mathrm{e}^t$.

12. * $H(s)=\dfrac{5s+3}{s^2+11s+24}$.

习题 9

1. (1) $v(z)=2(\bar{z}-\mathrm{i})$,流线为 $x(y+1)=c_1$,等势线为 $x^2-(y+1)^2=c_2$.

(2) $v(z)=3\bar{z}^2$,流线为$(3x^2-y^2)y=c_1$,等势线为 $x(x^2-3y^2)=c_2$.

(3) $v(z)=-\dfrac{2\bar{z}}{(\bar{z}^2+1)^2}$,流线为 $\dfrac{xy}{(x^2-y^2+1)^2+4x^2y^2}=c_1$,等势线为 $\dfrac{x^2-y^2+1}{(x^2-y^2+1)^2+4x^2y^2}=c_2$.

(4) $v(z)=1-\dfrac{1}{\bar{z}^2}$,流线为 $y-\dfrac{y}{x^2+y^2}=c_1$,等势线为 $y-\dfrac{y}{x^2+y^2}=c_2$.

2. 等势线为 $\mathrm{e}^x\sin y=c_1$,电力线为 $\mathrm{e}^x\cos y=c_2$,电场强度为 $E=-\mathrm{e}^x\sin y-\mathrm{i}\mathrm{e}^x\cos y$.

3. 等势线方程为 $\ln\sqrt{\dfrac{(x-b)^2+y^2}{(x+b)^2+y^2}}=c_1$,复势为 $f(z)=\mathrm{i}\ln\left(\dfrac{z-b}{z+b}\right)$.

4. $f(z)=\dfrac{2v_0}{\pi}\ln\dfrac{\sqrt{z-a}+\sqrt{z+a}}{\sqrt{z-a}-\sqrt{z+a}}-\dot{v}_0\mathrm{i}$.

附录　傅氏变换与拉氏变换简表

附表 1　傅氏变换简表

序号	像原函数 $f(t)=\mathscr{F}^{-1}[F(\omega)]$	像函数 $F(\omega)=\mathscr{F}[f(t)]$
	$f(t)=\dfrac{1}{2\pi}\int_{-\infty}^{\infty}F(\omega)\mathrm{e}^{\mathrm{i}\omega t}\mathrm{d}\omega$	$F(\omega)=\int_{-\infty}^{\infty}f(t)\mathrm{e}^{-\mathrm{i}\omega t}\mathrm{d}t$
1	矩形单脉冲 $f(t)=\begin{cases}E, & \lvert t\rvert<\dfrac{\tau}{2}\\ 0, & \lvert t\rvert>\dfrac{\tau}{2}\end{cases}$	$F(\omega)=\dfrac{2E}{\omega}\sin\dfrac{\omega\tau}{2}$
2	指数衰减函数 $f(t)=\begin{cases}\mathrm{e}^{-\beta t}, & t>0\\ 0, & t<0\end{cases}\quad(\beta>0)$	$F(\omega)=\dfrac{1}{\beta+\mathrm{i}\omega}$
3	三角形脉冲 $f(t)=\begin{cases}\dfrac{2A}{\tau}\left(\dfrac{\tau}{2}+t\right), & -\dfrac{\tau}{2}\leqslant t<0\\ \dfrac{2A}{\tau}\left(\dfrac{\tau}{2}-t\right), & 0\leqslant t\leqslant\dfrac{\tau}{2}\\ 0, & t>\dfrac{\tau}{2}\end{cases}$	$F(\omega)=\dfrac{4A}{\tau\omega^2}\left(1-\cos\dfrac{\omega\tau}{2}\right)$
4	钟形脉冲 $f(t)=A\mathrm{e}^{-\beta t^2}\quad(\beta>0)$	$F(\omega)=A\sqrt{\dfrac{\pi}{\beta}}\mathrm{e}^{-\frac{\omega^2}{4\beta}}$
5	Fourier 核 $f(t)=\dfrac{\sin\omega_0 t}{\pi t}\quad(\omega_0>0)$	$F(\omega)=\begin{cases}1, & \lvert\omega\rvert<\omega_0\\ 0, & \lvert\omega\rvert<\omega_0\end{cases}$
6	周期性脉冲函数 $f(t)=\sum\limits_{n=-\infty}^{\infty}\delta(t-nT)$ $=\dfrac{1}{T}+\dfrac{2}{T}\sum\limits_{n=1}^{\infty}\cos\dfrac{2n\pi}{T}$　（T 为周期）	$F(\omega)=\dfrac{2\pi}{T}\sum\limits_{n=-\infty}^{\infty}\delta\left(\omega-\dfrac{2n\pi}{T}\right)$ $=1+2\sum\limits_{n=1}^{\infty}\cos(nT\omega)$
7	$f(t)=\cos\omega_0 t$	$F(\omega)=\pi[\delta(\omega+\omega_0)+\delta(\omega-\omega_0)]$
8	$f(t)=\sin\omega_0 t$	$F(\omega)=\mathrm{i}\pi[\delta(\omega+\omega_0)-\delta(\omega-\omega_0)]$

附表 1

序号	像原函数 $f(t)=\mathscr{F}^{-1}[F(\omega)]$ $f(t)=\frac{1}{2\pi}\int_{-\infty}^{\infty}F(\omega)e^{i\omega t}d\omega$	像函数 $F(\omega)=\mathscr{F}[f(t)]$ $F(\omega)=\int_{-\infty}^{\infty}f(t)e^{-i\omega t}dt$
9	单位阶跃函数 $f(t)=u(t)$	$F(\omega)=\frac{1}{i\omega}+\pi\delta(\omega)$
10	$f(t)=u(t-c)$	$F(\omega)=\frac{1}{i\omega}e^{-i\omega c}+\pi\delta(\omega)$
11	$f(t)=tu(t)$	$F(\omega)=\frac{-1}{\omega^2}+\pi i\delta'(\omega)$
12	$f(t)=t^n u(t)$	$F(\omega)=n!/(i\omega)^{n+1}+\pi i^n\delta^{(n)}(\omega)$
13	$f(t)=u(t)\sin at$	$F(\omega)=\frac{a}{a^2-\omega^2}+\frac{\pi i}{2}[\delta(\omega+a)-\delta(\omega-a)]$
14	$f(t)=u(t)\cos at$	$F(\omega)=\frac{i\omega}{a^2-\omega^2}+\frac{\pi}{2}[\delta(\omega+a)+\delta(\omega-a)]$
15	$f(t)=u(t)e^{iat}$	$F(\omega)=\frac{1}{i(\omega-a)}+\pi\delta(\omega-a)$
16	$f(t)=u(t-c)e^{iat}$	$F(\omega)=\frac{1}{i(\omega-a)}e^{-i(\omega-a)c}+\pi\delta(\omega-a)$
17	$f(t)=t^n u(t)e^{iat}$	$F(\omega)=\frac{n!}{[i(\omega-a)]^{n+1}}+\pi i^n\delta^{(n)}(\omega-a)$
18	$f(t)=e^{a\|t\|}$　(Re $a<0$)	$F(\omega)=\frac{-2a}{\omega^2+a^2}$
19	单位脉冲函数 $f(t)=\delta(t)$	$F(\omega)=1$
20	$f(t)=\delta(t-c)$	$F(\omega)=e^{-i\omega c}$
21	$f(t)=\delta'(t)$	$F(\omega)=i\omega$
22	$f(t)=\delta^{(n)}(t)$	$F(\omega)=(i\omega)^n$
23	$f(t)=\delta^{(n)}(t-c)$	$F(\omega)=(i\omega)^n e^{-i\omega c}$
24	$f(t)=1$	$F(\omega)=2\pi\delta(\omega)$
25	$f(t)=t$	$F(\omega)=2\pi i\delta'(\omega)$
26	$f(t)=t^n$	$F(\omega)=2\pi i^n\delta^{(n)}(\omega)$
27	$f(t)=e^{iat}$	$F(\omega)=2\pi i\delta(\omega-a)$
28	$f(t)=t^n e^{iat}$	$F(\omega)=2\pi i^n\delta^{(n)}(\omega-a)$
29	$f(t)=t/(a^2+t^2)^2$　(Re $a<0$)	$F(\omega)=i\omega\pi e^{a\|\omega\|}/(2a)$
30	$f(t)=1/(a^2+t^2)$　(Re $a<0$)	$F(\omega)=-\pi e^{a\|\omega\|}/a$
31	$f(t)=e^{ibt}/(a^2+t^2)$　(b 为实数，Re $a<0$)	$F(\omega)=-\pi e^{a\|\omega-b\|}/a$

附表 1

序号	像原函数 $f(t)=\mathscr{F}^{-1}[F(\omega)]$ $f(t)=\frac{1}{2\pi}\int_{-\infty}^{\infty}F(\omega)e^{i\omega t}d\omega$	像函数 $F(\omega)=\mathscr{F}[f(t)]$ $F(\omega)=\int_{-\infty}^{\infty}f(t)e^{-i\omega t}dt$
32	$f(t)=\cos bt/(a^2+t^2)$ (b 为实数, $\mathrm{Re}\,a<0$)	$F(\omega)=\frac{-\pi}{2a}[e^{a\|\omega-b\|}+e^{a\|\omega+b\|}]$
33	$f(t)=\sin bt/(a^2+t^2)$ (b 为实数, $\mathrm{Re}\,a<0$)	$F(\omega)=\frac{i\pi}{2a}[e^{a\|\omega-b\|}-e^{a\|\omega+b\|}]$
34	$f(t)=\mathrm{sh}\,at/\mathrm{ch}\,\pi t$ $(-\pi<a<\pi)$	$F(\omega)=\frac{-2i\sin\frac{a}{2}\mathrm{sh}\frac{\omega}{2}}{\mathrm{ch}\,\omega+\cos a}$
35	$f(t)=\mathrm{ch}\,at/\mathrm{ch}\,\pi t$ $(-\pi<a<\pi)$	$F(\omega)=\frac{2\cos\frac{a}{2}\mathrm{ch}\frac{\omega}{2}}{\mathrm{ch}\,\omega+\cos a}$
36	$f(t)=\mathrm{sh}\,at/\mathrm{sh}\,\pi t$ $(-\pi<a<\pi)$	$F(\omega)=\sin a/(\mathrm{ch}\,\omega+\cos a)$
37	$f(t)=\frac{1}{\mathrm{ch}\,at}$	$F(\omega)=\frac{\frac{\pi}{a}}{\mathrm{ch}\frac{\pi\omega}{2a}}$
38	$f(t)=\sin at^2$ $(a>0)$	$F(\omega)=\sqrt{\frac{\pi}{a}}\cos\left(\frac{\omega^2}{4a}+\frac{\pi}{4}\right)$
39	$f(t)\cos at^2$ $(a>0)$	$F(\omega)=\sqrt{\frac{\pi}{a}}\cos\left(\frac{\omega^2}{4a}-\frac{\pi}{4}\right)$
40	$f(t)=\frac{1}{t}\sin at$ $(a>0)$	$F(\omega)=\begin{cases}\pi, & \|\omega\|<a\\0, & \|\omega\|>a\end{cases}$
41	$f(t)=\frac{1}{t^2}\sin^2 at$ $(a>0)$	$F(\omega)=\begin{cases}\pi(a-\|\omega\|/2), & \|\omega\|\leqslant 2a\\0, & \|\omega>2a\|\end{cases}$
42	$f(t)=\frac{\sin at}{\sqrt{\|t\|}}$	$F(\omega)=i\sqrt{\frac{\pi}{2}}\left(\frac{1}{\sqrt{\|\omega+a\|}}-\frac{1}{\sqrt{\|\omega-a\|}}\right)$
43	$f(t)=\frac{\cos at}{\sqrt{\|t\|}}$	$F(\omega)=\sqrt{\frac{\pi}{2}}\left(\frac{1}{\sqrt{\|\omega+a\|}}+\frac{1}{\sqrt{\|\omega-a\|}}\right)$
44	$f(t)=1/\sqrt{\|t\|}$	$F(\omega)=\sqrt{2\pi/\|\omega\|}$
45	$f(t)=\mathrm{sgn}\,t$	$F(\omega)=\frac{2}{i\omega}$
46	$f(t)=e^{-at^2}$ $(\mathrm{Re}\,a>0)$	$F(\omega)=\sqrt{\frac{\pi}{a}}e^{-\omega^2/(4a)}$
47	$f(t)=\|t\|^{2k+1}$ $(k=0,1,2.\cdots)$	$F(\omega)=2(-1)^{k+1}(2k+1)!\cdot\omega^{-2k-2}$
48	$f(t)=\|t\|^{\alpha}$ $(\alpha\neq 0,\pm1,\pm2,\cdots)$	$F(\omega)=-2\sin\frac{\alpha\pi}{2}\Gamma(\alpha+1)\|\omega\|^{-\alpha-1}$
49	$f(t)=\frac{1}{\|t\|}$	$F(\omega)=2\Gamma'(1)-2\ln\|\omega\|$
50	$f(t)=\|t\|^{2n-1}$ $(n=1,2,\cdots)$	$F(\omega)=(-1)^n 2(2n-1)!\,\omega^{-2n}$

附表 2　拉氏变换简表

序号	$f(t)=\mathscr{L}^{-1}[F(s)]$	$F(s)=\mathscr{L}[f(t)]$
	一般函数 $f(t)$	$F(s)=\int_0^{\infty} f(t)e^{-st}dt$
1	1	$1/s$
2	e^{a}	$\frac{1}{s-a}$
3	$t^m \quad (m>-1)$	$\frac{\Gamma(m+1)}{s^{m+1}}$
4	$t^m e^{at} \quad (m>-1)$	$\frac{\Gamma(m+1)}{(s-a)^{m+1}}$
5	$\sin at$	$\frac{a}{s^2+a^2}$
6	$\cos at$	$\frac{s}{s^2+a^2}$
7	$\mathrm{sh}\, at$	$\frac{a}{s^2-a^2}$
8	$\mathrm{ch}\, at$	$\frac{s}{s^2-a^2}$
9	$t\sin at$	$\frac{2as}{(s^2+a^2)^2}$
10	$t\cos at$	$\frac{s^2-a^2}{(s^2+a^2)^2}$
11	$t\,\mathrm{sh}\, at$	$\frac{2as}{(s^2-a^2)^2}$
12	$t\,\mathrm{ch}\, at$	$\frac{s^2+a^2}{(s^2-a^2)^2}$
13	$t^m \sin at \quad (m>-1)$	$\frac{\Gamma(m+1)[(s+ia)^{m+1}-(s-ia)^{m+1}]}{2i(s^2+a^2)^{m+1}}$
14	$t^m \cos at \quad (m>-1)$	$\frac{\Gamma(m+1)[(s+ia)^{m+1}+(s-ia)^{m+1}]}{2(s^2+a^2)^{m+1}}$
15	$e^{-bt}\sin at$	$\frac{a}{(s+b)^2+a^2}$
16	$e^{-bt}\cos at$	$\frac{s+b}{(s+b)^2+a^2}$
17	$e^{-bt}\sin(at+c)$	$\frac{(s+b)\sin c+a\cos c}{(s+b)^2+a^2}$
18	$\sin^2 t$	$\frac{1}{2}\left(\frac{1}{s}-\frac{s}{s^2+4}\right)$
19	$\cos^2 t$	$\frac{1}{2}\left(\frac{1}{s}+\frac{s}{s^2+4}\right)$

附表 2

序号	$f(t)=\mathscr{L}^{-1}[F(s)]$	$F(s)=\mathscr{L}[f(t)]$
	一般函数 $f(t)$	$F(s)=\int_0^{\infty} f(t)\mathrm{e}^{-st}\mathrm{d}t$
20	$\sin at \sin bt$	$\dfrac{2abs}{[s^2+(a+b)^2][s^2+(a-b)^2]}$
21	$\mathrm{e}^{at}-\mathrm{e}^{bt}$	$\dfrac{a-b}{(s-a)(s-b)}$
22	$a\mathrm{e}^{at}-b\mathrm{e}^{bt}$	$\dfrac{(a-b)s}{(s-a)(s-b)}$
23	$\dfrac{1}{a}\sin at-\dfrac{1}{b}\sin bt$	$\dfrac{b^2-a^2}{(s^2+a^2)(s^2+b^2)}$
24	$\cos at-\cos bt$	$\dfrac{(b^2-a^2)s}{(s^2+a^2)(s^2+b^2)}$
25	$\dfrac{1}{a^2}(1-\cos at)$	$\dfrac{1}{s(s^2+a^2)}$
26	$\dfrac{(at-\sin at)}{a^3}$	$\dfrac{1}{s^2(s^2+a^2)}$
27	$\dfrac{1}{a^4}\left(\dfrac{1}{2}a^2t^2+\cos at-1\right)$	$\dfrac{1}{s^3(s^2+a^2)}$
28	$\dfrac{1}{a^4}\left(-\dfrac{1}{2}a^2t^2+\operatorname{ch} at-1\right)$	$\dfrac{1}{s^3(s^2-a^2)}$
29	$\dfrac{1}{2a^3}(\sin at-at\cos at)$	$\dfrac{1}{(s^2+a^2)^2}$
30	$\dfrac{1}{2a}(\sin at+at\cos at)$	$\dfrac{s^2}{(s^2+a^2)^2}$
31	$(1-at)\mathrm{e}^{-t}$	$\dfrac{s}{(s+a)^2}$
32	$\left(t-\dfrac{a}{2}t^2\right)\mathrm{e}^{-at}$	$\dfrac{s}{(s+a)^3}$
33	$\dfrac{1}{a}(1-\mathrm{e}^{-at})$	$\dfrac{1}{s(s+a)}$
34	$\dfrac{1}{ab}+\dfrac{1}{b-a}\left(\dfrac{\mathrm{e}^{-bt}}{b}-\dfrac{\mathrm{e}^{-at}}{a}\right)$	$\dfrac{1}{s(s+a)(s+b)}$
35	$\sin at\operatorname{ch} at-\cos at\operatorname{sh} at$	$\dfrac{4a^3}{s^4+4a^4}$
36	$\dfrac{1}{2a^3}(\operatorname{sh} at-\sin at)$	$\dfrac{1}{s^4-a^4}$
37	$\dfrac{1}{2a^2}(\operatorname{ch} at-\cos at)$	$\dfrac{s}{s^4-a^4}$

附表 2

序号	$f(t)=\mathscr{L}^{-1}[F(s)]$	$F(s)=\mathscr{L}[f(t)]$
	一般函数 $f(t)$	$F(s)=\int_0^{\infty} f(t)\mathrm{e}^{-st}\mathrm{d}t$
38	$\frac{1}{\sqrt{\pi t}}$	$\frac{1}{\sqrt{s}}$
39	$\frac{2\sqrt{t}}{\sqrt{\pi}}$	$\frac{1}{s\sqrt{s}}$
40	$\frac{1}{\sqrt{\pi t}}\mathrm{e}^{at}(1+2at)$	$\frac{s}{(s-a)\sqrt{s-a}}$
41	$\frac{1}{2\sqrt{\pi t^3}}(\mathrm{e}^{bt}-\mathrm{e}^{at})$	$\sqrt{s-a}-\sqrt{s-b}$
42	$\frac{1}{\sqrt{\pi t}}\cos(2\sqrt{at})$	$\frac{\mathrm{e}^{-a/s}}{\sqrt{s}}$
43	$\frac{1}{\sqrt{\pi t}}\mathrm{ch}(2\sqrt{at})$	$\frac{\mathrm{e}^{a/s}}{\sqrt{s}}$
44	$\frac{\sin(2\sqrt{at})}{\sqrt{\pi t}}$	$\frac{\mathrm{e}^{-a/s}}{s\sqrt{s}}$
45	$\frac{\mathrm{sh}(2\sqrt{at})}{\sqrt{\pi t}}$	$\frac{\mathrm{e}^{a/s}}{s\sqrt{s}}$
46	$\frac{1}{t}(\mathrm{e}^{bt}-\mathrm{e}^{at})$	$\ln\frac{s-a}{s-b}$
47	$\frac{2}{t}(\mathrm{sh}\, at)$	$\ln\frac{s+a}{s-a}$
48	$\frac{2}{t}(1-\cos at)$	$\ln\frac{s^2+a^2}{s^2}$
49	$\frac{2}{t}(1-\mathrm{ch}\, at)$	$\ln\frac{s^2-a^2}{s^2}$
50	$\frac{1}{t}\sin at$	$\frac{\pi}{2}-\arctan\frac{s}{a}$
51	$\frac{1}{t}(\mathrm{ch}\, at-\cos bt)$	$\ln\sqrt{\frac{s^2+b^2}{s^2-a^2}}$
52	$\frac{1}{\pi t}\sin(2a\sqrt{t})$	$\mathrm{erf}\left(\frac{a}{\sqrt{s}}\right)$ ①
53	$\frac{1}{\sqrt{\pi t}}\mathrm{e}^{-2a\sqrt{t}}$	$\frac{1}{\sqrt{s}}\mathrm{e}^{a^2/s}\mathrm{erfc}\left(\frac{a}{\sqrt{s}}\right)$ ②
54	$\mathrm{erfc}\left(\frac{a}{2\sqrt{t}}\right)$	$\frac{1}{s}\mathrm{e}^{-a\sqrt{s}}$
55	$\mathrm{erf}\left(\frac{t}{2a}\right)$	$\frac{1}{s}\mathrm{e}^{a^2s^2}\mathrm{erfc}(as)$

附表 2

序号	$f(t)=\mathscr{L}^{-1}[F(s)]$ 一般函数 $f(t)$	$F(s)=\mathscr{L}[f(t)]$ $F(s)=\int_0^{\infty} f(t)e^{-st}dt$
56	$\frac{1}{\sqrt{\pi t}}e^{-2\sqrt{at}}$	$\frac{1}{\sqrt{s}}e^{a/s}\operatorname{erfc}\left(\sqrt{\frac{a}{s}}\right)$
57	$\frac{1}{\sqrt{\pi(t+a)}}$	$\frac{1}{\sqrt{s}}e^{as}\operatorname{erfc}(\sqrt{as})$
58	$\frac{1}{\sqrt{a}}\operatorname{erf}(\sqrt{at})$	$\frac{1}{s\sqrt{s+a}}$
59	$\frac{1}{\sqrt{a}}e^{at}\operatorname{erf}(\sqrt{at})$	$\frac{1}{(s-a)\sqrt{s}}$
60	$u(t)$	$\frac{1}{s}$
61	$tu(t)$	$\frac{1}{s^2}$
62	$t^m u(t)$, $(m>-1)$	$\frac{\Gamma(m+1)}{s^{m+1}}$
63	$\delta(t)$	1
64	$\delta'(t)$	s
65	$\operatorname{sgn} t$	$\frac{1}{s}$
66	$J_0(at)$③	$\frac{1}{\sqrt{s^2+a^2}}$
67	$I_0(at)$	$\frac{1}{\sqrt{s^2-a^2}}$
68	$J_0(2\sqrt{at})$	$\frac{1}{s}e^{-a/s}$
69	$I_0(at)e^{-bt}$	$\frac{1}{\sqrt{(s+b)^2-a^2}}$
70	$tJ_0(at)$	$\frac{s}{(s^2+a^2)^{3/2}}$

附表 2

序号	$f(t)=\mathscr{L}^{-1}[F(s)]$	$F(s)=\mathscr{L}[f(t)]$
	一般函数 $f(t)$	$F(s)=\int_0^{\infty} f(t)\mathrm{e}^{-st}\mathrm{d}t$
71	$t\mathrm{I}_0(at)$	$\frac{s}{(s^2-a^2)^{3/2}}$
72	$\mathrm{J}_0(a\sqrt{t(t+2b)})$	$\frac{1}{\sqrt{s^2+a^2}}\mathrm{e}^{b(s-\sqrt{s^2+a^2})}$

① $\mathrm{erf}(x)=\frac{2}{\sqrt{\pi}}\int_0^x \mathrm{e}^{-t^2}\mathrm{d}t$ 称为误差函数.

② $\mathrm{erfc}(x)=1-\mathrm{erf}(x)=\frac{2}{\sqrt{\pi}}\int_x^{+\infty}\mathrm{e}^{-t^2}\mathrm{d}t$ 称为余误差函数.

③ $\mathrm{In}(x)=\mathrm{i}^{-n}\mathrm{J}_n(\mathrm{i}x)$. J_n 称为第一类 n 阶贝塞尔(Bessel)函数,$\mathrm{In}(x)$ 称为第一类 n 阶修正的贝塞尔函数,或称为虚宗量的贝塞尔函数.

参考文献

[1] 余家荣. 复变函数[M]. 3 版. 北京：高等教育出版社,2000.

[2] 北京大学数学分析与函数论教研室. 复变函数论[M]. 北京：人民教育出版社,1961.

[3] 南京工业学院数学教研组. 积分变换[M]. 北京：高等教育出版社,1981.

[4] 闻国椿,殷尉萍. 复变函数的应用[M]. 北京：首都师范大学出版社,1999.

[5] 西安交通大学高等数学教研室. 工科数学：复变函数[M]. 北京：高等教育出版社,1996.

[6] 李锐夫,等. 复变函数续论[M]. 北京：高等教育出版社,1988.

[7] 李忠. 复变函数[M]. 北京：高等教育出版社,2011.

[8] 高宗升. 滕岩梅. 复变函数与积分变换[M]. 北京：北京航空航天大学出版社,2006.

[9] Saff E B, Snider A D. Fundamentals of Complex Analysis with Application to Engineering and Science[M]. 3 ed. NewJersey: Pearson Education, Inc, 2003.

[10] Ahlfors L V. Complex Analysis[M]. 3 ed. New York: McGraw-Hill, 1979.

[11] Brown J W, Churchill R V. Complex Analysis and Applications[M]. 7 ed. Beijing: China Machine Press, 2004.